心智·新思

隐藏的大脑

潜意识如何操控我们的行为

The Hidden Brain

How Our Unconscious Minds Elect Presidents,
Control Markets, Wage Wars, and Save Our Lives

[美] 尚卡尔·韦丹塔姆 著
Shankar Vedantam

李倩 译

中国人民大学出版社
·北京·

献给我的父亲，韦丹塔姆·萨斯特里（Vedantam L. Sastry），
他以坚韧不拔的精神克服了无数困难。
也献给我的女儿，安雅（Anya），
向她献上我的爱与感恩。

目录
CONTENTS

引 言 /i

第一章 意图的谬论 /1

第二章 无处不在的阴影 /17
  工作和生活中的隐藏脑

第三章 追踪隐藏的大脑 /38
  心理疾病如何揭示了我们的无意识生活

第四章 婴儿的凝视、猕猴和老年歧视 /57
  偏见的生命周期

第五章 看不见的暗流 /87
  性别、特权和隐藏脑

第六章　塞壬的呼唤　/113
　　　　　灾难和从众诱惑

第七章　隧道　/141
　　　　　恐怖主义、极端主义与隐藏脑

第八章　司法的阴影　/174
　　　　　无意识偏见与死刑

第九章　拆弹　/196
　　　　　政治、种族与隐藏脑

第十章　望远镜效应　/244
　　　　　失踪的小狗和种族灭绝

致　谢　/271

注　释　/277

引 言

2004年春,《华盛顿邮报》派我去新英格兰地区追踪报道拉尔夫·纳德①竞选总统的动向。我到达波士顿后,纳德的几位助手告诉我,考虑到在2000年那场争议重重的选举中,这位消费者卫士搅了乔治·布什和艾伯特·戈尔的局,他们自己也不会选他。由于纳德的竞选成不了气候,我便暂时丢开政治报道,给当地一位我早有耳闻的心理学家打了个电话。

马扎林·贝纳基(Mahzarin Banaji)当即同意与我见面。下午我就在哈佛大学心理系见到了她,她的办公室位于转角处。那是一次不同凡响的采访:三个小时后,我离开那儿时,整个世界看起来都大不一样。

贝纳基研究的是无意识偏见——隐藏在意识边缘、不易察觉的认知错误。她的研究令我有些不安,因为它显示出,我们对人类行为的惯常理解是有问题的。在贝纳基的实验中,参与实验的志愿者认为他们表现得公正、大义凛然、明察秋毫,但他们的

---

① 拉尔夫·纳德曾先后五次参加美国总统选举,因积极推动消费者权益保护运动,被称为"现代消费者权益之父"。拉尔夫·纳德在2000年的大选中获得了2.7%的选票,有民主党人士认为,正是他的参选,分走了民主党的部分选票,才致使戈尔最终以些微差距落败于小布什。——译者注

行为却违背了他们的意图。他们想的是一回事,做的却是另一回事。离奇的是,若非心理测试揭示出了这种差异,志愿者根本意识不到这些细微的偏差。

如果无意识力量能影响我们对他人的快速判断,那这种力量是否**随时随地**都在影响我们?回华盛顿后,我很快找到了一些研究,它们显示了隐藏的强烈情感如何致使人们犯下严重的金融错误,误判风险。实验表明,我们可以操纵选民选择某位特定的候选人——而选民根本不会意识到他们被操纵了。无意识特质能够解释为何有些已婚夫妇渐行渐远,为何有些团队合作默契。我环顾四周,到处都能看到隐藏的认知机制存在的证据。无意识偏见能影响记忆、情绪和注意力的运作,在个人、群体,乃至国家之间制造出误会和旷日持久的纷争。细微的思维错误可以解释我们为何会贸然发动愚蠢的战争,为何会坐视种族灭绝的发生。贝纳基虽是一名社会心理学家,但她关于隐藏脑的研究数据汇流自心理学的其他分支、社会学和政治学、经济学和神经科学。高科技扫描逐渐揭示出了我们的大脑机制,这些机制支配着我们的方方面面,从政治倾向到餐桌礼仪无所不包。社会学实验解释了为何人们在灾难中会无意识地犯下致命错误,甚至还有人研究过自杀式炸弹袭击者的无意识偏见。

大多数人认为"无意识偏见"(unconscious bias)就等同于成见(prejudice)或偏私(partiality),但新研究赋予了这个词不同的意思:"无意识偏见"指的是人们的行为与意图相悖的情况。最棘手的是,人们根本不觉得自己受到了操纵。他们将自己的偏见合理化——甚至声称那些违背自身意图的行为是他们自发所为。有些无意识偏见滑稽可笑,有些无伤大雅,还有许多可堪大

引 言

用。但那些有害的无意识偏见让我想起了莎士比亚笔下的一幕：犹如恶魔般的伊阿古将轻信多疑的奥赛罗玩弄于股掌，让他相信妻子对他不忠。就像伊阿古那样，无意识偏见并非大张旗鼓而是神不知鬼不觉地影响着人们。它让人做出严重的误判——还对自己的决定坚信不疑。它之所以有这样的力量，在很大程度上正是因为人们未曾意识到它的存在。

  研究无意识心理的理论可以追溯到几个世纪以前，但新研究吸引我的原因是，它建立在可测算的证据之上，靠的是对照实验，得出的是数据。身为一名科学记者，在入职《华盛顿邮报》以前，我还在《费城询问报》干过，我发现自己对那些用严谨的科学工具探索复杂的社会行为的研究很感兴趣。以前针对无意识心理的论述往往会得出一大套花里胡哨却无甚用处的理论，而新研究所形成的理论谨慎实在——但却大有用处。2006 年，我在《华盛顿邮报》开辟了"人类行为专栏"（Department of Human Behavior），在撰写专栏的过程中，我了解到无意识偏见之所以难以察觉，是因为它们往往很普通。当我们看到像种族灭绝这样骇人听闻的事情时，我们会想要一个同样惊心动魄的解释。我们要求希特勒对大屠杀给个说法。惊心动魄的解释不仅更对我们的胃口，还能让我们将人类在判断、认知和道德理性方面所犯下的成套的错误，简单地视作一种反常，不再深究。

  我发现，专家了解的心理机制与普通人相信的心理机制之间存在巨大的鸿沟。我们社会中的重要机构对最新的研究动向置若罔闻。当灾难致使数以千计的人被困后，我们扩宽了高层建筑的安全出口，以为这样就能在灾难再度发生时让被困的人逃生。当歧视呈现出抬头之势时，我们对仇恨犯罪进行了立法。当股市表现得很疯狂时，我们将之归咎于"盲目恐慌"。我们相信拿毒品和不安全性行为的后果吓唬青少年，定能促使他们小心行事；我们认为对政客的高谈阔论进行核实定能弄清真相；我们笃信良法定能带来善行。所有这些理念都基于同一个假设——人类行为是知识和自觉意图的产物。我们相信只要教育民众，为他们提供准确的信息，给予他们恰当的奖励，并以适当的惩罚相威胁，激发他们善良的本性，指明安全出口的位置，就不会有人犯错。糟糕的结果必定是拜愚蠢、无知和意图不轨所赐。

和许多假设一样，这种假设也罔顾与之矛盾的证据。当青少年醉酒出了车祸，当选民相信了政客的谎言，当陪审员判定无辜之人有罪，我们总认为必定是那些青少年太愚蠢，选民太好骗，陪审员太草率。即便这样的错误被放大千百倍——数不清的人在灾难中无处可逃，整个民族都怀有恶毒的偏见，数百万人坐视自己的邻居被拖进集中营——我们仍说服自己这些行为是异数，并非常态。新研究表明，许多错误、意外和悲剧是无意识力量在人们未察觉或不认同的情况下造成的。不负责任的司机、无动于衷的旁观者、惊慌失措的投资者都不是异类。他们就是我们。

从无意识偏见的角度去思考人类行为，许多以前看似无法解释的事情在我看来都有了解答。不仅仅是些小事——天才运动员被压力压得喘不过气，一家人为小事吵个没完，误判风险造成一场小车祸——还有些大事也是如此。决策者不分青红皂白地做出决定，在国内国外引发决策灾难？是无意识偏见作祟。人仰马翻的恐慌潮拖垮了整个经济体？是无意识偏见作祟。各个国家对即将到来的灾难集体选择视而不见？同样是无意识偏见作祟。无意识偏见一直纠缠着我们，但多重因素使得它们现在变得尤其危险。全球化和科技发展，还有宗教极端主义、经济动荡、人口结构变化和大规模移民纵横交错所形成的无数断层，扩大了隐性偏见的影响。我们的心理误区过去只影响我们自己和身边的人，现在却能够影响异土他乡的陌生人和尚未出世的新生代。蝴蝶扇动翅膀在地球的另一端引发飓风，曾经还只是一个理论构想；但现在，千里之外的人所抱有的细微偏见，能在我们的生活中掀起真正的风暴。本书就因这些想法而生。我想把那些在我看来令人激动不已、忐忑不安又富有启发性的观点，介绍给更多读者。虽然科学严谨的研究是本书的主干，但我想说明的是为何这些研究很重要——不仅仅局限于象牙塔内，更要推及公共场所。我决定挖掘现实生活中的故事，阐明无意识偏见在我们的日常生活中所发挥的非同小可的作用。书里的故事全是我自己一个人选的。如果存在错误、误导或过分简化，责任尽皆在我。而如果这些故事不仅很有意思，还兼具启发性和洞察力，则功劳大多属于我所援引的数百位研究人员的工作。

深思熟虑之后，我决定将影响我们日常生活的隐藏力量拟人化。我创造了一个词：隐藏脑。它指的并不是潜伏在我们头颅中的秘密特工，或是最近新发现的什么大脑模块。"隐藏脑"是一个简称，指的是在我们无知无觉的情况下，操纵着我们的一系列影响因素。隐藏脑部分涉及心理捷径或捷思法（heuristics）的普遍问题，部分与记忆和注意力运作中的错误有关。此外，也涉及社会动力学和人际关系。所有这些的共通之处在于，我们都未能意识到它们产生的影响。就隐藏脑的某些层面而言，我们通过努力可以察觉到自身的偏见，但还有许多层面，我们永远无法自省。无意识偏见并不是由一个坐在我们大脑里的神秘的傀儡师造成的，只是偏见所带来的影响让我们感觉**好像**有这样一个傀儡师似的。换言之，"隐藏脑"是种写入装置，和"自私基因"差不多。一如没有哪条 DNA 链会大喊"让我先！"，也没有哪部分人脑会戴上墨镜和软呢帽伪装自己。若将我们的心理活动简单地划分为有意识和无意识两种，那么"隐藏脑"则囊括了许多广为流传、其定义经常引发论战的概念：无意识、潜意识、内隐。

　　我援引了一些研究人员的研究成果，如果说我对他们的感激之情如山似海，那么对于那些愿意与我分享他们的私人故事的人，我的感激之情则无可估量。书中的许多故事讲述了在人们极度脆弱的时候，无意识偏见对他们的影响。开篇就讲了一名女子在辨认强奸犯的过程中，犯下了一个严重的错误。这个故事我本不愿意写出来——由于多种原因，报道强奸的新闻存在很多问题——但性犯罪为我们认识无意识偏见提供了一个有力的切入口，因为我们可以通过不容置疑的 DNA 测试来检验人类直觉的准确性。我曾一度怀疑自己没有勇气将托妮·古斯塔斯（Toni Gustus）告诉我的故事公之于众。她的真诚，还有本书中许多其他人的真诚，无不让我想起一个颠扑不破的真理：善良的人不是没有缺点，勇敢的人不是无所畏惧，慷慨的人不是毫无私心。那些非凡的人之所以非凡，不是因为他们不受无意识偏见的影响。他们之所以非凡，是因为他们决心改变。

第一章
意图的谬论

1986年8月24日,托妮·古斯塔斯站在自家的露台上,还有五天就是她30岁的生日了。那是个星期日,下午四点左右,古斯塔斯身着一件短袖,侍弄着她的花草。她刚从艾奥瓦州搬来马萨诸塞州,在这里唯一认识的人是她的雇主,她就职于弗雷明汉的联合劝募会。她租到了一间两居室的地下室公寓,客厅外面是一个下沉式露台。当她站在露台上时,外面的街道与她的胸部齐平。

一名路过的男子向她问路。他目光呆滞,说话含混不清。古斯塔斯也无法给他指路,但她成长于民风淳朴的中西部,并未敷衍他一句扭头回屋。她告诉他,她刚搬来,还不熟悉这里的地理环境。她给他指了一个她觉得可能没错的方向。那名男子却没有掉头离开。他又朝露台迈进了一步,询问走另一条路能不能走到同一个地方。她尽可能地回答了他,但已经开始感到有些不安,他们仿佛莫名其妙地聊了起来。那名男子又朝前走了一步,来到了露台边。古斯塔斯说她要回屋了。她转身欲走,他跳到露台上,抓住她的手臂。她立马提高嗓门,要他离开。他向她讨杯水喝。古斯塔斯闻到他嘴里有酒味。她很是抗拒,他开始把她往公寓里推。

一名司机开车路过,看到一男一女似乎在露台上发生了争执。司机行至拐弯处,掉转车头,想回来再看看情况。车子开回来时,露台已空无一人。司机走掉了。

这名闯入者比古斯塔斯高不了多少。她大约有 5 英尺 5 英寸①,他的身高则可能在 5 英尺 9 英寸或 5 英尺 10 英寸左右。但他要强壮得多。他一将她推进公寓,她便开始反抗。她大声叫嚷,他伸手捂住了她的嘴。他带着一台随身听,古斯塔斯抓起耳机线,绕在他的脖子上。他掐住她的喉咙。他们相互角力,都想制服对方,直至古斯塔斯觉得自己就快晕过去了。有一种比恐惧更为原始的东西苏醒了。古斯塔斯松开耳机线,陷入了被动。不仅仅是因为他更强壮,还因为他喝得烂醉,她害怕他会在意识不清的情况下掐死她。无论如何,她都想保住自己的性命。

他动手脱她衣服的那一刻,触动了她的另一种本能。古斯塔斯开始记忆这个人的样貌。白人,二十出头。一只胳膊上有个小小的黑色十字架,可能是墨迹也可能是文身。黄褐色的头发,直垂到前额和耳朵上,中分。鼻子很长,和他的脸形很搭。蓝眼睛,形状比较狭长。尖下巴。她不停地记忆,寻找显著特征。她暗自发誓,**我永远不会忘记这张脸**。

他强奸了她之后,让她把衣服穿上。他自己也穿好了衣服。但他仍未罢休,似乎想和她谈谈。古斯塔斯不敢相信他居然还想

---

① 1 英尺约合 30.48 厘米。1 英寸约合 2.54 厘米。——译者注

和她说说话。他用同情的口吻对她说："这种情形有时对女性很不利。"

古斯塔斯目瞪口呆：他根本没意识到自己刚刚都干了些什么。他虽然暂时平静了下来，但谁知道能维持多久？大声呼救是行不通的，她试过了，无人回应。她得离开公寓。她继续镇定地和他说话，她对强奸犯说她想去厨房取杯水喝，问他是不是也要喝。他没有阻止她离开客厅。公寓大门就在厨房旁边，古斯塔斯径直打开门，走了出去。她突然感到一种奇异的平静。她知道自己该做些什么。她在一家药店给她的老板打了个电话，告诉他事情经过。他开车来接她，带她去警局。

警察对她进行了强奸取证，并当即要求古斯塔斯详述强奸犯的所有特点。古斯塔斯把她记得的所有细节都说了——鼻子、下巴、眼睛、头发。案发时，该男子身着一件蓝白相间的短袖，一件蓝色风衣，还有牛仔裤。画像师绘制的合成画像，在古斯塔斯看来相当准确。她告诉警方，那人说话含混不清，但她对声音很敏感，记得他的嗓音。

警方赶到犯罪现场时，强奸犯已经走了，但忘了带走他的风衣。其中一个衣袋里装着一份墨西哥卷饼，包在塑料与铝箔的复合包装里。警方据此追踪到了一家便利店。店内安有一个黑白的监控摄像头，警方让古斯塔斯看了那段模糊的录像。纵然录像没拍到他的脸，她也一眼就认出了强奸犯。古斯塔斯记得他的肢体语言，他的行为做派。

警方向她出示了一些存在犯案可能的嫌疑人的照片，还有一些当地高中毕业年鉴里的照片。没有一张与强奸犯相符。案发大约一个月后，警方向古斯塔斯求证，他们抓到的一个流浪汉是否就是那个人。古斯塔斯否认了。12月初,警方逮捕了一名符合合成画像的男子。一天深夜,警方的探员带了15张照片给古斯塔斯辨认。古斯塔斯挑中了被警方逮捕的那人的照片,但她表示要见他一面才能确认。透过警局的单向镜,古斯塔斯觉得眼前的人就是强奸犯。她生性慎重,询问可否让她听听他的声音。警察把门推开了一点,好让古斯塔斯听到嫌疑人讲话。古斯塔斯告诉警方,她有95%的把握,这名被拘禁的男子就是强奸犯。她得知,此人名叫埃里克·萨斯菲尔德(Eric Sarsfield)。

那年圣诞,古斯塔斯和她的家人一起在伊利诺伊州的一个小镇上过节,该镇毗邻艾奥瓦州边境。指认萨斯菲尔德后,她有好一阵子总会想到他。她确定他就是强奸犯,但在内心深处又还有一丝放不下的疑虑。古斯塔斯是那种凡事都在自己身上找原因的人,无论何时,她都会扪心自问,我做错了什么,哪些地方本可以做得更好。她心中的那丝不确定是否只是她这种喜欢自我怀疑的人的性格特点?镇上有座长老会教堂,是个为人提供庇护和安慰的所在,古斯塔斯对那儿很熟悉。她素有信仰,教堂总是能让她重新振作起来。她以前是唱诗班的成员,担任指挥的是她的声乐老师。

在家人的陪伴下,坐在教堂这一安全的空间里,古斯塔斯突然觉得她卸下了肩头的重担,不再心怀疑虑。她对埃里克·萨斯菲尔德就是强奸犯一事不是仅有95%的把握,她有100%的把握。

她当庭指证了萨斯菲尔德。当被问及她有多确定坐在被告席上的男子就是强奸犯时,古斯塔斯说她十分确定。辩方当然指出古斯塔斯最初并不确定。但古斯塔斯本人和整个犯罪经过都有很多地方,使得她的证词足以服人。她在一个阳光明媚的日子,于

第一章　意图的谬论

光天化日之下目睹了袭击者一个小时。她是个非常细致的目击者，将强奸犯身上每一个特别的细节都记得清清楚楚。她的可信度无可指摘，她的慎重堪称模范。她不会单凭一星半点的怀疑，就认定萨斯菲尔德有罪。萨斯菲尔德辩称自己是清白的，但于事无补。古斯塔斯说服自己，他可能是喝得太醉了，所以不记得犯罪经过了。

陪审团讨论了好几天。古斯塔斯习惯性地认为判决迟迟无法下达责任在她。她苛责自己一开始太谨小慎微了。她担心她起初表露出的那点疑虑，可能致使陪审团错放一个危险人物——一个可能再度伤害其他女性的强奸犯。她希望萨斯菲尔德被判有罪，入狱服刑。最终，陪审团判定他有罪，古斯塔斯如释重负。罪案发生后的这几个月，她过得异常艰难，现在她只想继续过自己的生活，遂把案子抛诸脑后了。后来，她听说萨斯菲尔德提起了上诉，但被驳回了，还是进了监狱。古斯塔斯结了婚，过上了安定的生活。

2000年，案发十四年后，古斯塔斯收到了一封密德萨斯县地方检察官发来的信函。信上说，那起案子出现了新证据，请她前去谈谈。这封信立刻引发了她的疑虑——和恐慌。古斯塔斯对她丈夫说："噢，天呐，出状况了，真不是他。"她得知，警方用案发当天他们在强奸取证时采集到的证据做了DNA测试。测试结果显示，萨斯菲尔德不可能是强奸犯。古斯塔斯对DNA知之甚微，满心狐疑。她半是责备自己没有认真考虑当初心中的那丝疑虑，半是怀疑DNA测试的准确性。她和一位熟悉基因检测学的朋友谈了谈，弄清了测试是由一间信誉良好的实验室做的，结果准确无误。但她依旧心存疑虑。她看到的东西是实实在在的。如果她不确定萨斯菲尔德就是强奸犯，她不可能当庭指证他。十四年来，她一直确信萨斯菲尔德有罪。

大约一年后，一位律师找到了古斯塔斯，询问她是否愿意见见自己的当事人——埃里克·萨斯菲尔德。律师向她保证，萨斯菲尔德对她没有恶意，也已经原谅了她的错认。古斯塔斯不知道该不该见他。首先，她仍无法相信萨斯菲尔德是无辜的。但要是测试结果是对的，错的是她，那也同样可怕。一个无辜之人在监狱里蹲了这么多年，而真正的强奸犯却逍遥法外。萨斯菲尔德失去了十三年的人生。但可怕的不仅仅是他在监狱里待了这么多年——萨斯菲尔德还在狱警和其他囚犯手中吃尽了苦头。他不仅身体垮掉了，精神也崩溃了。

古斯塔斯接受了心理治疗，以消除她的恐惧和困惑。最终，她同意与萨斯菲尔德会面，但必须满足她的条件。她的丈夫将全程陪同，会面地点就定在她的心理治疗师的办公室里。萨斯菲尔德带来了他的未婚妻和律师。

相互问候的那个瞬间，古斯塔斯在埃里克·萨斯菲尔德身上看到了她以前从未留意到的一样东西。这样东西最初在警局透过单向镜认出他时她没有看到，警察推开门让她听他说话时她没有看到，她出庭作证他沉默地坐在她的面前时她没有看到。她现在才看到的这样东西让她确信，自己犯下了弥天大错。

古斯塔斯小时候牙齿不齐，戴过牙套——她注意到的东西正是牙齿。那个强奸犯牙齿很整齐。古斯塔斯没有把这一点告诉警方，他们也没问，因为人人都把关注的焦点放在强奸犯所具有的特点上了。而他的牙齿没什么特别之处。

埃里克·萨斯菲尔德开口打招呼的那一刻，古斯塔斯注意到

第一章 意图的谬论

的第一件事就是他的牙齿不齐。

托妮·古斯塔斯和埃里克·萨斯菲尔德的故事是个多重悲剧。无辜受害的古斯塔斯误将一个清白之人送进了监狱。萨斯菲尔德因错误监禁饱受创伤。但除此之外,还有第三个受害者:我们所有人。强奸古斯塔斯的犯人并未被绳之以法。他可能还伤害过其他人,还可能继续害人。

这样的悲剧显示出无意识偏见在我们的生活中造成了无可估计的后果。托妮·古斯塔斯犯了错,但并不是出于恶意或仇恨。这是一个无心之过。她的证词和她认对了人的信心都很有说服力。判定萨斯菲尔德有罪的陪审团也犯了错,但也不是出于草率或恶意。事后看来,我们知道陪审团低估了古斯塔斯最初的疑虑,忽略了本案中存在问题的方面——古斯塔斯认出他的那一晚,萨斯菲尔德喝醉了,她从警方推开的门缝中听到的说话声含混不清,比平时更像强奸犯的声音。警方向古斯塔斯出示辨认照片时,可能巧妙地暗示过她指认萨斯菲尔德。而要在一位令人信服的目击者和不太吻合的资料之间做出取舍时,陪审团选择相信目击者充满情绪色彩的证词,她说她对自己看到的东西很是确定。

这个案子展现了无意识偏见最显著的特征,也就是本书的主题:我们并未意识到它们的存在。警方在案发后给古斯塔斯看了无数照片,削弱了她对强奸犯的记忆,**尽管她自己并没有这种感觉**。回家和家人团聚,一起坐在教堂里所带来的安慰打消了她的疑虑,**尽管她觉得她非常缜密**。古斯塔斯巨细无靡地回忆强奸犯的特征时,漏掉了一个关键细节,**尽管她觉得她知无不言**。

警察和检察官相信萨斯菲尔德有罪,没能批判性地思考他们的结论。陪审团也随波逐流。每个人都犯了错,但没有人觉得有什么不对。古斯塔斯竭尽全力地想确保万无一失。特别有意思的是,她还记得她心中的疑虑消失的那一刻。在教堂这一安全的庇护所里,她长出一口气,告诉自己,"**就是他**"。

大量研究表明,我们的情绪状态——舒缓平和、愤怒嫉妒——会影响我们的记忆和判断。古斯塔斯对萨斯菲尔德的疑虑让她感到不安,而教堂则给了她安宁。这两件事没有任何干系——除了我们不可能既感到安宁,又感到不安之外。在当时的情境下,不安才是古斯塔斯真正的朋友,而非安宁。抚平了不安,也就消除了她觉得有点不对劲的迹象。她不但没有注意到火灾,还在无意中关掉了火灾报警器。

同样值得注意的是,古斯塔斯和警方都专注于强奸犯的特点,忽略了常规。大脑中的无意识算法会促使人们倾向于关注不同寻常之处——文身或声线——而不是关注日常所见。唯一能将强奸犯和萨斯菲尔德区分开来的一个生理特征——牙齿——被弃于不顾,不是因为看不见,而是因为它太过普通不值一提。

托妮·古斯塔斯的遭遇不是特例。情绪对我们的判断和其他数不清的认知偏见的影响,反复出现在我们生活的各个层面。这些偏见影响着我们的方方面面,从我们如何建立人际关系和做出投资决策,到我们如何应对恐怖主义和战争。如果你没有这种感觉,那正是因为无意识偏见的核心特征就是让我们难以意识到它的存在。

我们自认是理性而审慎的生物。我们知道自己为何喜欢这位电影明星不喜欢那位,为何喜欢这个总统或那个电视主持人。

第一章 意图的谬论

只要有人发问,我们就能说出为何这个政党的主张都是正确的,而另一个政党则不然。我们日常行为的背后似乎总有明确的原因——我们刷牙是为避免蛀牙,我们踩刹车是为把车停下来,有人插队我们愤愤不平是因为这有损公平。

科学家早已发现许多大脑活动都发生在我们的意识范围之外;你的大脑调节着你的心脏,让你保持呼吸,在深夜熟睡时帮你翻身。所有这些事都不会让人觉得奇异或麻烦。我们十分乐意将这些日常琐事托付给——托付给谁?给我们大脑的某些隐藏区域,由它们负责这些无聊的事务。如果问问自己我们的哪部分心理世界是有意识有自觉的,哪部分是存在于意识之外的,我们会觉得好像我们的大部分心理活动处于意识思维的光圈之中。

然而,即便只是粗略地检验一下,也会发现这种观点的缺陷。例如,你不会意识到你的大脑从这一页上提取视觉图像,将符号转化成可辨识的笔画,再将笔画拼合成词句,最终产生意义的过程。你——这里指的是你的意识脑——所做的只是决定要阅读,其余的皆水到渠成。你知道你的大脑势必在做着这些事,但你察觉不到。同理,当我询问你的名字时,你无法察觉到你的意识脑是如何提取出"杰克""苏珊"或"贝拉克"的。你知道答案,但你不知道你是**怎么**知道这个答案的。

好吧,你说服自己,阅读和其他日常活动都涉及多方面的大脑功能,而我们无法完全察觉到这些功能。但我们仍然可以察觉到大脑的大部分活动——特别是所有重要的活动。你口中的"重要"指的其实是更高层次的思维活动,像是我们参与谈话或形成某一观点的过程。且让我们好好想想这类事情。就拿你和那个爱和你斗嘴的邻居的上一次交锋来说。和往常一样,他又说了些惹你生气的话。很显然是他的话激怒了你，但你真的察觉到了你的大脑在你发脾气时做了些什么吗？上一秒你还在修剪树篱，下一秒你就感觉血液直冲太阳穴，一连串气话脱口而出。整个过程几乎……是自动的。但如果不是你有意决定要发脾气，这些脾气又从何而来呢？我们再来想点愉快的事。你越过满屋子的人看到了另一个人，你们四目相接。你呼吸一室。这种备受吸引的感觉从何而来？你并未将对方的特点列出来，一条条地对照你的喜好，然后决定要为之倾倒。不，那是一瞬间的事。你们相互对视，然后毫无缘由地，你的心怦然一动。

好吧，你又说，看来在情绪面前，我们也并不总是有所自觉。可那是因为它们是情绪呀。本来就混沌不清。除开这些，意识思维仍有不少用武之地。很多情形下，我们完全能察觉自己在做什么：仔细分析过市场后，我们决定投资某只股票。仔细审核过应聘者的资质后，我们决定雇佣她。

近年来，许多实验证明，我们在这些方面的直觉也同样存在缺陷。举个例子，人们普遍认为，在资质相当的情况下，体形肥胖的求职者不如体形正常的求职者聪慧能干——只会比他们更懒惰、更缺德。在这类偏见中有一个不同寻常的例证，心理学家米歇尔·赫布尔（Michelle Hebl）曾让一名求职者和志愿者们一起待在等候室里，这些志愿者稍后将决定是否"聘用"该求职者。有些志愿者只看到求职者独自坐在那儿，还有些志愿者看到求职者身边还坐着一个体形正常的人，第三组志愿者则看到他身边坐着一个胖子。相较求职者独自坐着或坐在一个体形正常的人身边，当他身边坐着一个胖子时，志愿者稍后会认为他的专业技能和人际交往能力更差——不值得聘用。志愿者不仅在毫无自觉的情况下对肥胖之人另眼相看,还以同样的眼光看待他们**周围**的人。[1]

交叉研究表明,即便是在更高层次的思维中,隐藏力量也通常与我们形影不离,巧妙地将我们引至某个方向。这些偏见不是只会影响未受教育和不负责任的人。很难想象还有哪个目击者能比托妮·古斯塔斯更全面、更细致、更负责。

对无意识认知偏见的探索在很大程度上采用的是考古挖掘的方式:研究人员沿着意识思维的光圈不断往下刮刨,渐渐发现这个光圈其实是个洞,下面还有另一个建筑。他们挖得越深,显露出来的东西就越多,最终他们发现了一整座无意识大脑活动的金字塔。我们的大脑中存在一个隐藏世界这一发现来得猝不及防,而且牵扯到人体机能的诸多方面,这促使一些聪明过人之士问出了一个惊人的问题——这个问题不是"为什么存在一个隐藏脑?",而是:"为什么存在一个**意识脑**?"

为弄清为何有此一问,请想象你正站在这座新出土的金字塔的底部。如果你仰起脖子,就能看到顶部的光圈——那是你曾经认为无所不包的意识圈。你一点点地收回自己的视线,光圈变得越来越小,而光圈之下,金字塔的上半部分则变得越来越大。视线下移到一定程度后,你想问的问题就不再是为何在意识之巅下面存在一座隐藏的金字塔,而是为何这座金字塔顶端要有一个洞。

对于我们为什么会有一个意识脑一个隐藏脑,有多种解释。有种解释认为,我们平时会碰到两种体验,一种是新奇的,一种是熟悉的。意识脑擅长应对新奇的情境,因为它是理性的、审慎的、条分缕析的。不过一旦厘清了问题,找到了解决之道,就

隐藏的大脑

没有理由每次遇到这种问题都再重新思考一遍。直接运用你掌握的规则,然后继续处理下一件事就好。这就是隐藏脑所擅长的领域。它是运用捷思法的行家,所谓捷思法是指我们用来应付日常琐事的心理捷径。大多数时候学习一门技能,其实就是在教你的隐藏脑掌握一套规则。首次学骑自行车时,你会有意识地注意在不摔倒的前提下,身体能朝一侧倾斜到何种程度。一旦你掌握了重力、平衡和动量之间相互作用的规则,你的意识脑就会将骑车这件事交付给隐藏脑。你无须再思考你该怎么做,它变成自动的了。首次学习一门语言时,你得想方设法地掌握它。但一旦你掌握了这门语言,你就无须刻意去搜寻合适的词汇或组织正确的语法,它变成自动的了。

意识脑缓慢而审慎。它按照教科书一板一眼地学习,弄清这些规则存在哪些例外。隐藏脑天生反应迅捷,能够快速地做个大概并即时调整。此时此刻,你的隐藏脑就正做着很多事,远比你的意识脑在同样的效率下能做的事情多得多。隐藏脑牺牲精工作细换来了速度。如果你没有发现上一句话中打错了字的话,那就是因为你的隐藏脑迅速给出了"精工细作"的正确表达,并接着往下读了。告诉你它纠正了一个错误,只会拖慢你的阅读速度。

鉴于你的隐藏脑看重速度胜于精度,所以它时常会将捷思法推及并不适用的情境。这好比你把在骑车时掌握的一条心理捷径——将手指捏成拳以握紧刹车——运用到了开车上,导致你在需要停车之际,没有用脚去踩刹车,而是紧紧抓住了方向盘。现在,请从更宏观的角度来设想这个问题:隐藏脑将各式各样的规则推至种种并不适用的复杂情境中。

若向人们出示两张政治候选人的面孔,要求他们仅凭外貌判

第一章 意图的谬论

断谁更能干,人们通常能毫不费力地从中选出一张面孔来。[2] 不仅如此,如果他们自己是民主党人的话,他们还会告诉你,那个看着更能干的候选人多半是民主党人。如果他们是共和党人,那张能干的面孔看着就像共和党人。人人都知道仅凭外貌就对一个人的能力下结论很荒谬,那么为何还是会觉得其中一张面孔给人的感觉更好呢?这是因为他们的隐藏脑"知道"能干的人长什么样。隐藏脑的工作**正是**跳跃性地得出结论。这就是人们无法告诉你这个政客看着比那个政客更能干、这个求职者看着比那个求职者更称职的原因。他们只是有种感觉,有种直觉而已。

看似有意识和有自觉的东西,其实可能是无意识力量的产物,这一观点从柏拉图到弗洛伊德再到好莱坞,不断在历史中得到呼应。在柏拉图著名的洞穴之喻中,那些一辈子只能看到影子的囚徒相信影子就是真实的世界。唯有当囚徒从洞穴里出来,走到阳光下时,他们才能看清现实与非现实的区别。柏拉图笔下那些被解放的囚徒经历了一次顿悟。弗洛伊德也意在给他的患者带去一道类似的灵光,让他们认识到自己的生活如何被久远以前的创伤所限。好莱坞借由《黑客帝国》问道,我们的行为是否在不知不觉中受到了隐藏的傀儡师的操纵,而那些傀儡师就是机器人。基努·里维斯饰演的角色眯起眼睛就能看到由1和0组成的流动三维立体结构,这就是好莱坞对机器人控制的世界的构想。在所有这些例子中,当人们意识到他们受到了操纵时,这种顿悟瞬息之间就能让围墙轰然坍塌。

有件事我不妨坦白相告:你永远无法像这样认清你的隐藏脑的运作方式。当你听说自己的日常行为受到了你意识之外的事物的影响时,你可能深感怀疑,无论有多少证据都无法打消你的怀疑。无论你有多了解隐藏脑，你都永远无法**感觉到**它对你的操纵。没有基努·里维斯可以帮你。你被永远困在母体里，因为你的大脑就是这样设计的。如若不然，也并不意味着你获得了解放，反而只是意味着你不再是个真正的人了。

和你一样，我也被困在母体里。我觉得我做事都是有理由的。我相信我所得出的结论。和你一样，如果有人跟我说，我根本不了解自己的想法，我也会觉得受到了冒犯。和你一样，我也认为就连我的感知——我基本的视听能力——也常常被隐藏脑的诡计所左右，这种观点荒诞不经。我在写报道和著书的过程中了解到，所有这些全都属实。但依旧**感觉**不真实。

魔术师表演幻术时，人们竭力想看穿他的障眼法。这种努力透露出，人们相信幻术总归**就在眼前**。魔术表演的精彩之处在于幻术理应与现实不同。但要是它与现实相同呢？要是经常愚弄、戏耍和蒙骗我们的不是一个身着斗篷的演员，而是我们自己的大脑呢？这两种幻术哪一种更为成功，是在掌声中鞠躬谢幕的那一种，还是真实得我们从未停下来想上一想的那一种？

我们对人类行为的理解转变得悄无声息，但产生的影响却震天动地。我们所有的社会、政治和经济制度几乎都建立在对人类行为方式的假设上，而这种假设说得好听点是有待完善，说得不好听是错得彻头彻尾。对此，我们见过数不胜数的证据：我们的制度、政府和经济体系辜负了我们；国家和民族之间无休止地反复爆发冲突；人们相互残害犯下最可怕的道德灾难——或对此视而不见。我们对人类行为的理解欠妥，致使我们在自己的私人生活中，在选择伴侣和进行消费时，在面对政客和灾难预警时屡

第一章　意图的谬论

屡出错。这些错误在刑事司法系统中随处可见，并荼毒我们的工作。这些错误从根本上影响着我们看待世界的方式，我们甚至把它们写入了国际条约和宪法中。

我们对无意识操纵的易感性，可以解释为何区区几个阴谋家就能挟持整个政治体系；为何我们在国家和全球层面上，应对诸如气候变化等严峻挑战时会以失败告终；为何像种族灭绝这样的悲剧每次发生时都看似脱离常轨，却又以亘古不变的规律一次次地卷土重来。隐藏脑存在的证据就在我们周围，它就隐藏在众目睽睽之下。在我们的生活、我们的选择和我们的道德判断中，无不充斥着这方面的线索。我们好像故意对偏见视而不见似的——除非你能回想起无意识偏见的核心特征就是它的无意识性。

对人类行为的新理解构成了一场革命，其发人深省的程度不亚于——甚至还有过之——在量子力学的层面发现牛顿运动定律的崩溃，或是发现太阳不会围绕地球转动，或是发现人类不是因为非人的力量才出现在了地球上，而是存在一个合乎逻辑的原因，即自然选择的结果。就像曾经我们似乎难以相信一个物体可以同时出现在两个地方，太阳在天空中的运动是地球以相反的方向自转所造成的错觉，鲸鱼和奶牛是远亲，现在我们似乎也难以相信我们生活中的很多事发生在我们的意识范围之外。再者，这一不同寻常的新发现关乎我们大脑中的隐藏世界，和其余那些惊人的定论不同，这种感觉非常切身。如果你和我当初刚开始了解这一观点时的感受一样，那么你可能多少觉得受到了一些冒犯，毕竟有人对你说你几乎不知道自己的大脑中发生了什么，我们所体验到的"常识"只是一种错觉，就像太阳每天会划过天空一样虚假，甚而还有过之。

隐藏的大脑

本书中介绍的观点犹如一环套一环的同心圆，前面的章节详述隐藏脑所引发的一些小事例——有些还不乏幽默，后面的章节则着眼于一些大问题。第二章展现了隐藏脑在四种不同的环境下所发挥的作用——一是在英国一间办公室的茶水间，二是在纽约证券交易所，三是在荷兰的一家餐厅，四是在费城的一所科学实验室。第三章显示出从餐桌礼仪到不成文的调情规则，隐藏脑如何影响着我们的一切——还有若隐藏脑罢工则会给我们的生活带来何等巨大的后果。第四章探讨了隐藏脑如何让幼童产生刻板印象，并持续影响他们成年后的行为和人际关系。第五章探讨了无意识的性别歧视。第六章和第七章探讨了群体在高度紧张的情境下产生的无意识影响。第六章讲的是发生灾难时大群体对人们的影响，第七章讲的是小群体在造就诸如自杀式袭击等极端行径方面的力量。第八章着眼于无意识偏见对刑事司法系统的影响，第九章探究了隐藏脑在政治中发挥的作用。第十章探讨了无意识因素如何影响我们的风险认知和道德判断，进而影响攸关数百万人生活的政策。

第二章

无处不在的阴影

工作和生活中的隐藏脑

无意识偏见触及你生活的每个角落。任何时候，你的隐藏脑都在许多方面上发挥着作用。有些相互合作，有些彼此冲突。隐藏脑所有行为的共同点是它们都运作得很低调。隐藏脑就像一位贴心的助手，比你自己还了解你，能预知你的需要，帮你把衬衫拿出来、选好领带、煮上咖啡，却从不居功。当任务单调适用于捷思法时，这种便利非常美妙。只有当事情出了问题，捷思法用错了地方，隐藏脑所做的联系牛头不对马嘴时，我们才会自问："我在干什么呢？"或是："我在想什么呢？"我们每个人都有过这样的经历——我们的行为与我们有意识的信念和意图全然相左，以至于我们也搞不清楚为什么有人开了一个刻薄的玩笑，我们却放声大笑了出来，为什么我们会对所爱的人大发雷霆？我们无法解释为何我们将闹钟设在了下午六点而不是早上六点，为何我们在想踩刹车时踩了油门。我们不知道为何我们在大考时脑子一片空白,为何我们在该为自己讨个公道时张口结舌。"我当时怎么不说?"我们在事后苦思冥想,"我为什么要那么做?我怎么这么蠢?"

本章旨在说明无意识偏见对我们的日常生活造成了何等广泛的影响。下面的例子取自不同的领域,展现了隐藏脑在私人环境、工作环境、社交环境和亲密环境中所发挥的作用。

聚光灯效应

这个茶水间位于英国东北部纽卡斯尔的一间不起眼的办公室里。这里和其他成千上万的办公室茶水间没什么不同,茶、咖啡和牛奶的销售全凭诚信。橱柜门上贴着一张纸,高度与视线齐平。这则告示上印有一小幅横着的照片,下面标明了茶(30便士)、咖啡(50便士)和牛奶(10便士)的价格。人们自行调配他们的饮品,然后将钱扔进诚信箱里。办公室主任每六个月左右,就会发邮件提醒大家把饮料钱结了。但和许多办公室茶水间一样,这个茶水间也处于视线的死角。人们就算诚实地付了咖啡钱和茶钱,也不会得到表扬。而他们就算不付账,也不会被抓个现行。

这套管理方式已经运行好些年了。最近,在使用该茶水间的数十人不知情的情况下,一位名叫梅丽莎·贝特森(Melissa Bateson)的研究人员开始追踪牛奶每周的销售情况。她还统计了诚信箱里的钱。这两件事她都坚持做了十周。

你可能以为如果办公室的职员喝掉的咖啡和茶的杯数不变的话,每周收到的钱款数目应该都差不多。在一月下旬的第一周和

第二章 无处不在的阴影

三月中旬的第八周,人们喝掉的牛奶量相当。但第一周诚信箱里有 8.25 英镑。第八周,箱子里只有 1.17 英镑——少了七分之六。人们是有意决定只在一开始表现得诚信吗?不,职员们并不知道贝特森在研究他们的诚信水平。况且,三月下旬第九周收到的钱款是二月上旬实验第二周收到的钱款的两倍多。在研究中有一半的周数——第一、三、五、七、九周——贝特森收到的钱款是第二、四、六、八、十周的三倍。奇数周有什么不同吗?

每周,贝特森都会更换橱柜上提醒人们支付饮料钱的告示。咖啡、茶和牛奶的文字标价始终如一,但她改变了告示顶端那张小小的装饰画。在五个奇数周,贝特森从网络上下载了不同的照片,这些照片上是一双双盯着人看的眼睛。人们的诚信水平飙升。在偶数周,她打印出了不同的鲜花的照片——雏菊、金盏花、玫瑰。诚信水平骤降。

办公室的职员后来被问及有关告示的事。他们都困惑地摇头。**没人注意到上面的照片每周都在更换。**然而,这一微小的变化却极大地影响了人们的诚信水平。纵然那一双双眼睛只是从互联网上下载的模糊的图片,但当贝特森巧妙地向人们表示他们正被人监视着时,人们会比伴着金盏花倒咖啡时诚信得多。[1]

你可以从这个实验中得出一个小的知识点和一个大的知识点。小知识点是相较雏菊的照片,一双视线锐利的眼睛的照片似乎能让人们在私人行为中表现得更诚信。大知识点是人们会受到他们从未有意识地注意到的东西的强烈影响。职员们没有注意到那些照片,却依旧受其影响。(见图 1。)[2]

人们为何没有注意到眼睛的照片取代了金盏花的照片呢?不

隐藏的大脑

妨这样设想一下：你的注意力就像一盏聚光灯，可以照亮你选择关注的任何事物。但聚光灯不可能同时照亮所有事物。如果你正在琢磨工作上的事或同事间的对话，你就可能注意不到墙上的照片究竟是一双眼睛还是一朵花。如果你只记得要关注室内装饰，你就不会注意到室外金光灿烂——有证据表明，相比阴天，人们在阳光明媚的日子给的小费更多，会做出更为大胆的投资，而且在报告他们的生活和浪漫关系时普遍显得更乐观。[3]

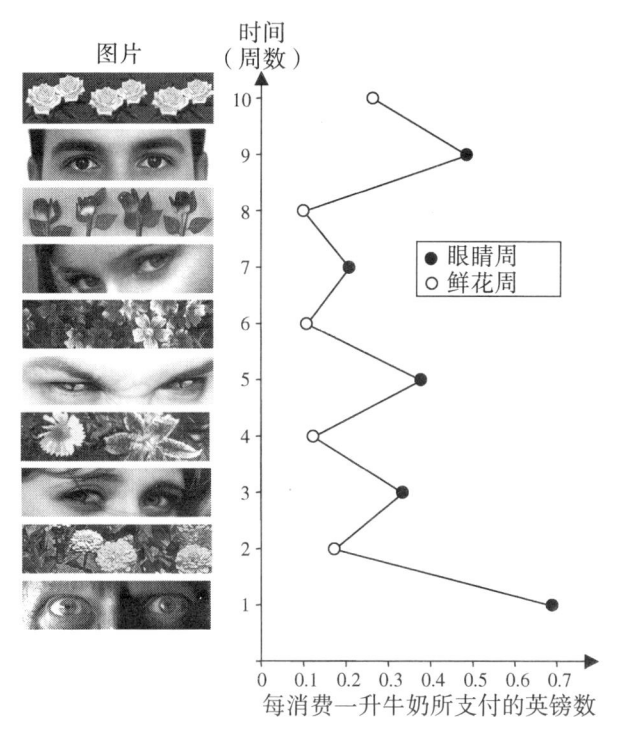

图1 每消费一升牛奶所支付的英镑数与周数和图片之间的关系

事实上，如果就你每时每刻能关注到的所有事物列一份详细的清单，那么这份清单可能长达数十页。这里面有气息、味道，也有想法、情绪、语调。专注于其中任何一件事都只是太仓一粟，而同时专注于所有事则是痴人说梦。如果你真的坐下来列出了那份清单，你会发现无论何时，你周围的绝大部分线索你都没有意识到。例如，眼下你正在阅读和思考这一页上的文字。但在我提醒你之前，你并未留意书皮的质地，或是周围的气温是否宜人。当然，你可以将你的注意力重新汇聚到任何一个事物上，但这么做意味着别的一些东西会从聚光灯下消失。

处于有意注意的聚光灯之外的事物会怎样？它们不会彻底消失，因为那样很危险。总是留意到自己的边缘视觉会很恼人，因为大多数时候周边没有发生什么要紧事，但如有要事发生你肯定希望能得到通知。所以当有意注意的聚光灯移到其他事物上时，你的隐藏脑仍会对你的边缘视觉保持警觉。在不需要意识干预的情况下，隐藏脑会对它所看见的东西直接做出反应，不会跟你汇报它做了什么。而具体到贴在橱柜上的一则告示时，隐藏脑就会注意到告示上的小图片每周都在换。因为隐藏脑擅长快速分析而缺乏精度，无法区分照片和真实的眼睛，它会巧妙地提醒你要守规矩，仿佛你真的被人监视着一样。

无可抗拒的捷思法

就在梅丽莎·贝特森追踪研究茶水间的同一时间，在距离纽卡斯尔数千里之外的地方，还有另一项实验也在进行中。经济学家长久以来一直困惑于投资者如何看待刚进入股票市场的新公司。像谷歌这样的知名上市公司自然毫无秘密可言，投资者对这类公司很是了解。但在很多时候，新股总有较大波动，因为投资者仍在试着了解这些公司。有关公司内部发展和盈利的传言可能导致股价螺旋式上升,也可能引发投资者一窝蜂地抛售。数学家提出了复杂的公式来追踪这些变化,也开发了相关算法来预测股价小数点的微小变化。每天都有数十亿美元的股票交易,一点小小的偏差都意味着数额巨大的利润和亏损。

心理学家亚当·阿尔特(Adam Alter)和丹尼尔·奥本海默(Daniel Oppenheimer)最近也决定在股票市场里试试身手。他们是否研究过复杂的证券交易、企业的潜在实力和石油期货呢?统统没有。他们博洽多闻,很懂经济走向吗?一窍不通。他们有内部消息吗?铁定没有。两位心理学家只看这些公司的名称好不好读。他们向志愿者呈现了一系列捏造的公司名,有些名称佶屈聱牙,例如 Aegeadux、Xagibdan、Mextskry、Beaulieaux,还有一些公司名则比较好读,例如 Jillman、Clearman、Barnings、Tanley。如果说名为 Queown 和 Ulymnius 的公司就像文森特·梵高在他的黑暗时期所画的那些晦涩的画作,尽是暗沉的天空和阴森的色调的话,那么名为 Adderley 和 Deerbond 的公司就像一个快乐的 5 岁儿童从学校带回家的涂鸦——金黄的太阳露出笑脸,俯视着一栋炊烟袅袅的屋舍。阿尔特和奥本海默发现,志愿者在毫无觉察的情况下,受到了他们研究的这些公司名的影响。他们倾向于高估名称简单的公司,低估名称复杂的公司。[4]

但名称肯定不会影响企业在真正的股票市场上的表现吧?理智的投资者怎会把投资决策建立在名称上呢?阿尔特和奥本海默在纽约证券交易所追踪了 10 支名称易读的股票和 10 支名称难读的股票。他们发现,名称易读的公司在上市首日的表现比名称难读的公司的表现好 11.2%。六个月后,差距扩大到了 27%。一年

第二章 无处不在的阴影

后，这个数字超过了33%。要是你在名称简单的股票上投100万美元，在名称复杂的股票上也投100万，名称简单的那组股票会比名称复杂的那组多挣33万美元。

还有比这更可观的（也可以说是更糟糕的，看你怎么想）。阿尔特和奥本海默将关注点从公司名称转移到了股票代码上。回顾纽约证券交易所和美国证券交易所的股价可以看出，股票代码好读的公司（例如KAR）在上市首日的表现比股票代码难读的公司（例如RDO）的表现好8.5%，上市一年后这一数字变成了2%以上。还记得那些追踪股市的数学家吗？小数点的微小差异就足以让他们兴奋不已。2%可是一笔大数目。

阿尔特和奥本海默发现，这种易读性效应（pronounceability effect）会随时间的推移而逐渐消失。投资者一旦了解了这些公司，便开始依据比名称更重要的指标做出决策。易读性只在投资者熟练掌握真正重要的技能之前发挥作用。但投资者一开始为何会根据名称这种鸡毛蒜皮的事做出投资决策呢？与纽卡斯尔的办公室职员不同，你不必去询问投资者是否察觉他们受到了公司名称的影响。他们浑然不觉。如果他们意识到了这种偏见，就会设法找补，股票表现出的差异便会消失。

和纽卡斯尔那些喝饮料的人一样，阿尔特和奥本海默研究的这些投资者也觉得他们是在慎重地做出选择。然而，在毫无自觉的情况下，他们的决策受到了影响。他们的隐藏脑将易读的公司名与一种舒适感联系了起来，将难读的公司名与一种不适感联系了起来。舒适与熟悉和安全有关，这就是投资者之所以选择某些股票、推高其股价的原因。不适则与危险和陌生有关，这也是投资者之所以避开某些股票不看好它们的原因。在不恰当的情境中运用捷思法——将舒适与安全、不适与危险联系起来的捷径——会带来麻烦。

两人三足

最近，我用谷歌地球搜索了"In de Cramer 142 Heerlen, 6412PM"这个地点。我看到屏幕上的星球慢慢旋转起来。大西洋不到半秒就晃过去了，英国是一个小光点，英吉利海峡仿佛我的玻璃杯边缘上的一滴水。城镇和当地的地标出现了，我放大了荷兰海尔伦镇的树木、街道和汽车。

虽然谷歌地球没有告诉我，但我电脑屏幕上显示的这片屋顶属于宜家（IKEA）商场。宜家对面是一家苹果蜂（Applebee）餐厅，里面大约放着三十张桌子。这家餐厅是那种家庭式餐厅，氛围轻松，价格适中。

餐厅里，由一名女服务员负责点菜。她大约十七八岁。当有的顾客说要啤酒和薯条时，女服务员会把点单写下来，然后原模原样地重复一遍。"bier"或"friet"，她如此复述道。而另一些顾客说要"bier"（啤酒）时，她说是"pils"，这在荷兰语中是啤酒的同义词。至于这些顾客说的"friet"（薯条），她则说是"patat"，也是同义词。每一笔点单她都会写下来。

对于其中一组顾客，女服务员原模原样地模仿他们的点单。对于另一组顾客，她在确认点单时使用的是同义词，并答说"好的"。统计顾客给的小费发现，当女服务员模仿顾客时，她得到的小费增多了。这之间的差异并非一星半点。平均而言，受到模仿的顾客给女服务员的小费**多出了140%**。[5]

第二章　无处不在的阴影

女服务员不知道实验的目的,所以她并不会在其他方面区别对待每组顾客。我给做这项研究的荷兰心理学家里克·范·巴伦(Rick van Baaren)打了电话。他告诉我遵循谈话的自然节奏进行模仿效果最好。如果你立马重复别人说的话,这会显得很刻意很恼人,就像5岁小孩重复你说过的每一句话一样。但若稍微间隔一会儿再行复述你听到的内容,就能传达出一些重要信息:**我在听你讲话。我理解你。我同意你的看法。**

有趣的是,女服务员也向另一组顾客传达了这样的信息。她使用同义词并答说"好的",让顾客知道她听到了也理解了他们的要求。她写下每笔点单,凸显出她会准确地将点单转达给厨房的工作人员。但语言并不单单等于言语信息。我们说的很多话都超出了我们所使用的词汇的字面意思。我们用语气、变调和不同的说话模式来表达好感、愤怒、感激、孤独和渴望。我不是在提请你们注意众所周知的言语交流与非言语交流的区别。我想让诸位注意的是有意识交流和无意识交流的区别。受到模仿的顾客在毫无自觉的情况下,认为他们得到了更好的服务。

下次你在公园、餐厅或办公室时,可以观察一下别人之间的谈话。两人越是合得来,就越有可能巧妙地相互模仿。如果你挨得够近,能听到他们的谈话内容,你可能会听到他们在重复对方说过的短语。他们甚至可能拥有相同的说话节奏、相同的肢体语言——他们的隐藏脑正促使他们做出一致的反应。当人们听到一些他们认同的话语时,他们会热情而迅速地做出反应。而当他们听到不认同的话语时,他们的反应会慢几微秒,因为隐藏脑知道前面是个死胡同,它在为冲突做好准备。

心理学家塔尼娅·沙特朗(Tanya Chartrand)和约翰·巴奇

隐藏的大脑

（John Bargh）曾录下了人们和一位实验室助手的谈话。这位助手按照要求在整个谈话过程中不断搓脸或抖脚。录像显示研究被试也相应地在搓脸或抖脚。[6] 在之后的询问中，没有人记得他们做过这些抽搐动作，也没有人报告他们注意到了助手在搓脸和抖脚。不似心理学家有意操纵人们的行为，以观察这些行为对他人的影响，我们在日常交流中对自身言行的调整是无意识的、无心的。我无意识地回应你无意识的信号，你也无意识地回应我无意识的信号。我们都没察觉这种共舞，并不代表它无关紧要。别忘了，即便苹果蜂餐厅的顾客和女服务员都在有意识地、明确地交换着信息——点餐并确认要啤酒和薯条——但除此之外，他们也还在无意识地、无心地交换着信息。如果你只看明确表达出来的信息，你就无法理解为什么有些顾客会给出丰厚的小费。

当我们听说纽卡斯尔那个茶水间的事，听说志愿者依据实验室助手的行为做出搓脸和抖脚的反应，或是听说目击证人犯下了"明显"的错误时，我们禁不住认为自己不会那么容易受到这些操纵。我们当然会注意到坐在眼前的人正在抖脚或搓脸。这周的照片显然印的是双眼睛，下周是金盏花。强奸犯牙齿整齐，嫌疑人牙齿不齐。这些线索都明摆着呢。当荷兰心理学家里克·范·巴伦提出他要在苹果蜂做实验时，那位女服务员一开始并不愿参与，因为她觉得那样模仿会显得很刻意。顾客会问她在搞什么名堂。当然，实际没人这么问过。

餐厅的实验表明，你的隐藏脑并非独立运作。它能与其他人的隐藏脑结成网络。我无意识地接收到了你给我的无意识线索，然后无意识地做出反应。在毫无自觉的情况下，我们不断适应着不同的环境和人[7]，不仅对自己说话的节奏做出调整，还会调整我们思考的内容。当人们试图建立情感联结时，这种效应尤为强烈：若你想和另一个人建立联系，你的隐藏脑就会悄悄低语，"说这话"或"别说那话"。

自私的大脑

我有两个朋友都是著名的阿尔茨海默病研究人员。约翰·特罗扬诺夫斯基（John Trojanowski）和李文渝（Virginia Lee）共同领导着宾夕法尼亚大学的神经退行性疾病研究。但我提及这两位科学家不是想说有关神经原纤维缠结和β-淀粉样蛋白斑块之类的事，而是想说约翰和文渝自身的事。

约翰说话句式完整，在日常谈话中也很注意细节。几年前，我为了写一篇调查报道而采访了他，他所描述的画面堪比约翰·勒卡雷的间谍小说——错综复杂，纤毫毕现，精妙绝伦。听约翰讲话就像在欣赏画家作画，只不过约翰用的不是画笔和颜料，而是精雕细琢的词句。他的话语里细节之丰富，我发现自己不得不非常努力地集中注意力，才能从中挑出重点。就像勒卡雷那些精彩的小说一样，约翰讲述的不是炸弹、追车和劫机，而是一扇虚掩的大门上有哪些转瞬即逝的细节。

第一眼看去，约翰和文渝似乎是对奇怪的夫妇。他身高6英尺3英寸，长得和米克·贾格尔有点挂相，待人亲切备至。她则是亚裔，体态娇小，如一只暗暗蓄力的猫。第二眼看去，他们更像是对奇怪的夫妇了。约翰说起话来滔滔不绝，文渝一个字一个字往外蹦。当他们生气时，他散发出冰冷的威严，她则火花四溅。约翰在日常谈话中遵循一个简单的原则——能用两句话说明的事，绝不只说一句。文渝则将语言删节到只勉强剩个大概的地步，她省去了大多数句子中的主语和宾语，并对所有修饰语发动无情的歼灭战。她在说"是！"或"不是！"时，眼里充满了不耐烦的神色，让你觉得她真正想说的话得花上十分钟才说得完，但她没有那个闲工夫。

"文渝生你气时，"他们的一个朋友跟我说，"好像要拿刀割开你的喉咙似的。而约翰生你气时，他会让你深感内疚，恨不得亲手拿刀割开自己的喉咙。"

"有个朋友说我们是火与冰，"约翰说，"你很容易猜到谁是火谁是冰。"[8]

我有次去参观约翰和文渝的实验室。我正和办公室的一位管理人员交谈，文渝冲了过来。"给！"她说着，把一个文件夹放在管理人员面前，这人名叫卡伦·恩格尔（Karen Engel）。"我们明天再谈。"说完她转身就走了。

"要是约翰得说上十分钟呢。"恩格尔说着，冲文件夹扬了扬头，"他不会仓促了事。他希望能达成共识。"

你可能也认识像约翰和文渝这样的人，他们那相互冲突的性格是情景喜剧的惯用戏码。人际关系专家会告诉你，虽然这种相互冲突的性格在喜剧里很有看头，但在现实生活中却绝不是什么好事。像约翰与文渝这样的人正是那种不应该单独待在一个房间里的人，他们会因性格不合而发生冲突、产生分歧、惹得对方着急上火。专家会说，像约翰和文渝这样的同事发生冲突在所难免。而如果这样的两个人连工作关系都注定维系不了的话，那么他们之间的私人关系就将是一场灾难。别以为仅是怨恨就能了事，还是想想蘑菇云吧。

第二章　无处不在的阴影

我尚未告诉你的是，约翰和文渝已经结婚三十余年了。与我所认识的多数夫妇相比，他们显然非常恩爱，而且那些夫妇的结婚时间还只有他们的一半。你可能想说，异质相吸。但研究结果与你的观点相悖——起码研究显示，长远看来相似的人往往相处得更好。不过，不要紧。我们姑且假设异质真的相吸。约翰和文渝让我惊讶的地方在于，他们不仅相亲相爱地共同生活，还结成了强大的工作伙伴关系，跻身世界上那些著作等身、备受尊敬的科学家行列。约翰和文渝在宾夕法尼亚大学珠联璧合，于权威科学期刊上发表了数十篇研究论文。他们获得了数百万美元的拨款。他们做每件事都相互协调、配合，有商有量。他们的崇拜者在私下里说，这两个人有朝一日可能赢得诺贝尔医学奖——共享殊荣。

还请记住，这对夫妇会为鸡毛蒜皮的琐事争吵。例如像叉子在放进洗碗机时是应尖头朝上还是尖头朝下这样的"重大"问题，他们谁都不肯让步。当约翰和文渝发生冲突时，他们恢复了本来的性格。约翰变得越来越锱铢必较，关注的细节越来越小，他的情绪隐藏在一层层的冰面之后。文渝则变得越来越爱说教，她打断约翰说话，对他言语中的火药味表现出极大的愤怒。他们争吵时，我可以想见她在心里抓起任何可以抛掷的东西，朝他扔去，而他就坐在那儿，铁青着一张脸无动于衷，任由一把把青豌豆呼啸着擦过他的鼻翼。

他们最近去度假时，为早餐麦片到底该怎么做才是正确的而吵了起来。几天后，约翰试图回想他们争吵的内容，却想不起来了。这事太琐碎了，他几乎什么细节都记不得了——只记得他们不仅吵得不可开交，而且在度假期间每天都要吵一次。你如果亲眼见到他们之间的早餐麦片对决，便绝对无法猜到在他们的职业生涯中，约翰和文渝一起就阿尔茨海默病的病因提出了与神经科学界相反的看法。他们经常乐于坚守与传统观点相悖的立场，这样的立场需要他们在智识和情感上相互依赖、相互支持。在科学领域冒这种险并非易事。有点像在大海上迷失了方向，从这条地平线到那条地平线触目皆是危机四伏的灰绿色海水，你只身朝着一个方向划去，而其余所有船只都一起去往了相反的方向。这么做需要信心，需要夫妻双方完完全全地彼此信任。

然而，在日常生活中，朋友和同事好奇的不是约翰和文渝在工作上为何如此默契。他们好奇的是约翰和文渝是如何共同生活的。

我设想了一位婚姻咨询师给约翰和文渝提建议的情形。听说了早餐麦片大战后，我可以想见他会琢磨这两个人是不是真的适合对方。

譬如，约翰会率先开始描述那天是怎么过的："我们七点起床——"

"我们七点半才起。"文渝猛地打断他，"约翰，你**以为**你是七点起的。"

婚姻咨询师不自觉地挑了挑眉。"他们什么小事都要吵。"他暗忖道，"他们是否给了对方足够的空间？"没有。他得知他们一起工作，从同一栋房子出来，进入同一间办公室，坐在相邻的工位上。他们会在工作中小心翼翼地避开对方吗？不会。他们经常在公共场合争吵。

"我从未在其他人身上看到过他们之间的那种反复无常。"一位名为珍妮弗·布鲁斯（Jennifer Bruce）的实验室管理人员曾这

第二章 无处不在的阴影

样跟我说,"如果是有幸常常看到那番光景的人,现在都只会说一句:'噢,他们又开始了。'"

他们的另一位同事鲍勃·多姆(Bob Dome)告诉我,他首次见到这对夫妇时惊讶不已:"文渝亢奋好动,而约翰说话总是慢吞吞的,所以文渝老叫他闭嘴或者赶紧往下说。我第一次见到他们时很吃惊。我不知道他们结婚了。"

他们就连开玩笑也要挫挫对方的威风。在一次有20多人参加的实验室会议上,约翰谈到了脑损伤可能在阿尔茨海默病的形成中发挥了作用。他解释说这些损伤的阴险之处在于,其产生的影响也许不可见,就算是高度精密的脑部扫描仪也扫描不出来。

"我16岁时从马上摔了下来,然后患上了短暂的失忆症。"他说,"虽然症状消失了,但这些事会使人更容易患上阿尔茨海默病。我没有做磁共振成像(MRI,脑部扫描),但就算我做了,也不会有什么发现。"

"你怎么知道?"文渝面无表情地问道。房间里爆发出一阵笑声,约翰面露不悦之色。

我可以想见婚姻咨询师从约翰口中得知他们在工作中也毫不手软地相互指责,经常弄得两人都"快要哭出来"时,他连连摇头的模样。

"我们只是意见不一,算不上真正的冲突。"文渝插嘴道,她在他们是否意见不一这一问题上,也与丈夫持有不同意见,"如果我不认同他,我会跟他说。"

当我想象中的咨询师意识到唯一能让他们停止争吵的一件事就是必须遵守交通安全时,我看到他往椅背上一靠,重重地叹了口气。"我们坚持骑车上班,为此我们有一个非常重要的原则,"

约翰曾跟我说,"那就是无论我们在讨论什么,都不能边骑车边吵架,因为那样很危险。"

但约翰和文渝还有一个秘密,这个秘密或许是他们这种才学出众的 A 型夫妻所拥有的最重要的秘密。为理解这一点,我要向你介绍一位名叫亚伯拉罕·特塞尔(Abraham Tesser)的社会心理学家的研究。

几年前,一名年轻女子找到特塞尔跟他说,她最近在一门课上表现得很好,但心情却很糟,因为她的一个好友比她表现得还好。社会心理学家始终在观察那些不为个体所独有,而是能反映共通人性的行为。特塞尔很同情这名向他吐露心事的女子,但她的话引发了他的思考。如果那个比她优秀的人不是她的好友,这名女子是否还会觉得心情很糟呢?或者,如果她的朋友在她毫不在乎的事情上表现出色,她还会嫉妒吗?特塞尔凭直觉猜测,这两个问题的答案都是否定的。当陌生人在某件事上表现出色时,我们会欣赏他们的成就。事实上,我们如果对篮球或诗歌有所了解,便能更好地理解扣篮或转韵的技巧。而我们大多数人非常乐于看到天赋异禀的运动员或表演者,做出一些我们做梦也想不到的事。

当好友或恋人在我们不感兴趣的活动中表现出色时也是如此。从不养花弄草的妻子会为擅长园艺甚而将后院变成了园艺展览的丈夫而感到自豪;志在橄榄球的高中球星会为自己的妹妹被选为学校话剧演出的主角而骄傲地挺起胸膛。事实上,特塞尔认为在这些情境中,人们感到高兴的部分原因是他们也能跟着沾沾光。"这个交响乐团的第一小提琴手是我表亲!"人们可能这么想,"那个医生是我儿子!"

第二章 无处不在的阴影

但若身边亲近的人在我们想要一展所长的领域表现出色，一些耐人寻味——也可能不甚愉快的事就会发生。一位作家被同是作家的女友比了下去会感觉很矛盾。他既为爱人的成功感到高兴，觉得与有荣焉，但同时也觉得很受挫。他不想沐浴在别人的文学光环之下，他想要自己的文学光环！这就是为什么一个落选学校话剧主角的12岁小女孩，若是输给了一个陌生人，回家后可能只觉得莫名其妙，但若是输给了自己的孪生姊妹，回家后就会以泪洗面。

"关系越是亲密，这种嫉妒就越是强烈。"特塞尔告诉我，"你对对方怀有两种反应——一是'你的成功也拉了我一把'，一是'你的成功显得我好像只会说大话'。"

特塞尔进行了一系列实验，证实了他的预想。归根结底，这种为他人的成就感到既骄傲又嫉妒的冲突是由隐藏脑中的一种机制决定的，这种机制旨在保护我们狭隘的私利。当我们在某个方面特别出色时，我们会展现出积极的姿态，而当我们与某个出色的人有所联系时，我们也会被人青眼相看——选美冠军的哥哥可不会是普通人。他也沾染了他妹妹的荣耀。通常，隐藏脑中的这两种机制并不冲突。特塞尔认为，当亲近的人在我们想要一展所长的领域表现出众时，这两种内驱力就会无意识地相互冲突。朋友和手足的成功让我们也跟着沾光。但因为我们也渴望获得他们那样的荣耀，他们的成功便让我们自惭形秽。这就是为什么那名向特塞尔吐露心声的女子会因被好友比了下去而心烦意乱。

特塞尔发现，当伴侣在与我们的身份认同休戚相关的领域获得成功时，我们会感到非常强烈的怨恨。这种怨恨登峰造极，实验中的志愿者会蓄意妨碍他们的朋友和爱人，不让他们在那些被志愿者视为自己的核心优势的事情上表现出众。例如，作家在接受语言能力测试时，为避免伴侣比自己表现得更出色，他们会帮助陌生人而排挤自己的爱人。[9]尽管夫妻双方口头上都说他们毫无保留地为伴侣的成功感到高兴，但录像访谈显示，当人们发现配偶在他们想要出人头地的领域表现得更出色时，他们快乐的神情里还夹杂着沮丧。特塞尔研究的这些人并非坏人，他们没有意识到自己的所作所为。就像那名问特塞尔为何朋友表现得比她好会让她觉得很沮丧的女子一样，这些夫妻也没有意识到他们为何会产生这样的感受。他们不仅无法向他人解释自己的行为，甚至也无法向自己解释自己的行为，涉及隐藏脑的情况总是如此。

在一项特别有意思的分析中，特塞尔检视了一些著名男性科学家与他们的父亲之间的关系。他发现若父子俩都是同一个领域的科学家，儿子的成功便预示着亲子关系的疏远。若父子致力于不同领域，儿子的成功则预示着能增进与父亲的感情。[10]换言之，哪怕是自己的骨肉，只要他在我们长期追寻的领域超越了我们，也可能威胁到我们的自尊。所有父亲都很享受儿子的成功所带来的荣耀，但若父子志趣相投，父亲的脑海深处就总会有一个声音要问，为什么成功的人不是**他**。

正如你所猜测的那样，所有这些都是像约翰·特罗扬诺夫斯基和李文渝这样的两个人所要面对的问题。他们结婚了，这意味着他们关系亲密，而他们的职业生涯和成就感皆系于同样的事情上。他们都很聪明、胸怀大志、争强好胜。他们都是学者，而且不是一个从事社会科学，一个从事临床科学。不，他们身处同一领域，就职于同一所大学，使用同一间办公室。他们甚至连头衔都一模一样。鉴于他们性格上的差异，特塞尔的研究预测约翰和

第二章 无处不在的阴影

文渝很快就会相互嫉妒,这种嫉妒和竞争会荼毒他们的关系。

但我说过,约翰和文渝有一个秘密,可以用一个词来概括:互补。

尽管看似做着相同的事,拥有相同的志趣,约翰和文渝却找到了能让两人稍微有所区别的方法——划分他们的日常任务,这样他们就能以互补而非竞争的方式工作。他们在不知不觉间利用隐藏脑的自私来为两人的共同利益服务。例如,他们一致认为,文渝是生物化学和细胞生物学(这些是实验科学的基础工具)方面的专家。他们也一致认为,约翰是临床问题的专家——许多科学研究都要与患者打交道。他们还像一家小企业似的,对运营一间大型实验室所必需的人力资源进行了分工。文渝自认是只"实验鼠",她最喜欢的事情莫过于和博士后同僚们共同探讨科学问题。约翰则更擅长社交,喜欢与合作方、媒体和外界交流。

"为避免我们在伙伴关系中相互排挤,我们的策略是不要做同样的事。"约翰说,"我们拥有不同的科研技能和不同的管理技能。纵然我们一直在一起工作,但要开会还是得提前预约。"

"我们从不认为,'这是我的事,那是你的事'。我们觉得'这是我们共同的事'。"文渝补充道,"事情自然就解决了。如果哪天我不在,约翰可以代替我。我们不会真的分疆画界,而是谁有能力谁上。"

考虑到他们的志趣如此相似,还有现代科学极端的竞争结构,约翰和文渝完美互补的优势不禁令人惊诧。不过特塞尔的研究显示,他们的分工协作可能有一部分是运气使然。特塞尔发现,若夫妻感情亲密,他们会自动地、无意识地划出互补的领域。仿佛是隐藏脑意识到了竞争可能给亲密关系带来威胁,于是推着两人走向互补。特塞尔发现，如果伴侣中的一方偏好任务 A 胜于任务 B，而另一方对任务 A 的偏好更有过之，那么头一个人就会无意识地改变偏好，自称更喜欢任务 B。如果只有自己一个人，约翰可能安于做只实验鼠，文渝也可能是个外向的沟通者，但处于这段关系中时，他们无意识地接受了各自的角色，以便将对方视作合作伙伴而非竞争对手。

约翰和文渝也——有意识、有目的地——设下了一些减少竞争风险的规矩。实验室的运作有些必不可少的任务，他们通过分摊这些任务，增强了对彼此的依赖。约翰知道他需要文渝所提供的实验科学；文渝知道她需要约翰所带来的研究资金和合作项目。他们的实验室发表的每篇论文上都写着两个人的名字。

两人坚持平分他们获得的所有认可，也准备好为此做出牺牲。约翰有次申请了一项赫赫有名的研究基金，数额高达百万美元，但他和文渝都认为这笔钱对于他们来说可望而不可即。出乎意料的是，约翰赢得了这笔基金。但在接受之前，他告诉组织者这笔基金必须以他们两人的名义发放。提供基金的私营组织拒绝了他的要求，因为约翰是以他个人的名义提交的申请。约翰向对方表示，除非这笔基金是授予他们两个人的，否则他将拒绝接受这一百万美元。

"起初他们不愿意，然后我说，'不好意思，我们不要这笔钱了'。"约翰跟我说。最终那个组织让步了，将基金发给了他们两人。

"我们两个人单打独斗做不了那么好，"文渝认同道，"但我们合作就能做得很出色。"

"别人说我'做什么事都要先经过文渝的同意'。"约翰补充

第二章 无处不在的阴影

道,"事实上,无论是在工作中还是在家庭中,我们的相处模式都不是一个人说了算,而在有些男人看来,这似乎是种懦弱。我并不介意承认,如果没有文渝,我根本不可能取得任何成就。"

我很怀疑这一说法是否准确。约翰和文渝都才华横溢,即便他们没有结成伴侣,也很可能各有各的成功。但我确信这句话里的信念就是他们的私人关系和工作伙伴关系成功的关键。鉴于他们性格不同,约翰和文渝必须将他们个人的成功与对方的成功交织在一起。要是没有这一信念——偏见——他们的感情会缺失一根重要的支柱。隐藏脑为自己着想的这一无意识偏见,可以成为私人关系中的一股强大的破坏力,但也可以被用来编织细密的依赖网。和许多结婚三十多年的夫妻不同的是,约翰和文渝一个晚上都不愿分开。若他们中有人受邀到另外一个城市演讲,一定会安排另一人随行,他们就像两块磁铁的南北两极,永远不会相互厌烦。

第三章

追踪隐藏的大脑

心理疾病如何揭示了我们的无意识生活

人们之所以觉察不到隐藏脑,是因为我们无法靠自省触及它。用注意力的聚光灯照射我们的内心,并不会使一个地下世界浮现出来。但在日常生活中,我们有时能突然意识到隐藏脑——不是意识到它的存在,而是意识到它的缺席。

科学家、研究人员和临床医生经常遇到隐藏脑受损的患者。正如亚伯拉罕·特塞尔等人通过实验证明的那样,也正如弗洛伊德通过经验觉察到的那样,隐藏脑经常让人在生活中一遍又一遍地犯下同样的错误。那些为了不被超越而蓄意妨碍对方的夫妻,并不知道他们在妨碍对方,遑论这么做的原因。近年发展起来的一种最强大的心理治疗,名为认知行为疗法。简单说来,这项技术会教患者注意他们无意识的思维模式。酗酒者可能觉得他的酒瘾根本不受控制,但事实证明他的行为有模式可循:他往往会在拿到工资、路过喜欢的酒吧或和妻子吵架后酗酒。与酗酒做斗争的部分方法就是要意识到这些诱因,然后有意识地建立起相应的防范机制——例如,将工资直接存入银行,走另一条不会途经酒吧的路回家。

抑郁症和其他的情绪障碍亦复如是。人们觉得他们的情绪问题在很大程度上是因外部事件而起。失去工作或配偶的打击无疑具有毁灭性,但所有谈话疗法的核心观点都是,我们对生活的感受很大程度上在于我们自身,在于我们无意识的思维模式和习惯。用药物治疗精神疾病也能达到同样的效果。神经化学物质的改变能改善患者的自我感觉。没人能凭直觉感知到神经递质,但抑郁症及其有效的治疗方法表明,我们需要神经递质才能正常生活。近年来,高科技的脑部扫描让我们得以首次观察到大脑活动——直接窥见正在运作的部分隐藏脑。

虽然这些观点逐渐得到了临床科学的明确证实,但隐藏脑在其他大多数领域的作用被忽视了。我们或许承认精神分裂症、抑郁症与隐藏脑有关,但像餐桌礼仪、文明礼貌和诚实守信一类的寻常事物似乎是由自觉意图驱动的:人们讲礼是因为他们选择讲礼,人们守信是因为他们想要守信。唯有一种不同寻常的疾病才能揭示出日常生活中的基本要素——道德、善良和爱——都取决于无意识心理。

布莱恩(Brian McNamara)和温迪·麦克纳马拉(Wendy McNamara)夫妇居住在安大略省多伦多郊外的奥克维尔。鉴于两人都性情友善,布莱恩和温迪都选择了需要与人交际的职业。布莱恩成了电脑制造商惠普的全国销售经理。温迪为周末旅行者(Weekenders)品牌卖休闲服饰。她给人打电话,安排上门为他们展示最新的时装。布莱恩和温迪都干得如鱼得水。2002年,布莱恩接受了一份提前退休方案,过上了半退休的生活。即便这意味着要放弃他那备受瞩目的职位所带来的福利和奖金,他也乐得清闲。

布莱恩和温迪感情亲密,喜欢对方的陪伴。在布莱恩看来,退休意味着他们可以专注地享受他们共同热爱的事——旅行,淘古董,探秘不同的酒庄。生活似乎很充实。

2004年,他们结婚三十年后,温迪为切除一个不断增大的子宫肌瘤,接受了子宫部分切除手术,经历了漫长的恢复期。大约就在那段时间,布莱恩发觉温迪越来越没有干劲了——她以前会冲劲十足地打推销电话,现在成天无所事事。布莱恩认为或许是时候让她也退下来了。他试探她是否愿意退出服装行业,做点别的事,比如志愿服务。温迪对这个提议不感兴趣,但也没有加紧脚步履行她的工作职责。

接下来的几周乃至几个月里,布莱恩都觉得有些不对劲:他这位自高中时代起的意中人似乎变得越来越冷漠了。当他提议一起做点什么有意思的事时,她既不答应也不拒绝。当他拥抱她时,她似乎也无意和他亲昵——不是生气,而是淡漠。2005年底,布莱恩跟温迪的姊妹交了交心。伊芙琳·索莫斯(Evelyn Sommers)是位临床心理学家,布莱恩跟她说温迪对工作、对生活和对他都缺乏情感联系。他们探讨了温迪是否有可能因手术后漫长的恢复期或布莱恩退休后生活方式的清简而患上了抑郁症。布莱恩觉得退休后像现在这样有时间享受生活,失去福利和奖金也是值得的,但有没有可能温迪心里不是这样想的?布莱恩询问温迪是否愿意找个心理学家谈谈。她既不热衷也不反感。她像往常一样,无动于衷。她在2005年底和2006年初,去见了六次心理学家。布莱恩问她进展如何时,她只回答了一两个字。布莱恩希望她能向治疗师敞开心扉。

他们夫妻以前一直亲密无间,可如今却渐行渐远。布莱恩不停地询问温迪,他们之间是怎么了。"我们的感情破裂了吗?"他急切地问道,"我们之间结束了吗?"温迪会将他渴望联结的请求变成一场争执:"你想离开我了?""不,"他说,"我只是想知道到底是怎么了。"

他们几乎没有公开争吵过,如果他们的婚姻真的濒临破裂,似乎也是从温情和爱变成了疏远和冷淡,不像寻常的婚姻那样终结于愤怒、怨恨和冲突。

若说真有愤怒,绝大部分也来自布莱恩。他离开本市出几天差,去做些咨询工作,回来后发现家里报纸扔得到处都是。餐桌上还有没洗的杯碟。温迪以前一离开桌子就会将椅子推回原位,喝完咖啡也会将杯子放进洗碗机。到底是怎么了?布莱恩觉得很孤独。他很难和其他人说起是哪里出了问题,因为一旦开口,他所说的好像无外乎都是些琐事。他和温迪一直很喜欢周末出去买菜,然后一起下厨。现在他问她想吃什么,她只是耸耸肩。就算他们把菜买回来了,温迪有时也会立马重新穿上鞋子,说她要出去散散步。旁人不会明白这些事情有多严重。但布莱恩渴望与妻子建立情感联结,这些不断积累的琐事对他来说,就像离婚的预兆。或许他们只是不再相爱了,他想道。或许他也有错,他没有完全理解她。布莱恩难过极了,但他也知道这不是什么惊天动地的事。他们只是在经历数以百万的夫妻都曾经历过的事。

但有些地方真的很不对劲。当他们出去散步时,温迪会仔细地观察树上的树皮。她端详着林子里的树纹，指出一些形似人脸的图案。她一遍遍地用手指划过树皮，仿佛是在探寻什么天机。她是名业余画家，学过艺术，布莱恩惊异于她能在树皮和岩石上发现令人难以置信的细微图案。

当他们一起坐在车里时，温迪数着路过的运输卡车有多少个轮子。那辆有 18 个轮子。这辆有 24 个。有次他们开车去布莱恩的姊妹家，他看到她专心致志地盯着他们路过的森林看。他能听见她在低声数数。当她数到 200 时，他终于忍不住问她是在数什么。"枯木。"她说。

一个夏日，布莱恩临时把车停在一家商店门口进去买点啤酒，温迪也跳下车来，跟着他进了店。一对年轻的情侣吸引了她的注意，那名男子的一只胳膊上文着好些精致的文身。温迪大胆地靠近这名陌生人。"你的文身真棒，"她说，"我能看看吗？"年轻男子吃了一惊，但温迪打消了他的防备。她那迷人的个性和无往不利的微笑使得她的行为显得异常友好，要是换个人的话多半会显得很奇怪。在布莱恩将她拉走之前，温迪告诉那个陌生人他的文身里含有一些他自己都没认出来的图案。

布莱恩觉得这些怪事犹如影子一般。它们一会儿出现，一会儿又消失了。如果温迪头一天做了什么奇怪的举动，第二天她就不再做了。布莱恩没能看出数枯木和温迪越发喜欢寄支票去买些她压根不想看的书之间有什么联系。

但怪事层出不穷——而且越发频繁。温迪走到不认识的男人跟前，说她羡慕他们的头发，问能不能让她摸下他们的胡子。有时她连问都不问。布莱恩担心她的安危。被她拦下的人都很吃惊，而且很警惕。如果她搭讪了一个危险人物会怎样？

第三章　追踪隐藏的大脑

温迪晚上在家里四处走动,观察影子,寻找其中的规律。她拥有很多古董玻璃制品,在晚上夜游时,她经常会去看看她收藏的瓷器和餐具。她并非沉湎于财产的迈达斯(Midas)①,她只是有种不知餍足的冲动,想用手指抚摸各式各样的纹路,深受玻璃器皿上那些繁复的图案的吸引。夫妻俩不再睡在同一间卧房,因为温迪躁动难眠。有时布莱恩半夜醒来,看到妻子就静静地站在床边,看着他。"你该回去睡觉了。"他说,而她也会乖乖照做。

夫妻俩有一个已成年的儿子也住在家里,小伙子的头发剪得很短。温迪喜欢用手摩挲儿子的头皮,感受那种质感。但这事后来却变得很奇怪、很烦人。布莱恩和他们的儿子都要求温迪别再这样了。她却开始鬼鬼祟祟地突袭儿子。这种做法本只是有点蠢罢了,但她在他们的反复恳求之下仍不肯罢手,布莱恩开始觉得这种行为构成了虐待。

温迪以前一直很热爱动物,但如今她抓住家里的猫,用她的电子琴放《轻骑兵的冲锋》(The Charge of the Light Brigade),然后使劲地来回摇晃那只可怜的猫,直到把它吓得够呛。她松开猫时,也毫不在乎离地面究竟有多高。如果把猫交给她照顾,她也不会喂食。

2007年5月,温迪答应陪她的姊妹和母亲去法国旅行。这次旅行是温迪的姊妹,就是那位心理学家筹划的——她要和她的伴侣拉里(Larry)在那儿交换结婚誓词。这次旅行为期两周,有很多有趣的行程,伊芙琳·索莫斯告诉布莱恩换个环境可能对温迪有好处。在温迪动身前,布莱恩和她坐下来开诚布公地谈了一

---

① 希腊神话中弗里吉亚的国王,以巨富著称,相传从酒神那里获得了点石成金的本事,触碰到的任何东西都会立刻变成金子。——译者注

次。"你得好好想想你回来之后作何打算。"他对她说。"你得问问自己还想不想住在这儿,还想不想和我在一起。"

飞机刚一起飞,就出事了。温迪开始滥饮。这很不像她,她以前总是只喝一两杯葡萄酒就不再喝了,还会劝别人也少喝。他们到达目的地后,温迪仍继续喝酒,而她喝酒的方式也和过去有别。温迪以前只在交际应酬时喝点酒,酒只是社会关系的附属品。现在社会关系却似乎成了酒的附属品。温迪的姊妹从朋友那儿租了一栋房子,而她朋友就住在几户人家之外。家里人谁都不知道,温迪晚上会偷偷溜到她姊妹的朋友家去——她跟别人只是点头之交。"嗨,"她欢快地说,"能给我点酒喝吗?"她露出灿烂的微笑,而她新结识的这几位东道主纵然面面相觑,到底还是会答应她。

这是温迪自发生改变以来,第一次和布莱恩以外的亲属在一起。旅行所带来的近距离接触,让温迪的姊妹开始理解布莱恩的境遇。这次旅行本是为了放松,但温迪却成了一个讨人厌的麻烦。伊芙琳当面指责了温迪。但和平素一样,温迪对她的批评无动于衷。当一家人回到加拿大时,伊芙琳心烦意乱。她告诉布莱恩,她肯定温迪的问题很严重。这不是抑郁症。

布莱恩如释重负。不只是他,其他熟识和关爱温迪的人也觉得有什么地方不对劲。但究竟是什么问题呢?他带温迪去看家庭医生。"你们今天来干吗?"医生问。"是啊,"温迪认同道,一脸好奇地望着布莱恩,"我们来干吗?"布莱恩跟医生说了她酗酒、情感淡漠、无动于衷。医生提出了患抑郁症的可能,布莱恩说温迪已经去看过一位心理学家了,但没什么帮助。

布莱恩跟医生说了温迪那不知餍足的冲动:总想用手指摩挲

儿子的头皮——还有那些头发卷曲的陌生人的脑袋。温迪还似乎一直很疲惫,因为她晚上躁动难眠,白天很多时候就只是随处躺着。医生告诉温迪,她要给她开些检查,做个血检,还有一些大脑功能测试。医生接着转变了话题。几分钟后,她突然问温迪做检查的事。"你还记得我建议做个血检和其他一些测试吗?"温迪茫然地看着她。"不记得。"她说。布莱恩又觉得松了一口气。终于有医学人士发现问题了。

做完检查后,医生将温迪转诊给了山姆和艾达·罗斯记忆诊所(Sam & Ida Ross Memory Clinic)的一位神经病学家,该诊所隶属多伦多贝克雷斯特老人护理中心(Baycrest Geriatric Health Care System)。温迪在那儿又接受了进一步的检查。最终,神经病学家蒂芙尼·周(Tiffany Chow)做出了诊断:温迪患有一种被称为额颞痴呆的疾病。尽管温迪患病的症状显露于她接受子宫部分切除手术前后,但这两个问题极有可能并不相关。麦克纳马拉夫妇只是祸不单行而已。

额叶和颞叶是我们的祖先通过进化传给我们的凹凸不平的脑区。泰姬陵、埃菲尔铁塔、宇宙飞船、古典艺术、法律和政府——文明本身——全都是这些脑区的产物。我们大部分重要的思考来源于此。我们分析、预测、做选择,然后形成判断。和大脑的其他部分一样,额叶和颞叶的大部分活动是无意识的。它们塑造了我们判断社会状况和做出审美判定的能力。当我们做错事时,它们还会让我们的良心隐隐作痛。

影响大脑神经系统的疾病有很多,但没有一种像额颞痴呆这般奇异。阿尔茨海默病始于记忆剥夺而大脑其他方面的功能则完

隐藏的大脑

好无损，与之不同的是，额颞痴呆影响的是巧妙而隐秘地调节我们的社会行为的大脑区域。额叶和颞叶告诉我们越过坐满人的餐桌去夹菜是否礼貌，以及如何和不太熟的人打招呼。它们告诉我们那个隔着人潮拥挤的酒吧与我们四目相对的人，只是在扫视全场还是有意在盯着我们看。它们让我们体会到同志情谊和团队合作的乐趣。患有额颞痴呆的人通常都有极其敏锐的观察和分析能力——他们大脑中负责分析的区域运转良好，但他们不懂餐桌礼仪。就温迪而言，尽管她判断社会适应行为和不适应行为的能力在逐渐崩解，但她快速数清运输卡车的车轮数和辨认树皮上的细微图案的能力都没有受到影响。

绝大多数人与人之间的交往规则是不成文的，甚至从未宣之于口。没有哪本规则手册能告诉你，什么时候可以去敲别人家的门讨一杯酒喝。你要在什么时间这么做、对象是谁、频率如何都很重要。在我自幼成长的印度，不打电话就直接去敲朋友家的门完全合情合理。提前给好友或亲属打电话说你要去拜访，可能会被认为你觉得对方和你不是非常亲近，不足以不打招呼就登门。而在北美，不请自来是粗鲁之举。若你把某人从印度送去美国或从美国送去印度，用不了多久他就能迅速把握社会规则的转变。人们能迅速而自发地适应新规则，因为隐藏脑非常善于在新的文化环境中明确自己的位置。健全的人无须刻意努力就能把握和遵守社会规则。我们没有意识到这些规则有多重要，是因为我们不必自己去学习和遵守这些规则——隐藏脑都替我们做了。

如果问某人她为何不越过坐满人的餐桌去夹菜，为何要将最后一块土豆留给别人，为何她知道酒吧里的哪道视线别有深意哪道视线则不然，她会告诉你每个问题她都做过一番思考，从中得出了答案。但事实并非如此。她可能有意识地将答案归功于自己，但其实是她的隐藏脑做了这番分析，我们之所以知道这一事实，是因为额颞痴呆患者会做出社会不适应行为而他们的分析能力完好无损。他们可以在生活中推断自己该怎么做，但事实证明在很多社会情境中推断不是一个妥当的向导。唯有当隐藏脑的机制崩溃时，我们才会突然意识到它的重要性。

本书的大部分内容关乎隐藏脑所造成的错误和偏见。我们不假思索地认为，偏见是不好的，我们应尽一切努力摆脱大脑的无意识思维。如果能一直维持有意识的思考，我们就能避免隐藏脑所造成的所有错误。这话并不全错，但隐藏脑也可以成为我们的朋友。它告诉我们如何应对这个世界，它为我们这种社会生物奠定了生活的基础，它让我们融入各式各样的关系网中，生活得更有意义。没有隐藏脑，我们就不会成为万众称羡的超级计算机。我们会沦为可悲的生物，被生命中真正珍贵的东西拒之门外。我们会失去与他人合作、建立一段长久的友谊和坠入爱河的能力。隐藏脑就像温润的水，鱼从来注意不到水——却离不开水。

莫里斯·弗里德曼（Morris Freedman）是贝克雷斯特中心治疗额颞痴呆的专家，温迪在那儿确诊了这种病。莫里斯·弗里德曼跟我说这个病的患者最终通常会在警察局或其他权威部门那儿惹上麻烦。事实证明，做一个守法公民最重要的一点就是要有理解社会规则的能力。我们不在商店顺手牵羊，不是因为我们有意识地知道这是错的，或者这是违法的。我们大多数人不在商店顺手牵羊，是因为隐藏脑告诉我们这么做违背了社交准则。如果我们被抓个现行，我们就会受到店员、保安和其他顾客的蔑视；如果朋友和同事知道了我们的所作所为，我们将羞愧得无地自容。

促使人们诚实守信的是对社会谴责的恐惧，而不是世间的各色法律。

当然，感觉起来似乎并非如此。大多数人会告诉你，他们不在商店顺手牵羊是因为他们诚实守信，能够有意识地明辨是非。唯有当见到患有诸如额颞痴呆这类疾病的患者时，我们才会意识到我们大多数人在树立有意识的道德观念方面没什么功劳可言。额颞痴呆患者并未沦落成坏人，也并未失去明辨是非的能力，他们只是不再在意羞愧和社会谴责。这些患者能告诉你他们的行为有错——但他们并不在乎。这就是为何额颞痴呆患者不仅会因情感淡漠和无动于衷而失去他们的婚姻和朋友，通常还会触犯法律。他们也会失去工作，因为事实证明我们的职业生涯在很大程度上与我们工作能力的高低并无关系，而是与创建和维系社会联结有关。

一项针对16名额颞痴呆患者的研究发现，在这组患者中有人犯有"未经同意的性接触或性触碰"、交通肇事逃逸、人身攻击、入店行窃、随地小便、擅闯民宅等罪，甚至还有一个恋童癖的案例。[1]这些患者欣然承认他们的行为有错——但毫无悔意。他们知道他们犯了法，但毫不在乎。

我们的许多社会制度——尤其是法律——都默认人类行为在很大程度上是有意识的认知和意图的产物。我们相信要建立一个遵纪守法的社会只需让人们知道什么是对什么是错，一切便水到渠成。我们无疑会对患有严重心理疾病的人网开一面，但我们认为大多数人类行为是有意识、有自觉的。即便我们承认无意识的影响力，我们也相信凭借意志或教育可以克服这种影响。面对那些知法犯法的人，我们把他们监禁起来并扔掉钥匙，因为在我们的架构中这些人必是坏人。法律并未意识到大多数遵纪守法的行为与有意识的认知和动机并无多大关系。例如，温迪·麦克纳马拉经常门也不敲就径直走进邻居家里。布莱恩·麦克纳马拉告诉我，他跟附近的每一位邻里解释了情况，以免人们觉得她是在擅闯民宅。麦克纳马拉夫妇有幸与一些善解人意、富于同情心的人为邻——温迪·麦克纳马拉也有幸嫁给了一位有着无限耐心和体谅之心的男人。

"这些患者走进商店，看到想要的东西，拿起来就走，根本没想过后果。"弗里德曼对我说，"他们当面说他们的老板胖。一般人可能也认为老板太胖，但他们不会说出口。这些患者失去了自制力。"

"这些患者会走到小孩面前跟他们要一美元，因此被捕。"他补充道，"人们只要看到有人走进游乐场，问孩子要枚硬币，还拍拍他们的头，就会报警。"

布莱恩·麦克纳马拉跟我说，温迪和她母亲、姊妹以及姊妹的伴侣拉里从法国回来九个月后，家里人收到噩耗——拉里去世了。"这事对于温迪来说没什么大不了。"布莱恩·麦克纳马拉告诉我，"她认识他四五年了，一点儿也不伤心。我告诉她这个消息时，她甚至都没有沉默片刻或惊愕一下。我跟她说拉里去世了，要为他举办追悼会，她毫无反应。"

几年前，研究人员向患有额颞痴呆的脑损伤患者提出了一系列困境。[2] 有些困境微不足道，另一些则难以化解。

简单一点的困境涉及这样的情境："你驾车行驶在一条乡道上，这时你听到路旁的灌木丛中传来求救声。你靠边停车，发现

隐藏的大脑

一名男子满腿是血。男子说他在徒步途中出了事故，请你送他去最近的医院。你的第一个念头是帮助他，如不尽快送医，他的腿可能就保不住了。然而，如果让他搭车，他的血会毁了你车里的真皮座椅。你会为了保护你的真皮座椅而把这名男子丢在路边不管吗？"

还有一些风险更大的困境："你是个怀有身孕的 15 岁少女。你靠穿着宽松的衣服和故意增重，设法保守住了你怀孕的秘密。一天，你在学校时羊水破了。你跑到女更衣室内躲了好几个小时，产下了孩子。你深知你根本没准备好养育这个孩子。你暗忖着，只要草草收拾下你在更衣室里留下的这堆烂摊子，然后用毛巾将孩子裹起来，扔到学校后面的垃圾桶里，装作无事发生的样子，你就解脱了。你会为了保住自己原本的生活而把孩子扔进垃圾桶吗？"

最后，还有一些困境会让你在两个糟糕的选项中做出选择，无论怎么选都会对他人造成严重伤害："敌军占领了你所在的村庄。他们奉命要杀光所有剩下的平民。你和一些乡亲躲在一栋大房子的地窖里。你听到外面传来那些士兵搜刮房子里的值钱物件的动静。你的宝宝突然哭了起来。你捂住他的嘴，堵住哭声。如果你松开手，他的哭声会引起那些士兵的注意，他们会杀了你、你的孩子还有藏身地窖的其他人。为了救你自己和其他人，你必须捂死你的孩子。你会为了救自己和其他乡亲而捂死你的孩子吗？"

研究人员发现了一件怪事。那些调节社会行为的大脑区域受损的患者，他们得出的结论与普通人没什么不同。然而，面对代价高昂的问题，人们本不得不在两种均会造成可怕后果的行为中做出选择，这些患者却体会不到普通人所感受到的**痛苦**。他们的反应很理性，缺乏感情。在敌军搜查村庄的情境中，如果藏身地窖中的人被敌军发现了，那个哭泣的孩子横竖也会死，所以只有捂死孩子拯救所有其他乡亲才是明智之举。但是，大多数普通人会觉得捂死自己的孩子——或其他任何人的孩子——令人难以承受。大脑中的腹内侧前额皮层受损的患者可以轻松地抛开问题中的情感成分。从纯数学的角度来看，能救下多条人命总是好过只救一个人。

针对影响社会行为的大脑疾病的研究表明，我们的基本是非观并非源于我们在教科书和主日学校里学到的东西，也并非源于从弥赛亚和立法者那里传承下来的法度律令，而是源于我们知之甚少的部分脑区。哈佛大学的神经科学家和哲学家约舒亚·格林（Joshua Greene）告诉我，其实我们所说的伦理道德大部分可能并不是自圣典和世俗法律**传下来**的，而是由隐藏脑中的算法**上传**给我们的，是在进化过程中建立起来的古老规则。³ 大脑功能正常的人无须人教就懂得留意社会关系，而社会关系是所有道德的核心。

这是否意味着人类不必对自身不道德的行为负责？当然不是。**我们不仅要对自己的意识心理负责，还要对自己的无意识心理负责**。不是每个在商店顺手牵羊的人都患有额颞痴呆。但这些患者身上的极端例子让我们认识到，创造这个守法公正的社会的不是我们的意识脑，而是隐藏脑。我们如果想建立一个德治社会，就必须主动利用隐藏脑的帮助。我们必须根据我们对社会规则的感知来制定法律，而不只是根据我们对明令的认识。

在纽卡斯尔那个茶水间的事例中，人们没有注意到橱柜上的

隐藏的大脑

照片每周都在变化,但换成一双监视的眼睛之所以能够造成影响,是因为隐藏脑在意别人的看法。相比自身行为不为人知的环境,人们在鼓励公开透明的环境下更容易做到诚实守信。

额颞痴呆并不是唯一一种影响隐藏脑的疾病。从精神分裂症、自闭症到焦虑症、抑郁症,患有这些精神疾病的患者,其大脑中负责无意识地调节自身行为的区域都有所损伤或失调。海洛因、可卡因或尼古丁成瘾会劫持无意识大脑中的通路。一旦通路遭到改变,隐藏脑便会强硬地操纵意识心理,使其违背自身意愿,将明显带有自毁性质的行为正当化。就自闭症和精神分裂症而言,无意识大脑的许多机制都脱离了正轨。例如,大脑中一个名为颞上回的区域灰质减少,似乎与许多精神分裂症患者所经历的妄想和幻觉有关。[4] 大脑中名为杏仁核和前额皮层的区域发生病变,似乎是精神分裂症患者通常难以解读他人面部表情的原因。解读表情的能力看似是种有意识的技能,但其实在很大程度上是个无意识的过程——也是社会判断的一个重要组成部分。[5]

我的一个好友几年前得了精神分裂症。我们有次一起去餐厅吃饭,刚好碰到一个脾气很臭的服务生。在我朋友看来,那名服务生的态度让他觉得很危险——他的隐藏脑分不清粗鲁和敌意。我朋友的疑心越来越重,我试图让他相信服务生没有恶意,结果我自己也被卷了进去。当服务生将我们点的餐端上来时,我朋友把他的盘子推给我,并高声要求我把我的盘子给他。他要吃我的那份,还要我吃他的那份。服务生和我面面相觑。我觉得我朋友认为我和服务生好像串通好了——合谋在他的餐食里下毒。

下毒确实不太可能,但也不是绝无可能。那么,我们大多数

第三章 追踪隐藏的大脑

人是如何区分一个臭脾气的服务生和一个杀人狂的呢？我们不会进行调查，也不会冲进餐厅后厨看看食物上到底撒了些什么东西。正常的生活有赖于我们做出无意识假设的能力，其中一个假设就是相信一家干净的餐厅所提供的餐食是没有问题的。

我们的隐藏脑会迅速判断各种情况的可能性，率先排除那些不太可能的情况，不让这些情况出现在意识思维的视野里。这就是为何我们大多数人不会去怀疑那个心不在焉的司机追尾了我们的车其实是有意想杀害我们，或是认为向我们要社保号码的医务人员是窃取我们身份信息的犯罪团伙的成员。如果我们只能依靠理性思维，再没有其他办法，那么最简单的事情也能让我们不知所措，因为意识脑需要耗费大量的时间仔细考虑每一种情况。如果没有隐藏脑帮我们筛汰成千上万的情况，将我们的注意力导向最有可能的问题，我们很快就会不堪重负，因为在每一种可以想见的情况中都可能有坏事降临。日常生活需要我们**暂时放下理性**，对数不清的风险视而不见。

目前还没有治愈精神分裂症、自闭症或额颞痴呆等疾病的方法。和温迪同病相怜的患者如果在其他方面都很健康的话，很容易比照料他们的人更长寿，布莱恩·麦克纳马拉就一直为此悬着心。他重新开始上班了，并让温迪加入了一个日间治疗项目，以锻炼她的社交能力和身体能力。

我最近一次去拜访麦克纳马拉夫妇时，温迪用一个灿烂的笑容和脱口而出的一个"帅！"字在门口迎接我。布莱恩、温迪和前来串门的伊芙琳·索莫斯领我来到厨房的餐桌旁，这里能够俯瞰后院，温迪曾在那儿养花种草。我问温迪她是不是特别擅长园艺，她说："可能吧。"过了一会儿，她又说了句"帅！"。我这才意识到这个字不是一种评判，而是一种痉挛。

布莱恩给我看了几幅温迪多年前画的水彩画，其中一幅画的是一栋农舍，它沐浴在斑驳的阳光之下，四面绿林环绕。那是一幅由巧手和慧眼所造就的杰作。现在布莱恩再让温迪坐在颜料和画笔前，她所能做的只是一笔又一笔地画些粗线条，就像小孩画的彩虹。尽管温迪对造型、线条和颜色比以前更加敏感了，但她不再具备所有艺术家都必须具备的无意识技能——捕捉画面整体**感觉**的能力和表达这种感觉的内驱力。

温迪突然打断了我们关于绘画的谈话，跟我说我的右耳垂上有个洞。我告诉她这我还是头次听说。（后来我发现我的耳垂上有个很深的斜纹，我以前从未注意到。）她让我把头转过去，好检查一下我的另一只耳朵。我照做后，她跟我说我的耳朵有点怪，相对我的脑袋来说太小了。我早想过温迪可能会说些或做些不合时宜的事。但她宜人的微笑和开朗的举止让她的评论没有一丝恶意，我发现我深受她的率真的吸引。我跟她说，自恋的人可能会乐意花大价钱坐在她对面，让她好好地观察他们身上从未有人注意到的地方。"可能吧。"她说。

桌上有些松果，温迪拿在手里把玩，两手交替着抚摸松果上的鳞瓣。她向我展示松果顶部和底部的鳞瓣是张开的，而中间的则闭合着。布莱恩问她觉得这个松果怎么样，她又重复了一遍，松果顶部和底部的鳞瓣是张开的，而中间的则闭合着——她无法体会松果给她的**感觉**。温迪起身走到一钵混合干花前，双手并用地抚摸着里面的东西。

虽然温迪受制于强迫行为，但她通常没有那种与强迫行为获

第三章 追踪隐藏的大脑

得满足或遭到拒绝有关的感觉。如果有一瓶开了封的葡萄酒,温迪可以像喝水一样喝光它,但如果她想要葡萄酒,而布莱恩跟她说都还没开封呢,她也觉得无所谓。

布莱恩、伊芙琳和我聊天时,温迪断断续续地参与其中,有时她会就我们谈话的一些边角余料说上一两句,有时她会直接走出房间。有一回,温迪回到厨房餐桌前,我们谈起了去法国的那次旅行。伊芙琳向温迪提起了她已故的伴侣,拉里。

"你还记得拉里吧,我的那位拉里?"伊芙琳问道。

"可能吧。"温迪满面堆笑地答道。

"你知道他去世了吧?"

"帅!"

温迪将餐具放进洗碗机,缓缓摩挲着每个杯碟的纹路和轮廓。她用肥皂和清水洗了好几遍手,然后慢条斯理地拿毛巾擦了擦,她的手指像盲人似的抚摸着布料的纹理。

她回来后评价了一下我的鞋子,还问我能不能看看我左脚的鞋底。我把脚抬起来,她开心地笑了。随后她又看了看她姊妹的鞋底。

布莱恩和伊芙琳说起额颞痴呆时,温迪似乎并未觉得受到了冒犯。她承认医生给她下了诊断,但她说话的语气好像医生只是给了她一则不可靠的赛马的小道消息。我问她是不是不认同这个诊断,她愉快地微笑着说:"可能吧。"额颞痴呆对照料者造成的影响远大于患者本人的一个原因是,患者意识不到他们失去了什么。

温迪从不发脾气,也已经好多年没掉过眼泪了。她可以置身事外地观看电视里的悬疑剧,观察剧里的声音、光线和色彩,丝毫不为情节所动。她的日常生活很轻松，甚至还很有趣。温迪对我耳朵的评价令在场的人都开怀大笑，就像孩子一五一十的观察逗得大人哈哈大笑一样。和温迪待在一起，就像在看一名喜剧演员讲述一场悲剧——充满欢声、笑语和俏皮话。悲伤寓于言外。

第四章
婴儿的凝视、猕猴和老年歧视

偏见的生命周期

我女儿出生几天后,她躺在摇篮的襁褓中,我在她面前来来回回地走动。她看着我。我绕着房间走,她一直盯着我的眼睛不放,直到摇篮的边缘遮挡了她的视线。我再度出现时,她又盯上了我。我不是在争当一个好父亲,而是在做个实验。我在房间里转悠时我女儿会一直盯着我的眼睛看,如果你接触过婴儿的话,这件事在你看来可能没什么好惊讶的。事实上,她的行为似是很常见,你可能奇怪我为何要提上一嘴——还可能觉得我这是父母都有的虚荣心作祟,总认为自己孩子身上那些稀松平常之处都多少有些了不起。

事实上,婴儿能如此娴熟地追踪父母的行动**确实**非常了不起。这是隐藏脑在发挥作用的最早的一个可见例子。我女儿不费吹灰之力就做到了难倒超级计算机多年的一件事。不妨从工程学的角度来看看这个问题。假设你想设计一个能识别人眼的智能摄

隐藏的大脑

像头。如果人脸正对着你,你就可以教摄像头捕捉位于鼻翼两侧的两个对称的点(只要先教会摄像头识别鼻子就行)。但人脸通常不会正对着我们,大多数情况下会偏向一侧,呈现出上千种可能的角度。有时我们只能看到一只眼睛。如果一张脸消失后再度出现,摄像头就不仅要识别出视野中出现的是一张人脸(不是一个南瓜),还要计算这张脸呈现的角度。如果摄像机以试错的方式工作,那它在找到正确答案之前可能要错上千次。我女儿之所以能毫不费力地追踪我的眼睛,是因为她生来就具有将人脸、眼睛和其他事物区分开来的能力。色彩明艳的玩具也能够吸引她的注意力,但那些只是这个世界上有待她探索的稀奇玩意而已。而与此同时,我的面孔和眼睛从一开始就别具意义。

在我女儿将要面临的这段漫长的学习和生存之旅中,她与我对视的这种能力是其中至关重要的一步。毕竟,父母的脸可不是这个包罗万象的世界中随随便便的一件东西,而是会直接关系到她的食物和饮水、舒适、保障和安全。世界各地的婴儿面临着截然不同的生存挑战,但他们所有的问题都有一个共同的解决办法——父母饱含爱意地关注他们。

隐藏脑与生俱来的设计就是要先于其他物体首先识别人脸。人们在一代又一代的婴儿身上发现,那些盯着父母的眼睛建立起联结的婴儿比喜欢树、狗或石头的婴儿更可能存活下来。意大利研究人员曾发现,比起其他形状的几何图形,刚出生一天的新生儿更喜欢与人脸相似的几何图形。[1] 婴儿只需要短短五个小时面对面相处的时间,就会对母亲的脸产生优先依恋。[2] 想想看人类的脸是何其相似,而刚出生的婴儿在几乎其他所有领域的身心表现又都是何其有限和无助,这一举动便显得着实了不起。

第四章 婴儿的凝视、猕猴和老年歧视

我们优先识别人脸——尤其是某些人脸的能力，令人类的大脑与计算机有着天壤之别。我女儿的大脑**天生就存有偏见**，会忽略其他物体而关注人脸，会忽略其他人脸而关注某些特定人脸。你一眼就能看出这种偏见有何用处。婴儿时期，它让我们紧盯着父母不放。儿童时期，它帮我们在熙来攘往的游乐场里认出自己的朋友来。青年时期寻找伴侣时，它使我们有能力在美貌和吸引力方面做出十分敏锐的区分。终此一生，人脸都是我们理解周围人的感受和倾向的指南针。面部表情让我们知道邻居生气了，告诉我们那个迷人的大二学生是否有意一道出去约个会，警告我们有人想要伤害我们。如果从零开始设计大脑，相较其他事物，我们自然希望它更侧重于关注人脸。

近年来，科学家在大脑里发现了一个专门识别人脸的区域——名为梭状回面孔区（FFA）。[3]当我们看到一张人脸或记忆一张人脸时，这个区域就会被激活。脑成像研究显示，梭状回面孔区只有在见到人脸时才会被激活（其他事物或其他动物的面孔则不行），对人脸的全貌、侧颜，还有卡通形象都很敏感。这部分隐藏脑甚至在看到仅提供少量信息的双色图片时也会被点亮——这时我们需要对图片进行"脑补"，才能识别出人脸。

梭状回面孔区的这种无意识影响解释了为何人们经常会在自然界的随机图案中看到人脸。例如，2006年萨达姆·侯赛因被处决后不久，许多伊拉克人信誓旦旦地说他们看到月亮上印着他的脸。[4]我观看高悬伊拉克上空的月亮的照片时，花了好几秒才认出萨达姆·侯赛因的面貌，但他确实在那儿，错不了——他的眼睛、鼻子，甚至还有胡子。这一巧合与其说证明了超自然现象，不如说证明了隐藏脑存在一种系统性偏见，能辨识出任何与人脸

隐藏的大脑

相似的事物。注意到这个类似萨达姆的图案的是伊拉克人而非哈萨克斯坦人，这一点很能说明问题。伊拉克人无数次地见到过这位独裁者。他们的隐藏脑已经学会优先辨识这张脸——哪怕是在月球陨石坑中。

研究人员发现，如果人们看到一辆将前格栅上扬做成笑脸（车前灯充当眼睛）的雷克萨斯，相较将前格栅的两端垂下来弄成皱眉的模样的雷克萨斯，人们会更喜欢前者。[5] 和往常一样，参与研究的志愿者并未意识到一种微不可察的人脸识别偏见影响了他们的判断。许多人还对具有人类特征的动物怀有强烈的、自发的、不假思索的偏好。比起七鳃鳗和章鱼，我们会更喜爱白鲸和海豚，它们拥有光滑的脑袋、天真无邪的大眼睛和仿佛随时都在微笑的嘴型。大熊猫皮毛上的两块黑色斑点让它们看起来仿佛拥有一双大眼睛，隐藏脑会将这种大眼睛与婴儿联系起来。这就无怪于熊猫会成为动物保护的全球性标志。（动物园必须格外小心，提醒人们和具有危险性的熊猫保持距离——因为游客的隐藏脑会让他们觉得熊猫很可爱，想抱一抱。）

卡通片里经常会出现五官拟人化的动物——儿童卡通片里的熊和老虎不仅说着人类的语言，他们的特性也变得像人类一样。当我们看到一只状似真老鼠的老鼠和一只特性变得很像人类的老鼠时，我们的隐藏脑会左右我们内心的标尺，让我们觉得拟人化的老鼠更讨人喜欢。我们可能意识上知道老鼠是有害的动物，携带致命的疾病，时不时还食腐。但要是你将老鼠的眼睛从脑袋两侧移到正前方，加以放大，赋予它一个大大的微笑，将它那脏兮兮的爪子藏在黄筒靴和白手套里，隐藏脑就会迷惑我们，让我们认为这只老鼠是个可爱的小家伙。这点无须动用科学实验去证

第四章　婴儿的凝视、猕猴和老年歧视

明。你只需就近找本百科全书,查一查"Disney Walt"(华特·迪士尼)就好。

我花了那么多工夫讲述大脑对人脸的喜好,是为了表明这一小小的偏见有多么普遍。但这种看似无害的偏见,也会带来不太好的后果。实验表明我们下意识地认为婴儿所具有的特征很可爱[6],这种偏见使我们宁愿相信那些长着一双大眼睛、容貌天真的成年人,而不愿相信那些长得没有那么孩子气的成年人——哪怕长得孩子气的成人满口谎言。

大脑对熟悉的面孔的偏爱还使得比起不太熟悉的种族,我们更容易辨认同种族的人。我们的隐藏脑来到这世上时就具有立即适应任何文化的能力。在中国出生的婴儿会形成对中国面孔的优先依恋。通过与柔声细语的亲戚、满怀关爱的父母、面带微笑的陌生人(这些人大部分是中国人)的无数次接触,婴儿学会了对中国面孔做出极其精细的区分。相形之下,那些很少或没有接触过中国人的人就难以对中国面孔做出精细的区分,尤其是在需要迅速判断的情况下。

若要求一个中国人辨识两张不同的中国面孔,这种心理活动会是自动的——这类挑战他已经遇到过无数次了,隐藏脑早已掌握了解决问题的规则,无须意识脑参与。而若要求某人区分两个来自陌生族群的人,应对这一挑战的就是意识脑了,因为这是项全新的挑战。通过努力,新手级的意识脑最终可以得出与专家级的隐藏脑一致的结论,但需要多花一点时间。一个成长于中国农村的人,要是被送到以白人为主的艾奥瓦州,他会认为大多数艾奥瓦人长得差不多。但我们所处的环境并不对等。全球文化消费的模式——好莱坞电影和美国流行文化广为传播——意味着埃塞

俄比亚人、韩国人、中国人更有可能反复接触白人面孔，反之则不然。

在工作中，偶尔有人会把我和其他印度裔美国人搞混。我无疑会不高兴，而我的同事意识到他们认错了人也很不好意思。我觉得我的印度裔同事和我长得截然两样，但这是因为在过去几十年间，我与成千上万的印度人和印裔美国人密切接触过。我接触过如此多的南亚面孔，使得我的隐藏脑学会了快速精细地区分这些面孔。搞混来自陌生族群的人的面孔并不意味着我们心地不善，但这确实能说明我们熟悉哪些人不熟悉哪些人。当压力很大或心不在焉时，我们最容易认错人：此时意识脑忙得不可开交，隐藏脑便直接得出了错误的结论。

如果你认为人类行为主要受意识思维的驱动，这种错误可能造成重大误会。2006年，佐治亚州的非裔国会女议员辛西娅·麦金尼（Cynthia McKinney）因为国会山的一名警察没能认出她来而大发雷霆。她绕过了金属探测仪，国会议员有权这么做，而一名白人警察却追上来质问她，她照着他的胸口给了他一拳。之后的事情可想而知：麦金尼和几位非裔领导人表示，这起事件体现了美国社会中的种族主义，也体现了警察对有色人种格外警惕。全美有色人种协进会（NAACP）的一位领导人说，涉事警察"不尊重"麦金尼。[7] 与此同时，保守派群体则斥责麦金尼殴打警察。翌年，麦金尼未能保住她在国会的席位。

如果从隐藏脑的角度来看这起事件，你可以看出那名没认出麦金尼的警察可能是出于无意识的种族**偏见**，因为他不太可能在一名白人男议员身上犯下同样的错误。大多数国会代表是男性白人，因而可以肯定大多数有权绕过国会山金属探测仪的人是男性

第四章　婴儿的凝视、猕猴和老年歧视

白人。借由大量的重复，国会山警察的隐藏脑会或多或少地学会自动辨认白人男议员的面孔。而要辨识来自不太熟悉的群体——非裔女性的国会代表可能要多花点时间，因为这个心理过程必须由意识脑负责。那名警察很可能无意冒犯麦金尼，她不该动手打人。

站在女议员的角度，我能理解她的愤怒。有一个可悲的事实是，如果你是有色人种，你在美国就更可能成为这类错误的受害者，哪怕你是国会议员。这让人觉得不公平、很受伤——而要是频频发生这样的事，**你的**隐藏脑就会认为这些伤害是故意的。麦金尼的反应不冷静、不理性，但也不是有意的。她的隐藏脑自动对侮辱做出了反应，就像那名警察自动对绕过金属探测仪的生面孔做出了反应一样。一如伊阿古将蒙在鼓里的奥赛罗玩弄于股掌之间，警察和女议员双方的隐藏脑才是这个故事中真正的坏蛋。美国国内的时事评论家忽略了潜意识的力量，因为这些评论家总是假定言语和行为反映了我们的自觉意图——我们的社会默认隐藏脑并不存在。在麦金尼的支持者看来，那名警察是个种族主义者。而在她的反对者看来，她是个动不动就叫嚣着"种族歧视！"的疯婆子。

因此，一种在婴儿期不仅无害还很必要的偏见，在日后的生活中会造成极其难以控制的问题。在刑事审判中，相比目击证人和嫌疑人属于同一种族的情况，跨种族的目击辨认更易出错得多。我们应该更加慎重地对待某些目击证人，而法院却忽视了这种理念，因为正义的天平——就像国会山的警察一样——应该无关肤色。正如我之前所言，我们社会中的许多机构有一个预设的观念，即要紧的唯有自主的、有意识的思维。我们认为只要目击

证人追求准确，就能够准确无误。然而，数据证明无心和无意识的偏见经常造成目击错误。忽略种族因素，而非重视它的影响，正是造成种族主义的原因。[8]

隐藏脑中那些自动的、"寻常的"偏见是从什么时候起开始影响我们与他人的关系的呢？加拿大心理学家有项令人瞩目的研究表明，这些偏见从我们蹒跚学步时起，便开始塑造我们的社会认知和社会判断了。

位于蒙特利尔的怀特塞德·泰勒托儿所（Whiteside Taylor Daycare）与北美数百家照顾婴幼儿的机构没什么不同。婴儿和学龄前儿童在这里玩耍、躁动不安、进食和哭泣。几年前，一位名叫弗朗西丝·阿布德（Frances Aboud）的心理学家造访了怀特塞德·泰勒托儿所，并提出了一个有趣的提议。她想在托儿所内招募一些孩子参加一个心理实验。

托儿所同意了，阿布德又去征得孩子父母的同意。待一切书面手续准备就绪后，阿布德从托儿所和当地的几所小学里召集了80名白人儿童。她研究的最小的孩子年仅3岁。阿布德有黎巴嫩血统，面部轮廓鲜明、引人注目，她向那些小志愿者出示了六个褒义形容词，例如"优秀""善良""干净"，还有六个贬义形容词，例如"刻薄""残忍""糟糕"。[9]阿布德要求孩子们将每个形容词与两张图片中的任意一张配对。图片上显示的始终是一名白人和一名黑人。她简要地解释了每个形容词。她会说："有些人很自私。除了自己，他们谁也不在意。谁是自私的呢？"然后要求孩子们指出是图片中的黑人还是白人。她还会说："有些女性很悲伤。她们孤独无依，无人可诉。谁是悲伤的呢？"然后要求孩子

第四章　婴儿的凝视、猕猴和老年歧视

们指出是图片中的黑人女性还是白人女性。阿布德还向孩子们出示了一名黑人男孩和一名白人男孩的图片,跟他们说:"有些男孩很残忍。家里的狗迎上来时,他们会踢它。谁是残忍的呢?"她向孩子们出示一名白人女孩和一名黑人女孩的图片说:"有些女孩外貌丑陋,谁也不愿意瞧她们一眼。谁是丑陋的呢?"

在阿布德的研究中,70%的孩子将**几乎所有**的褒义形容词都分配给了白人面孔,将**几乎所有**的贬义形容词都分配给了黑人面孔。

虽然结果看起来令人忧心,但无论是怀特塞德·泰勒托儿所还是托儿所内那些幼儿所持有的偏见都无甚特别之处。很多年前就有类似的研究[10],它们在北美众多学龄前儿童和小学生中发现了同样的结论。顺便说一下,即便你允许孩子将褒义形容词同时分配给白人和黑人面孔,也允许他们不必将贬义形容词分配给任一面孔,结果并不会有太大差别。一般说来,幼儿还是只会把多数贬义形容词分配给黑人面孔,把多数褒义形容词分配给白人面孔。

针对幼儿偏见的研究为我们了解隐藏脑提供了一个有用的切入口,因为孩子正在迅速形成各式各样的联想——而联想是隐藏脑学习规则的途径。此外,隐藏脑的作用在幼儿身上比在成人身上更为突出显著,因为小孩尚未学会有意识地对抗隐藏脑自动得出的结论。

但阿布德的研究仍迫使我们从一个全新的角度来看待偏见和成见。将怀特塞德·泰勒托儿所的幼儿全部归为满怀敌意的顽固分子,这种想法未免荒谬。这些孩子可都还在学习如何擤鼻子呢。但要是怪不了孩子,我们又该怪谁呢?或许错在这些孩子的

父母或老师？否则他们上哪儿学的这些糟粕？

为解答这个问题，阿布德评估了蒙特利尔郊外哈罗德·纳珀小学的学生的种族观念。[11] 她还评估了他们的父母和老师的种族观念。阿布德发现，孩子的观念与父母的观念之间没有联系。孩子的观念与老师的观念之间也没有联系。孩子们并没有经常接触到那些宣称黑人残忍丑陋、白人干净优秀的仇恨言论。[12] 所以这些观念究竟从何而来？

阿布德选择的切入点，是去了解这些孩子认为他们周围的大人是怎么想的。于是她重新招募了另一组幼儿园和一年级的白人小孩。然后进行种族偏见测试，让孩子们将褒义和贬义形容词分配给黑人或白人面孔，既可以同时分配给两者，也可以都不分配。

不出所料，阿布德发现的模式和之前的研究相同——孩子们给黑人面孔分配了许多贬义形容词，给白人面孔分配了许多褒义形容词。阿布德随后向孩子们出示了两名研究助手的照片。一个是白人，一个是黑人。阿布德要求孩子们猜测研究助手会如何将褒义和贬义形容词分配给白人和黑人面孔：她让儿童猜测研究助手的种族观念。孩子们认为研究助手会得出和他们一模一样的结论。他们认为白人和黑人助手多半会把褒义形容词分配给白人面孔，把贬义形容词分配给黑人面孔。

阿布德让两名研究助手去看望这些孩子。她让他俩给孩子们读些讲述跨种族问题的积极故事。她想测试一下这些积极的故事能否转变孩子们的态度，这个想法乍看之下很有吸引力。这些故事讲的都是黑人和白人交朋友。其中一个故事提到了两个男孩，一个叫比利，一个叫卡尔。他俩都很喜欢骑自行车，都希望能在

第四章　婴儿的凝视、猕猴和老年歧视

生日那天从父母那儿收到一辆新的自行车。两个男孩经常相互串门，双方的家人也都会热情款待。他们相互倾诉了渴望收到新自行车的愿望。第一个男孩收到新自行车时，两人都欢欣鼓舞。而第二个男孩过生时却没有收到新自行车，他跟朋友倾诉了自己的失望。两个好朋友相互扶持，直至第二个男孩的父母送了他一份惊喜的礼物——一辆卡丁车。在绘本的最后一个场景中，两个好朋友一起参加了一场比赛，驾驶那辆卡丁车荣获冠军。不难看出，这个以种族为主题的故事绝对积极。两个好朋友都是热情、富有爱心、招人喜爱的孩子。他们相互友爱，彼此的家庭也相互友爱。

　　这个故事能改变幼儿园学童吗？孩子们很喜欢这些故事，但令阿布德失望的是，这些故事几乎未能影响孩子对黑人的看法。他们不仅仍将贬义形容词分配给黑人面孔，他们还坚持认为两名研究助手——包括那名黑人女性——也和他们的看法一致。

　　研究助手读的另一个故事揭示出了孩子的这种偏见中所存在的惊人的扭曲。故事讲述了三个小男孩亚历克斯、乔尔和萨查里亚乘着橡皮艇在河上游玩的奇妙经历。[13]亚历克斯和乔尔是白人。萨查里亚是黑人，他生性认真，喜欢书籍和阅读。在他们做着白日梦之际，橡皮艇已将他们带到了海上——他们在那儿遇到了一条鳄鱼。这头猛兽袭击了他们，将亚历克斯和乔尔掀入海中。接着它盯上了萨查里亚，萨查里亚机敏地用一张大手帕将鳄鱼的嘴巴绑了起来。然后将他的朋友从水里拉上来，拖着鳄鱼一道返回了陆地。虽然萨查里亚的朋友认为应该就这样让鳄鱼自生自灭，但一抵达码头，萨查里亚便解开了鳄鱼的嘴。萨查里亚知道鳄鱼濒临灭绝。那天晚上亚历克斯和乔尔在萨查里亚家过夜，这个黑人小男孩一直熬到深夜十一点写信给总统，呼吁加大动物保护的力度。

不难看出，这个黑人小男孩是个不同寻常的英雄人物。萨查里亚击退了鳄鱼，救了朋友的命，还因为知道要保护动物而善待鳄鱼，牺牲自己的睡眠时间给总统写信。但当研究人员要求幼儿园学童讲一讲他们从这个故事和其他故事中学到了什么时，孩子们倾向于将故事中黑人角色的积极行为误记成白人角色的积极行为。孩子们在毫无自觉的情况下，剥夺了萨查里亚的英雄气概，将他勇敢、聪慧的举动安在了他的白人朋友身上。换言之，阿布德传达给幼儿园学童的每一条信息，都要经过一个滤镜的过滤，这个滤镜会系统化地抬高白人、贬低黑人。

"这太令人难过了，毕竟很显然是那个黑人小孩救了他的朋友。"阿布德说。那么，**孩子们的这种丑恶的观点到底从何而来？**

阿布德的一些同事认为，这些孩子的家长对心理学家撒了谎，他们装作兼容并包的样子，实际上却暗暗向孩子们传达种族主义信息。阿布德认为这种情况可能性极低：硬要说的话，她接触过的那些家长相当害怕谈论种族问题，他们担心这会让孩子以为种族很重要，最终让他们变得偏狭。再者，就算父母暗地里把孩子教成了顽固分子，那为何孩子会认为研究助手也持有类似偏见呢？研究助手显然在倾尽所能地传达关于黑人和跨种族友谊的积极信息。怎么在孩子们听来就完全变了样？

阿布德认为，这里面有两个独立的难题有待解决。第一个问题是：为什么孩子们认为身边的成人和他们的想法一致——即便他们显然不是那样想的？第二个问题更为根本：孩子们最初是如何形成他们的种族态度的？

第四章 婴儿的凝视、猕猴和老年歧视

阿布德的研究数据中隐藏着解答第一个问题的线索。在听到积极的故事前后，年纪较小和年纪较大的孩子在猜测研究助手的观念时，他们的准确性有所差异。年纪较大的孩子听到白人研究助手读那些带有非常明确和积极色彩的种族故事后，他们会认为研究助手对黑人持积极态度。他们自身对黑人的看法依旧是消极的，但这些小孩首次看出了成人和他们持有不同的观念。

弗朗西丝·阿布德对瑞士心理学家让·皮亚杰仰慕有加，她认为皮亚杰的理念或许可以解释为什么年纪最小的孩子认为成人和他们想法一致。非常年幼的孩子认为世上**每个人**都和他们想的一样。小孩需要成长到一定阶段才能认识到人们的想法可能南辕北辙。

这就可以解释为何年纪最小的孩子们不仅认为研究助手持有和他们同样的偏见，而且还认为他们的父母和老师也是这个态度，但事实上所有成人都在设法教育孩子积极看待其他种族的群体。孩子们以一种不成熟的、以自我为中心的方式，将自己的观念投射到了成人身上。当研究助手为孩子们朗读积极的故事时，阿布德错误地认为孩子们会准确地理解成人对跨种族友谊的态度。但年幼的孩子很难推断别人在想些什么。

阿布德让研究助手重新回到教室，但这一次，他们不再仅仅是朗读故事，然后指望孩子们自行领会正确的信息，阿布德要求研究助手尽可能明确地说出他们对故事做何感想。助手赞扬了黑人角色的英雄气概，并明确指出跨种族友谊的温情。当再次测试孩子们对黑人的种族态度时，这一次幼儿园学童的表现便近似年纪更大些的孩子了。他们虽仍将褒义形容词分配给白人，将贬义形容词分配给黑人，但他们能够看出研究助手和他们观念不一。

隐藏的大脑

"父母害怕和孩子谈论种族问题，因为他们害怕这么做会让孩子心生成见。"阿布德说，"但要我说，应该'多想想积极的一面'。"

不过，还有一个根本问题尚未解决：孩子们的这种态度从何而来？我们可以肯定地说这种偏见观念**并非源自父母和老师**，但我们仍不知道它们究竟**从何而来**。别忘了，孩子们在种族问题上的观念并非五花八门——他们中的大多数，尤其是年纪最小的孩子，有着几近相同的观念。他们认为白人优秀、善良、干净，黑人残忍、丑陋、肮脏。

答案在于隐藏脑和意识脑了解世界的方式不同。阿布德让我把自己想象成一个年幼的白人小孩，然后突然发现自己置身于北美郊外的一个普通社区。出于这一思维实验的目的，我得想象自己没有朋友也没有父母——没有人能告诉我该怎么思考、该得出什么结论。我只是个孩子，所以还没成熟到能得出非常复杂的结论的程度。在我试着去理解这个世界时，我的隐藏脑会学到些什么呢？首先，它会得出一个结论：大多数住在漂亮房子里的人是白人。大多数上电视的人是白人，尤其是那些有威信、有尊严、有权力的人。故事书中的大多数角色是白人，而且做出英勇、聪慧和慷慨之举的多半也是白人小孩。我的隐藏脑——擅长联想——还会得出这样的结论：社会上一定有不成文的规定，迫使白人跟白人结婚，因为放眼望去，大多数白人丈夫似乎有位白人妻子。此外在谁有资格到谁家里去做客这件事上一定也有不成文的规定，因为大多数相互串门的朋友属于同一种族。

在我 3 岁的大脑中，我不会认为黑人很坏，但我会认为他们**与众不同**。我甚至可能认为他们是自己**选择**要与众不同的，他们

第四章 婴儿的凝视、猕猴和老年歧视

选择拥有与众不同的肤色，选择和另一位黑人结婚，选择住在黑人社区，去黑人朋友家串门。接着想象一下，我收到这样的信息不止一次两次，而是千万次。我时不时会碰到一些例外情况，这条街上有个黑人家庭住在富丽堂皇的宅邸里，隔壁街区生活着一对于跨种族夫妇，偶尔还能看到些同性恋或拉美裔友人路过。但是对于我的隐藏脑而言，它感兴趣的只有普遍性，文化信息的整体力量势不可当。我的信念是不准确的推断，但感觉上却不像是推断。在我的隐藏脑看来，它们更像是可靠的结论。目之所及处，我都能看到支持它们的证据。

年幼的孩子为了尽快弄清自己在世界上所处的位置，会得出表面上符合事实、实际上却谬以千里的结论。如果我 3 岁的大脑拥有语言和概念化的能力，能将我的结论传达给成人，他们会立刻向我解释我错哪儿了。但我没有这样的能力，而且不管怎样，告诉隐藏脑它的模式很肤浅，没有人规定白人只能和白人结婚，男人只能爱上女人，也并不会有什么用处。请记住，隐藏脑有一个简单、直接的优先事项：让我们迅速适应所处环境，给我们一套简单的工具令我们能快速做出判断。

近几十年的许多实验均发现，黑人小孩对种族问题的看法与白人小孩的看法大致相当。黑人小孩倾向于将积极的东西与白人角色联系起来，而非黑人角色。黑人小女孩可能觉得白人玩偶比黑人玩偶更漂亮。[14] 教育者和家长试图让孩子接触反刻板印象的书籍、电影和图像。这些方法的确能防止隐藏脑形成错误联想，但弗朗西丝·阿布德的研究向我们表明，反刻板印象信息需要何等强烈、持久和明确才能发挥作用。

以我个人的经历为例，我女儿 3 岁时，最喜欢玩"扮医生"

游戏。每次她要我陪她玩时,她都让我当医生,她当护士。她偶尔也想扮一扮医生的角色,但她一定要我们两个**都**当医生。她显然很不愿意让我扮演护士。我跟她说并没有任何规定限制谁能做护士、谁能做医生,但这就像推巨石上山一样徒劳。最后我问她,为什么护士一定得是女性,她镇定自若地用那种孩子气的逻辑解释说,她从未在故事书里看到有男人做护士。

如果我给你看一张白人男性的照片,让你想象他的配偶可能是怎样的,你的意识脑会告诉你,他可能会娶一名白人女性、黑人女性、拉美裔女性或者亚裔女性。他还可能和一名男性成婚,也可能单身。而与此同时,你的隐藏脑并不会考虑所有可能性。当问到这个问题时,答案立马会闪现:白人男性会娶白人女性。隐藏脑并不在意凭经验论事有时会出错。重要的是它**通常**是对的,而且得出答案的速度快如闪电。这就是为何即便到了现在这个年代,在美国跨种族夫妇仍会引人侧目。

当我们看到一名男性亲吻另一名男性时,隐藏脑中先入为主的联想会让大多数美国人觉得这不是男人该做的事。当然,我们可以立马让隐藏脑闭嘴,并表现出司空见惯的样子。但当我们日理万机、处于压力之下或忙着做其他事时,我们就很难压制隐藏脑的自动联想。在这种时候,隐藏脑对这个世界所做出的快速判断变得尤为强大。如果要我们判断上述男性的其他方面——例如,工作表现——我们可能觉得他们在工作上不太够格,但并不知道自己是如何得出这个结论的。

我说"我们"对同性恋怀有无意识的偏见,我指的就是每一个人——包括异性恋者**和**同性恋者。[15] 一如黑人小孩倾向于对白人面孔而非黑人面孔产生积极联想,同性恋者也会无意识地怀有

第四章 婴儿的凝视、猕猴和老年歧视

和异性恋者相同的联想。这没什么好大惊小怪的：同性恋者通常在现实生活中、电视上、书本里看到的异性恋家庭比同性恋家庭多得多。如果隐藏脑借由重复进行学习，那么同性恋者的无意识联想怎会与异性恋者的无意识联想有太大的区别呢？

这项研究描绘出的图景与大多数人对偏见的传统看法形成了鲜明的对比。幼童的偏见不是因持续不断的敌对信息而起，也不是拜顽固的父母和老师的教化所赐。相反，研究反映出我们的脑袋里确实有两套学习系统，这两套系统的发展差不多相互独立，我们对其中一套系统几乎无知无觉。我们的社会坚信重要的只有意识脑，我们所有的教育和法律工作都致力于此。我们的学校拥有多元文化信息和彩虹旗。我们有权威专家负责宣讲敏感和理解的重要性。我们有用于惩罚仇视性犯罪的法律。我们的许多干预措施都基于这样一种信念，即偏见总包含自觉意图或敌意，在很大程度上乃无知所致，而教育则是克服偏见的上上之策。一如你在弗朗西丝·阿布德的研究中看到的那样，这些信念每一条都错得彻头彻尾。哈罗德·纳珀小学的老师没有教导孩子白人比黑人优越，学校始终致力于传播包容，而非偏见。然而，孩子在进行有意识的学习之外，还在无意识地学习其他东西。

在阿布德针对幼儿的研究中，最令我不安的一点并不是孩子也持有偏见。而是这种普遍存在的偏见可以违背所有人——父母、老师和孩子自身的意愿而存在。事实上，参与研究的每个人都无比希望孩子们形成相反的信念，但孩子们仍将褒义形容词与白人面孔联系在一起，将贬义形容词与黑人面孔联系在一起。他们会将黑人小男孩萨查里亚的英雄事迹误记成他那些白人朋友的英雄事迹。而且我稍后会讲到，随着时间的推移，孩子会将这些

隐藏的大脑

隐秘的信念带到成年后。

大约 6500 万年以前，一颗巨大的小行星撞击了墨西哥的尤卡坦半岛。地质记录显示，这次撞击引发了沙尘暴和海啸，导致包括恐龙在内的许多物种灭绝。物种灭绝的速度如此之快，以致今天的科学家将那次小行星撞击称为灭绝事件。

美国学生之间的跨种族友谊在中学期间会遭遇一次灭绝事件。研究表明，小孩上七年级时，他们之间的跨种族友谊远比四年级时少得多。[16]其他许多国家也发现了这种跨种族友谊的减少。这种现象不仅发生在美国的白人和黑人小孩身上——在英国、荷兰和加拿大等国家的荷兰、南亚和土耳其小孩身上也见到了同样的现象。[17]就像导致恐龙灭绝的小行星一样，中学期间似乎发生了什么事使得孩子们形成小团体，不再愿意与其他文化背景的孩子建立亲密的友谊。这为青少年高中及日后的友谊奠定了基础。

这一针对童年友谊的研究发现尤为令人沮丧，因为友谊是我们理解其他文化背景的人的魔法钥匙。弗朗西丝·阿布德发现，如果小孩有一个来自其他种族的密友，相互提供情感上的安全、信任和忠诚的话，那么他们普遍对其他种族持有更积极的态度。缺乏这种亲密友谊的孩子对其他种族的态度则更消极。[18]

跨种族友谊灭绝事件有一个令人费解之处在于，它发生的时间刚好是在孩子们正要摆脱那种简单的偏见之际。阿布德等人发现，儿童成长到七八九岁时，他们便能够将褒义和贬义形容词分配给所有种族的人了。这些儿童的隐藏脑得出简单而刻板的结论时，他们的意识脑已经成熟到足以推翻这些结论了。事实上，当阿布德让处于不同心理成熟阶段的儿童相互讨论种族问题时，她

第四章 婴儿的凝视、猕猴和老年歧视

发现较为成熟的儿童总是会驳斥仍处于学龄前的儿童的观点。[19] 若带有偏见的儿童和一个更成熟的儿童进行交谈,那个想法更包容的成熟儿童总是会改变前者的想法——因为无意识的捷思法总是会让位于有意识的推理。下面是阿布德研究过的两名儿童之间的一段解释性交流:

GA:很多黑人都不可信。比如,我有个黑人朋友,他对我很好,但他的好不是发自内心的,因为他——
MP:但这是不是意味着所有黑人都是坏人呢?
GA:不,不是所有。
MP:不错。
GA:但有些——
MP:只是有些而已。白人一样,华人也一样。

如果幼儿的种族主义在很大程度上是意识脑不够成熟,尚不足以推翻隐藏脑泛泛的概论所致,那么为何跨种族友谊会恰好在大多数儿童发育成熟,能认识到所有族群的人都兼具积极和消极的品质时惨遭灭绝呢?阿布德决定就这一问题对蒙特利尔西山公园小学的240名黑人和白人学生展开研究,该小学是所多种族学校,汇聚着大量白人、加勒比黑人、东南亚和南亚学生。她的计划很简单:她在同一学年的秋季和春季学期分别对学生们进行采访,询问孩子们的交友状况。如果约翰报告称迪克是他的好友,阿布德便会向迪克核实,确保他也认为约翰是他的好友。阿布德及其同事还询问了其他学生,让他们说说看约翰和迪克是否经常待在一块,对比这些回答,她最终明确了哪对学生彼此都认为对方是自己的朋友或好友。阿布德及其同事在春季学期重复了这一

过程。对比两次的结果，阿布德详细记录了同种族和跨种族的友谊在六个月之间的演变。

这些友谊的反复无常很能说明问题。9岁和10岁的儿童，和你想的一样，经常增加、剔除和更换朋友。例如，阿布德发现调查一组20人的五年级学生，其中半数人有一个其他种族的朋友。在第二次采访中，只有两段友谊尚存。但在同种族的朋友之间也存在这样的情况。在第一次采访中，20名学生中可能有18人有同种族的好友，其中仅有十段友谊挺过了这六个月。儿童还会疯狂增加新朋友。但他们增加和剔除朋友的方式有个微妙的差异——不同种族的朋友被剔除的可能性略高于同种族的朋友，而建立新的跨种族友谊的可能性略低于同种族友谊。在普通的观察者眼中，这一差异并不明显。就算是父母可能也看不出来，因为这种潜在的模式隐藏在众多"噪声"之中——一个迅速变化的交友圈。但最终的结果并不隐晦。在阿布德研究的小组中，最年幼的儿童拥有的同族和异族朋友的数量大致相当，最年长的儿童拥有的同族朋友的数量是异族朋友的1.5倍。有些父母曾在孩子七八九岁的生日派对上看到过振奋人心的种族多样性，他们可能会注意到孩子十二三岁的生日派对种族构成很单一，他们想不通这是怎么了。

6500万年前小行星撞击尤卡坦半岛，顷刻间便杀死了邻近区域的大多数陆地生物。但对生命的摧残大半发生在接下来的数周乃至数月之间。悬浮的尘雾扼杀了植物，这种毁灭沿着食物链迅速蔓延。如果你是蒙大拿州的一只恐龙，你周围的生命可能在几年内逐渐衰竭，而不是在好莱坞式的大爆炸中化为乌有。

但栖息地和生态系统的这种缓慢而持续的衰竭和突如其来的

第四章　婴儿的凝视、猕猴和老年歧视

灾难一样致命。隐藏脑的许多强大影响同样源自一些微小的变化，这些变化占据着生活的主导，因为它们会经年累月持续地影响着我们。

例如，如果你想干预一个儿童的生活，鼓励其建立更多跨种族友谊，你几乎闹不清该从哪里入手。显而易见，没有哪段友谊能告诉你什么特别有意义的事；如果绝大多数跨种族友谊在短时间内统统消失了，那么绝大多数的同种族友谊也会消失。种族隔离模型在这里并不适用——孩子们并没有被强制分离开来，然后被教导要相互憎恨。隐藏脑的阴险狡诈不在于它会狠狠偷袭我们的后脑勺，而在于它会轻轻左右我们内心的天平。等孩子到了七年级时，那些细小的差异会使得他们的跨种族朋友远比四年级时少得多。

这个现象让我知道，我们对偏见的惯常看法存在很大问题。例如，2007 年，国际新闻媒体一窝蜂地围着耶拿六人事件（Jena Six）打转，该事件涉及路易斯安那州一个小镇上的种族冲突，白人学生将绞索挂在树上，威慑黑人小孩，惹得举国上下群情激愤。评论人士认为这是一个令人不安的迹象，表明耶拿小镇上的这些孩子受到了种族分化的荼毒。发生在耶拿的这起事件无疑令人担忧，但与美国中学每天都在发生的那种地质构造上的变化——那些不为人知的地震——相比，也只是小巫见大巫。上高中后，大多数美国孩子已经深深地扎根于自己的族群，他们中的许多人已经永远失去了友谊这把魔法钥匙，而这把钥匙原本能让他们了解其他种族的人是什么样子的。挂在树上的绞索虽制造出了耸人听闻的报道，但它们只是一个更隐晦、更阴险的过程的最终产物。

隐藏的大脑

我们对耶拿六人案的痴迷反映出我们偏好像恶棍与英雄这样简单的故事。当我们在儿童的偏见这一更为宏大的叙事中寻找恶棍时，我们找不到。儿童跨种族友谊灭绝事件最让我不安的地方在于，就像阿布德研究过的学龄前儿童一样，这种事件可以违背所有人的明确意愿兀自发生。

童年友谊的灭绝是儿童成长的一个自然结果。儿童大约在七八岁时，开始想要归属于某一群体，以巩固他们的身份认同。发展出这些身份正常且必要。种族身份只是吸引儿童的众多身份维度之一。他们还开始对运动队、文化和国家产生认同感。英国的研究人员曾让一组 6～7 岁的儿童和一组 10～11 岁的儿童，说一说他们如何看待那些在 2002 年足球世界杯开赛前赞赏德国队的英国人。英国儿童普遍不喜欢对德国队赞不绝口的人，你应该不会对此感到惊讶了吧。然而，有意思且有启发性的一点是，年纪较大的儿童比年纪较小的儿童更可能说他们要将"叛徒"逐出团体之外。对于年纪最小的儿童而言，他们不会因为对方持有相反的观点而界定对方；对于年纪最大的儿童而言，对球队的看法界定了谁可以加入他们的小团体，谁理当被驱逐。阿布德研究的中学生之间的友谊灭绝事件并非因敌意和仇恨而起，而是单纯因为种族是界定一个人的众多划分之一，10～11 岁的儿童急于开始界定他们自身。

如果我们从等式两端去掉种族这一因素，这个现象就更好理解了。如果阿布德等人的研究是正确的，儿童在种族问题上展现出的偏见应该也会在身份认同的其他方面表现出来。

阿布德在蒙特利尔考特兰公园国际学校进行了另一项针对友

第四章　婴儿的凝视、猕猴和老年歧视

谊的研究。与其他有很多不同种族的生源的学校不同，这所学校的学生主要是白人儿童。但它的独特之处在于，它有大量来自英语家庭的儿童，还有大量来自法语家庭的儿童。学校采用英语和法语双语授课——每周三的午餐时间，学校就会转换所有对话和课堂教学所使用的语言，意在让儿童浸淫在两种语言和两种文化氛围中。

阿布德发现，说英语和说法语的儿童之间的友谊也在减少，一如她在另一所学校的黑人和白人儿童身上发现的那样。跨文化的朋友不太可能有所增加，反倒更可能不再往来，两种文化的儿童在心理层面渐行渐远，即便学校想尽办法让他们在物理层面相互交融。阿布德询问一些孩子为什么不再和其他文化的朋友来往，这些孩子说虽然他们个人可以接受跨语言的朋友，但这种朋友很难融入他们的圈子，因为在他的语系族群里总会有其他孩子难以接受这个外人。有时谁也不会多说什么。但当其他文化的孩子参与进来时，大家的谈话会戛然而止。孩子们的秘密说到一半就不再往下说了。要不了多久，"外人"就能领会个中意思。

种族偏见是"自然"发生的，并不代表它无可避免。孩子倾向归属于小团体是无可避免的，但没有任何证据表明孩子一定要用种族这一维度来界定自我。如果能鼓励孩子忠于某些超越种族的群体——国家、学校乃至一支运动队——父母和老师就能利用大脑自动产生的这种偏见让不同种族的孩子携起手来，而非分道扬镳。想靠告诫孩子他们的无意识态度有问题，以此对抗偏见只是徒劳。有效的办法是利用隐藏脑来树立包容的态度。

孩子持有的偏见令人担忧，但我们很容易认为童年早期的认

79

知错误不会影响我们日后的判断、决定和态度。然而，从隐藏脑的角度看待偏见，我们可以得出科学家所说的"极简"解释——一个单一的解释框架，描述了我们一生中（从非常年幼到非常年迈）所持有的偏见的本质。我们大多数人认为没必要为一丁点偏见而惩罚5岁的小孩，特别是我们知道了这些偏见是在无意识中产生的。但我们大多数人不觉得谴责一个表现出种族偏见的成人会有失公允。小孩可能不懂事，但成人不该不懂。至少我们是这样说服自己的。

所以在2006年美国中期选举之前，弗吉尼亚州的前任参议员乔治·艾伦（George Allen）将一位印度裔美国人称作"猕猴"（macaca），并跟他说"欢迎来到美国"，这些失误使得艾伦失去了他的席位，使得共和党失去了对参议院的控制——这颗石子引发的山崩一直延续到2008年的选举，共和党失去了国会两院和白宫。迈克尔·理查兹（Michael Richards）——他在电视剧《宋飞正传》中饰演备受喜爱的克莱默（Kramer）——曾在一家喜剧俱乐部里提醒一位找碴儿的黑人说，傲慢的黑人以前是要被绞死的，他很快就因这一严重违反社会规范的言辞遭到了公众谴责。脱口秀和报纸专栏上所有例行公事般的抗议和指责的潜台词，都可以归结为一个简单的问题：**这些人难道不该更明事理吗？**

这个问题的答案是肯定的——也是否定的。在偏见这一点上，乔治·艾伦等人和阿布德研究过的学龄前儿童有一些惊人的相似之处。从5岁到54岁变化最大的不是隐藏脑中的联想，而是意识脑抑制这些联想的能力。

研究人员曾测试过6岁儿童、10岁儿童与成人有意识和无意识的种族态度。[20] 他们发现三组被试的无意识态度相似——都支

第四章　婴儿的凝视、猕猴和老年歧视

持白人。但若要求 6 岁儿童、10 岁儿童和成人明确陈述他们的观点，10 岁儿童报告的偏见比 6 岁儿童少，成人则完全否认他们持有偏见。

成人说他们没有偏见是在撒谎吗？当然不是。人们有意识地拒绝刻板印象的原因是，他们知道将一个群体一概而论是愚蠢之举。当我们询问他们的看法时，他们会告诉我们他们意识到的东西，而无法告诉我们他们无意识的态度和联想。和学龄前儿童生活在同一个世界里的成人怎会形成不同的**无意识联想呢**？成人并没有生活在一个跨种族婚姻稀松平常，周遭的同性家庭和异性家庭一样常见的世界里。他们那借由不假思索的重复和联想进行学习的隐藏脑，如何能得出不同的结论？

有一点我必须说清楚：我不是说大多数成人有意识地相信种族主义或性别歧视的刻板印象。当我们需要明确表达自己的观点时，我们的意识脑和隐藏脑会坐下来聊聊，而意识脑每次都能赢得辩论，因为理性分析总是强过愚蠢的捷思。如果说意识脑是飞行员，隐藏脑则是机上的自动驾驶功能，那么**除非飞行员心不在焉**，不然他始终可以接管自动驾驶模式。

说回乔治·艾伦和迈克尔·理查兹。隐藏脑能解释他俩的口不择言吗？不妨把问题颠倒一下。假设艾伦和理查兹根本就没有隐藏脑，他们的言论完全是自觉意图的产物。乔治·艾伦的那句俏皮话这下似乎显得比之前更奇怪了。（谁会管别人叫"猕猴"呢？）如果艾伦有意要在自己的竞选集会上羞辱印度裔美国人，那他就是有意要自毁政治前程。被艾伦点到名的那名年轻人当时正扛着摄像机拍摄他——而且他还是为艾伦在参议院选举中的对手工作的。果不其然，艾伦否认他是想自取灭亡。他慌忙为自己的言论辩解，说："这与我本人的信念和为人相悖。"[21] 同样，迈克尔·理查兹因他在喜剧俱乐部中的言论遭到国家电视台的痛斥后，他坦言他并不知道那些话是从哪里冒出来的。他发誓那些话不是他的本意。

现在，让我们把隐藏脑放回等式中，把意识脑完全剔除。实际上你可以在实验条件下做到这一点——不是借由脑外科手术，而是借由一些实验手段分散人们的有意注意，让他们无法有意识地抑制隐藏脑的自动联想。当社会心理学家设计出这样的情境后，隐藏脑中的自动偏见展露无遗。在压力情境下，由于意识脑不堪重负，其掩盖隐藏脑的能力减弱，我们就能观察到平时深藏不露的信念和态度。这就是为何人们置身聚光灯和摄像机前时，往往会说些蠢话。就像我们看到幼童将所有褒义词分配给白人面孔，将所有贬义词分配给黑人面孔那般震惊一样，当看到一位政客或知名艺人——他们理应"更明事理"——说出一些宣扬仇恨的言论时，我们也会心生愤慨。但所有这些事例背后的真相是，人们被剥夺了控制自身无意识态度的能力。就幼童而言，他们的意识脑尚未发展到能对隐藏脑施加较多控制的程度。就世界上很多像乔治·艾伦和迈克尔·理查兹这样的例子而言，精神和身体上的压力能让意识脑不堪重负，暂时暴露出潜藏在表面之下的隐秘联想。处在压力下的人更容易说出充满仇恨的观点和联想——或是混淆两张中国面孔——这只是因为意识脑忙得不可开交，无法接管错误的"自动驾驶"。

然而，由于我们所有的政治话语均以并不存在隐藏脑这一假设为前提，我们在美国谈论种族问题的能力便受到了严重的阻碍。来看看艾伦和《与媒体见面》（*Meet the Press*）的主持人蒂

第四章 婴儿的凝视、猕猴和老年歧视

姆·拉瑟特（Tim Russert）就"猕猴"事件所进行的谈话吧。我将其中两句话标成了黑体。

拉瑟特：批评人士称"猕猴"是出于种族歧视的蔑称，你之所以用这个词是因为对方肤色较深。你说"欢迎来到美国，欢迎来到真正的弗吉尼亚"究竟是什么意思？你为何要对一位肤色较深的美国人说这种话？

艾伦：蒂姆，我犯了个错。我说话没过脑子。我已经道过歉了，也理当道歉。**但我没有要诋毁任何种族或民族的意思。**如果我知道那个词对于某些地方的人来说是种侮辱，我绝不会那么说，因为那有悖于我的信念和我的为人。

拉瑟特：那么，这个词是从哪儿冒出来的呢？**它势必存在于你的意识中。**

艾伦：噢，只是现编的。

拉瑟特：编的？

艾伦：编的。生造词。

拉瑟特：你以前从未听说过这个词？

艾伦：没有。

如果艾伦真的现编了"猕猴"一词，那他发明的这个词刚好有一段悠久的种族主义历史。当然，这个说法显然不可思议，但艾伦这话是在回应拉瑟特声称他一定是**有意**那么说的。拉瑟特的意思是，**只要我能表明乔治·艾伦有意贬低有色人种，就能证明他是个种族主义者**。而这位政治家的意思是，**只要我能表明我不是有意出言不逊，就能证明我不是个种族主义者**。两人关注的都

是艾伦的自觉**意图**。但要是"猕猴"一词出自艾伦的隐藏脑呢？与艾伦试图向拉瑟特传达的意思相反，他仍旧要对他的出言不逊负责——因为我们要为我们隐藏脑的行为负责。但也与拉瑟特向艾伦传达的意思相反，这位共和党人可能丝毫未受到有意识的种族敌意的驱使。

大多数美国人认为艾伦的用词和理查兹的言论令人憎恶——那些言辞也确实可憎。但我们每个人都怀有那些讨人厌的、不准确的联想，这就是为何当我们看到有人说漏嘴时，我们的反应不该是"这下终于抓到那个种族主义混蛋了！"，而当是"若非上帝眷顾，我自己也在劫难逃"。当我们耗费大量时间关注新闻和电视对这些事件的报道时，我们下意识地将自己与乔治·艾伦和迈克尔·理查兹划清了界限。我们以为这些带有偏见的态度只是个例，而数十项研究均表明这实际上是种常态——在黑人和白人之间都很常见。我不是说每个人都会将棕色人种与"猕猴"联系起来——我自己就还得查字典才明白这个词的意思。我的意思是我们的隐藏脑中都有一些无意识的联想，会趁我们不备突然浮出水面。

我之前保证过，要向各位展示隐藏脑可以为贯穿我们一生的偏见提供一个统一的解释。许多研究发现，老年人的偏见比年轻人更深，对这一现象的惯常解释是在老年人成长的年代，人们可以随意表达带有偏见的态度——甚至偏见才是常态。换言之，种族主义态度源于有意识的种族主义信念。

毫无疑问，人们在意识层面持有各不相同的态度和信念。儿童、成人和老人都是如此。有些人明确认为非洲和亚洲国家应该被再次殖民，美国黑人应该沦为奴隶，犹太人也应该被送进集中

第四章 婴儿的凝视、猕猴和老年歧视

营。但我相信这种有意识地持有偏见的人只是极少数。我们对他们的过分关注让我们无暇去注意一项更大的挑战——大多数人的无意识偏见,其中也包括那些有知名度、影响力和权威性的人。

有位科学家最近揭示了隐藏脑如何造成了老年人的偏见。澳大利亚昆士兰大学的威廉·冯·希佩尔（William von Hippel）发现,当老年人控制自身大脑的能力减弱时,他们便更可能表露出偏见——就像额颞痴呆使得温迪·麦克纳马拉失去了"执行控制"的能力而变得对社会规范和礼节毫不在意一样。[22] 冯·希佩尔发现,老年人的偏见与他们对隐藏脑有意识的控制密切相关。在实验室实验中更容易被干扰所迷惑的老年人,也最有可能表露出带有偏见的观点。冯·希佩尔认为,老年人所表现出的许多偏见和老年志愿者在疲惫时更容易陷入争执异曲同工。老年患者在下午引发"无谓的争执"的概率是早晨的三倍。

还有一个实验我第一次读到时几乎不敢相信,研究人员靠给成人喂糖,以减少他们的偏见。一些志愿者喝了加糖的柠檬水,另一组志愿者则喝了加了代糖善品糖的柠檬水。毋庸置疑,糖分迅速提高了身体和大脑的能量水平,而善品糖则不然。研究人员继而评估了志愿者对同性恋的态度。他们发现,喝下含糖饮品的志愿者比喝下善品糖的志愿者更少表现出明显的偏见。大脑是人体最大的能量黑洞。如果人们需要进行执行控制以抑制隐藏的刻板印象,那么喝下无糖饮品的志愿者就没有那么多精神燃料来约束他们的隐藏脑。[23]

冯·希佩尔的研究与弗朗西丝·阿布德针对幼儿的研究,还有越来越多的针对成人偏见的研究完全匹配。失去执行能力的老年人的表现与30岁的成人在实验环境中被剥夺了对隐藏脑的意

识控制时的表现一模一样。此外，正在参加激烈竞选的政客或在昏暗的剧场内被人找碴儿的艺人，都可能暂时陷入和弗朗西丝·阿布德研究中的学龄前儿童一样的思考模式。

"我越来越认为，我们大脑中的某些部分依旧停留在我们4岁、5岁和8岁的时候，永远不会改变。"阿布德对我说，"处在压力之下，人们的确会退回早期的模式。"

当人们无法控制他们的隐藏脑时——可能因为他们还很年幼、很不成熟，可能因为他们虽是成人却一时心猿意马，也可能因为他们上了年纪，大脑功能日益衰退——他们很容易受到隐藏脑中固有的联想的影响。

这就是为何你询问那些"应该明事理"的成人，他们为何产生某些言行时，他们会告诉你他们自己也一头雾水。我们通常认为这等辩解是在耍滑头，但我相信他们说他们并未有意持有什么偏执的观点时，他们多半说的是实话。当他们宣称他们并未有意对其他群体抱有敌意、仇恨或恶意时，他们是诚心诚意的。但这并不意味着他们的隐藏脑也持有这种平等主义的想法。托马斯·杰斐逊确实很伟大，但对于隐藏脑来说，人人生而平等这点远非不言自明之事。

第五章
看不见的暗流
性别、特权和隐藏脑

莉莉·莱德贝特（Lilly Ledbetter）的生活像发条一样有条不紊。她在亚拉巴马州加兹登的固特异轮胎橡胶公司的工厂上晚班，大约翌日早晨九点半才下班回家。洗个热水澡后，她把下次上班要穿的制服拿出来，然后一觉睡到下午。五点左右，她又出发去工厂了。她其实要七点才上班，但她家在杰克逊维尔，上班路上要经过一段十英里①的乡间小路，有时会被那些慢悠悠的老爷车挡住去路。

橡胶厂的工作单一而呆板。每次上班，像莉莉这样的经理都会收到工作安排，告诉他们哪些工作有待完成。如果工作安排——又称"工作表"——要求莉莉的团队今晚制作轮胎带束层，她就必须在开工前确保所有的零部件和人工都准备到位了。一个

---

① 1英里约合1.6千米。——译者注

班次持续十二小时，但莉莉通常都早到晚走。莉莉以前曾在一群妇科医生手下干过，但她觉得自己不适合医疗工作。40岁时，她从布洛克税务公司（H & R Block）跳槽到了固特异。轮胎公司是个满是男人的地方，莉莉是唯一一位上晚班的女经理。她并不在乎。她认为只要埋头苦干，她就能得到和其他人相同的待遇。

1998年的一个晚上，莉莉六点左右到了工厂。她径直上了楼，经理们的邮箱都在那儿。她的邮箱里有许多文件，其中还夹杂着一张被撕碎了的纸片。纸片上写有四个名字——只有名没有姓。其中一个是她的名字。另外三个是和她一起工作的区域经理，他们做的都是相同的工作。这四个经理管理着相同的团队，工作相同的时长，承担相同的职责，拥有相同的工作经验。莉莉是四人中唯一的女性。

他们的名字旁写着一些数字。莉莉一眼就认出了她名字旁的数字。那是她的工资：一个月3727美元。她看到了其他几个数字，立刻觉得很不舒服。其他经理每个月的工资从4286美元到5236美元不等。莉莉年薪44724美元。她的同事每年却要挣51432至62832美元。

莉莉的脸涨得通红。她抬头看了看周围有没有人在看她，然而似乎没人注意到了她。莉莉冲进女卫生间，瘫倒在沙发上。她直勾勾地盯着那张纸。她感觉到的不是愤怒，而是羞愧、弱小和屈辱。"我该怎么办？"她问自己，"我还能做些什么？"

她把纸片收进口袋里，装作若无其事的样子，但在整个上班期间，公司对她的重视程度远低于她的同事这件事一直折磨着她。她路遇另一位经理，这个男人和她做着同样的工作，收入却远胜于她。莉莉什么也没说，但心里隐隐作痛。

第五章　看不见的暗流

莉莉不愿把自己视作遭到歧视的受害者。在加兹登工厂工作的这些年,有人对她态度恶劣,但也有很多人对她很友善。例如,有那么几次她的主管没通知她团队晚上的工作任务,尽管她的同事都收到了工作表。她靠着私人关系解决了这一问题——她在调度部门的朋友会把工作安排发给她。当她与主管发生冲突时,她将原因归结为彼此缺乏化学反应。有个部门经理曾对她说:"妈的,莉莉,你的部门看起来像间妓院!"莉莉冷静地对该经理说:"这我可不懂。我从没进过妓院。"

还有一次,公司首脑们从阿克伦来加兹登视察,莉莉得知她的两个同事受邀下班后参加一个社交晚会,和首脑们碰面。她主动询问一名经理她该几点去参加晚会,却得知她不必出席。她焦躁不安地待在家里,但又无可奈何——她总不能不请自来地闯进晚会吧。

她收到了一些糟糕的业绩评估后,一名主管跟她说,只要她愿意"和他去酒店",她的业绩评估就会变好。莉莉投诉了这次性骚扰后,公司撤换了她的主管,但她觉得从那以后她在其他人眼中就成了一个好事者。他们开会不叫她,害得她难以完成分内的工作。而莉莉向来越挫越勇。她成长于古老的西部地区,那儿的牛仔虽遭人唾弃、为人辱骂却从容不迫,最终拨云见日。每当心灰意懒时,莉莉就告诉自己:"我是不会放弃的。"

尽管莉莉的态度坚定而乐观,但她仍不时怀疑自己挣得没有同事多。譬如,她听说有些同事每年的加班费是两万美元。莉莉的加班时长和其他人一样,挣的却没有这么多。在固特异工作十九年后,她收到的那张碎纸片是证实她的猜疑的首个切实证据。莉莉的排班比较复杂,两周为一个周期。再一次轮到她在工作日休假时，她驱车一小时往西去了伯明翰，到平等就业机会委员会（EEOC）投诉。平等就业机会委员会虽已积压了不少工作，但仍告诉她说她的案子证据确凿，建议找私人律师代理。

在随后的诉讼中，莉莉得知她每赚79美分，她的男同事就能赚1美元。白纸黑字写着的数字还只是他们的基本工资，不包括随之而来的其他连锁效应。她的工资决定了她能拿到多少加班费，决定了她能留出多少钱存入她的个人退休账户，也决定了她能缴多少社保。最终，这会影响她的养老金以及她所有其他来源的退休收入。莉莉算过如果她能得到公平的补偿，那她退休后的收入将是现在的两倍。

固特异公司在法庭上提出异议，出示了一些莉莉的业绩评估，评估结果都低于标准水平。公司辩称，莉莉的工资之所以低于她的同事，是因为她的工作表现不行。莉莉争辩道，就因为她是女性，所以才受到了不公正的评估。她指出，1996年固特异公司曾给她颁发过最高业绩奖。公司让一名经理出庭作证称，公司给了莉莉这样高度的评价，就是因为她的工资低于其他同事，好以此名正言顺地多付她一些钱。固特异表示，公司非但没有歧视莉莉，反而还在**偏袒**她，已经不顾她的工作表现给她加过薪了。

这个案子最终上呈到最高法院，该院驳回了莉莉的控诉，理由是她所指控的歧视发生在很久以前。最高法院裁定，法律的一个核心原则是人们应当及时提出控诉。首席大法官小约翰·罗伯茨公开表示，如果最高法院审理莉莉的指控，之后各级法院可能都会接到大量指控很早以前的歧视行径的案子。在莉莉首次向平等就业机会委员会提出投诉的前180天内，固特异公司只拒绝了她的两次加薪请求，最高法院裁定没有足够的证据表明公司的这

第五章 看不见的暗流

两次决定构成了歧视。莉莉指出了一个显而易见的事实：她之所以无法在早年的工作中提出控诉，是因为在她在邮箱里发现那张纸片之前，她都没有证据证明自己的工资比其他同事低。

性别问题是这一裁定中的暗流。法官塞缪尔·阿利托执笔了主要意见书，他不久前才取代了最高法院的首位女性法官桑德拉·戴·奥康纳。当时最高法院中唯一的女性法官露丝·巴德·金斯伯格与法官约翰·保罗·史蒂文斯、斯蒂芬·布雷耶、戴维·苏特意见相左。金斯伯格做出了一个不同寻常的举动，她在法官席上宣读了她个人的异议。"在我看来，"她说，"本庭对女性所遭受的薪酬歧视有多么隐晦狡诈，缺乏理解或无动于衷。"

金斯伯格很同情莉莉在固特异长期被埋没的遭遇。和莉莉一样，这位最高法院的大法官在她自己的职业生涯中，也曾受性别影响，多年寂寂无闻。像金斯伯格这个年纪的女性通常不会去念法学院，即便她们真的念了法律，通常也很难找到一份好的实习工作，薪水一般也不如男同事。在金斯伯格看来，莉莉在固特异工作近二十年，却迟迟未对她的工资待遇提出异议，并没什么好奇怪的。20世纪50年代，这位最高法院的大法官就读于哥伦比亚大学法学院时，学院里还没有女厕所。"如果想上厕所，你就得一路狂奔到另一栋有女厕所的大楼去。"她在谈论她对莉莉·莱德贝特案的看法时回忆说，"要是正在考试就更惨了。我们从未提出控诉，甚至从未想过要提出控诉。"

莉莉·莱德贝特始终不知道是谁把那张纸放进了她的邮箱里。她的案子——裁决的根据是她起诉的时间而非案件的实质——成了歧视法不正规，未能考虑到现实情况的一个典型例子。贝拉克·奥巴马总统签署的第一批法案中就包括 2009 年的《莉莉·莱德贝特公平酬劳法》(*Lilly Ledbetter Fair Pay Act of 2009*)，旨在为众多遭遇薪酬歧视的受害者提供一个公平的诉讼机会。新法允许依据案情本身，而不是依据法律细节来审理莉莉的控诉。

莉莉·莱德贝特被公众誉为正义的斗士。她还曾在就职舞会上与奥巴马总统共舞。她的问题虽没有得到经济补偿，但她得到了奥巴马用来签署《公平酬劳法》的那支笔。

就在莉莉·莱德贝特的案子被最高法院以超出时效为由驳回之际，美国举国上下都在关注 2008 年在希拉里·克林顿和贝拉克·奥巴马之间展开的民主党总统初选。这两位分别是历史上第一位女性总统候选人和第一位非裔总统候选人，他们均有很大概率赢得选举。克林顿早期一路领先，到了冬末却变得岌岌可危。在她奋力追赶奥巴马时，她的竞选团队和支持者反复争辩她这是受到了性别歧视。

在初选开始的几个月前，我为《华盛顿邮报》写了一篇专栏文章，论述性别歧视如何影响人们对女性领导人的看法。[1] 我谈到了由用户开放创建的在线百科全书维基百科上，出现了一种描述女性领导人的模式。玛格丽特·撒切尔被称为"阿提拉母鸡"。以色列首位女总理果尔达·梅厄被称为"内阁中唯一的男士"。印度首位女总理英迪拉·甘地被称为"老巫婆"。德国首位女总理安格拉·默克尔被称为"铁娘子"。为什么人们普遍认为女性领导人冷酷无情、姑息养奸，失去了她们身为女性关怀体贴的一面？传统的解释是政治是逞凶斗狠的游戏，能爬到高位的女性一

第五章 看不见的暗流

定都具备铁血手腕。但我发现这些女性在成为国家领导人之前，人们对她们的描述截然不同。默克尔曾被称为 das Mädchen——"小姑娘"。英迪拉·甘地曾被称为 gungi gudiya，意为"蠢娃娃"。"小姑娘"怎么就变成了"铁娘子"？"蠢娃娃"怎么就变成了"老巫婆"？

如果这些女性领导人有着钢铁般的意志、匈奴王阿提拉一样的做派，那么为何在她们手握大权**之前**会被贴上愚蠢的金发女郎的刻板标签呢？我在专栏里说，人们不仅对男性和女性有着无意识的刻板印象，还对领导的模样有无意识的刻板印象——在我们的头脑中，领导与力量、果决和男子气概息息相关。当女性出任领导角色时，我们对领导的无意识刻板印象会和我们对女性的无意识刻板印象相冲突。隐藏脑剥离了女性阴柔友善的一面，以调和这种冲突。我们的隐藏脑之所以赋予女性领导人冷酷无情、惹人厌恶的形象，无非就是因为她们是女性领导人。

这种观点获得了一项有趣的实验研究的支持。纽约大学的玛德琳·海尔曼（Madeline Heilman）曾做过一个实验，她向志愿者描述了一名经理。一些志愿者听闻："下属们普遍认为安德莉娅虽作风强硬，但性格外向、品貌兼优。众所周知，她注重嘉奖员工的个人贡献，并尽最大努力激发他们的创造力。"其余志愿者听到的是："下属们普遍认为詹姆斯虽作风强硬，但性格外向、品貌兼优。众所周知，他注重嘉奖员工的个人贡献，并尽最大努力激发他们的创造力。"两组志愿者听到的内容唯一的区别是，一些人听到的领导者名叫安德莉娅，另一些人听到的领导者则名叫詹姆斯。海尔曼让志愿者猜测安德莉娅和詹姆斯有多受欢迎。**四分之三**的志愿者认为詹姆斯比安德莉娅受欢迎。借由巧妙的实验设计，海尔曼明确了志愿者更喜欢哪位经理：五分之四的志愿者宁愿在詹姆斯手下工作。安德莉娅似是不那么讨人喜欢，因为她是名女性，还是个领导者。[2]

希拉里·克林顿的支持者有丰富的证据证明，他们的候选人遭到了性别歧视。有线电视新闻中充斥着赤裸裸的性别歧视。例如，保守派脱口秀主持人拉什·林堡（Rush Limbaugh）曾说："国人真的愿意看着一个女人一天天地在他们面前变老吗？"人们拿希拉里·克林顿和洛伦娜·博比特（Lorena Bobbitt，以切掉丈夫的生殖器而闻名）相提并论，说她一看就是那种"守在遗嘱认证法院外的发妻"。塔克·卡尔森（Tucker Carlson）在微软全国广播电视节目上说："每次在电视上看到她，我都会不由自主地并拢我的腿。"人们普遍认为希拉里不讨人喜欢、不值得信任。她遭受了数不清的性别嘲讽——例如，"给我熨衬衣吧"，还有永不过时的"婊子"。[3]

但克林顿是因为遭到性别歧视才在初选中落败于贝拉克·奥巴马的吗？她的数百万支持者，其中不乏男性，都认为这就是原因。但这种观点往往与人们的政治阵营有关。奥巴马的支持者（其中不乏女性）就不太可能将初选的结果归咎于性别歧视。（许多奥巴马的支持者指出，克林顿占了另一种偏见的**便宜**——她的一些支持者清楚地说过他们绝不会把票投给一个黑人男性。）许多政治顾问也认为，克林顿在竞选中犯了致命的政治错误。而克林顿实实在在地获得了 1800 万张选票，得票数超越 2008 年以前任何一位成功获选的民主党总统初选候选人。美国有线电视新闻网（CNN）的坎迪·克劳利（Candy Crowley）说，我们并不清楚"她之所以受到攻击，是因为她是一名女性，还是因为她是这

第五章 看不见的暗流

样的女性,抑或是因为她曾在很长一段时间里一路领先"。4

实验室实验可以从科学的角度证明无意识性别歧视的存在。我们知道在海尔曼的实验中,无意识的性别歧视致使实验志愿者喜欢经理詹姆斯胜于经理安德莉娅,因为随机分组的两组志愿者对两名经理有多受欢迎得出了迥异的结论。鉴于两组之间的不同只在于他们听到的经理的名字是叫安德莉娅还是詹姆斯,我们可以有把握地说实验结果是由这唯一的区别造成的。

现实生活中很难科学地证明偏见的存在,这或许就是为何许多人不相信性别歧视或其他形式的偏见依旧存在。很多人认为我们生活在一个"后种族主义"和"后性别主义"的世界,平等主义的观念已无处不在。事实上,如果你只听人们表面上的说辞,我们确实生活在一个没有偏见的世界,因为大多数人说自己不抱任何偏见。

我个人坚信莉莉·莱德贝特确实遭到了歧视,而不是一个只配拿那点薪资的平庸之辈,但要是你让我科学地证明我的观点,我也只能说没有确凿证据。第一次审理莉莉案的陪审团认定她受到了歧视。但司法结论与科学定论有很大的不同。我们并不清楚这些年来加兹登工厂里到底发生了些什么。我们不知道那位对莉莉出言不逊的经理,还有那位不让她与从阿克伦市远道而来的首脑们碰面的经理,他们之所以那么做是因为莉莉是女性还是因为别的什么原因。即便性别歧视普遍存在,那名无礼的经理平时也可能无论男女对谁都出言不逊。他当然依旧是个混蛋,但他侮辱莉莉是否**因为**她是女性就不得而知了。同样,莉莉也不是从没有加过薪。在她的加薪请求被拒绝的那些年里,我们不知道那是因为莉莉没有达到工作标准,还是因为性别歧视。性骚扰无疑恼人且违法，但性骚扰与莉莉所面临的工资差异之间的关系并不明朗。向莉莉求欢的那名主管可能只是一颗老鼠屎，并不能反映公司如何评估莉莉的工作表现以及她是否可以获得加薪。

听起来我好像在不遗余力地为固特异公司开脱，但我真正想解释的是，为何有那么多人振振有词地宣称，你心怀偏见才会觉得到处都是偏见。我凭直觉确信莉莉遭到了歧视，但我无法科学地证明这一点，因为我所看到的每一个结果，都存在多种可能的解释。歧视无疑可以解释工资差异，但我不得不承认莉莉也可能真的不如她的同事能干。

这种可能的确存在，但也有非常清楚的证据表明，女性与男性做着同样的工作却往往收入更低。全职男性每挣 1 美元，全职女性才挣 77 美分。[5] 许多人争辩说，这种差异是因为男性和女性选择从事的工作不同，工作时长不同，请假回去料理家事的时间可能也有所不同。但即便你把所有混杂的变量都考虑进去，那些从未请假回去顾家的全职女性与从事相同职业的男性的工资比也是 89 美分比 1 美元。[6] 虽然**有些**女性比男性工资低可能是因为她们能力有限，但若说女性**普遍**能力不如男性那是不可能的。

然而，问题是每次我们要衡量一个可能涉及歧视的情境时，我们面对的都是个案，而非普遍情况。法官可能会认为性别歧视确实存在，女性通常比男性更可能遇到难处，但这对每个个体所处的具体情境没有任何帮助。

如果我们想科学地解答这个问题，我们真正要知道的是假使莉莉·莱德贝特是男性，她会受到怎样的对待。主管还会把她的工作区域比作妓院吗？她还会得到业绩平平的评估，继而加不了薪吗？她的同事和工友会更乐于帮助她吗？倘使我们能将莉莉·莱德贝特变成男性,并将她送回1979年的加兹登工厂,我们立马就能获得无可争辩的证据,证明性别歧视存在或不存在。如果她获得了各种特权,如果她有机会接触网络和职业辅导,我们便从科学的角度知道了她在现实生活中没能获得这些东西就是因为她是女性。届时即便是最将信将疑之人也会想将固特异钉死在树上。

  对于希拉里·克林顿也是如此。我可以肯定地说,人们普遍将女性领导人看得更强势、更无情,更缺乏温情和爱心。不过尽管我们可以凭直觉感知到这类偏见在每个具体情境中所产生的影响,但却没有数据能确凿地告诉我们**某位特定的**女性候选人之所以落选,是因为性别歧视还是她确实有所欠缺。对于任何个例,我们都不可能区分我们究竟是准确地感知到了女性领导人的冷酷无情,还是无意识地将女性领导人与冷酷无情联系了起来,因为这两者在我们的头脑中产生的认知一模一样。女性领导人看起来冷酷无情,可能是拜我们的无意识偏见所赐,也可能是因为她确实如此。我们会在专门论述政治中的无意识偏见的那一章里看到,有意识的准确评估和无意识的偏见都能在我们的头脑中产生相同的认知,这就是无意识偏见大行其道,而且还会受到那些既得利益者的大肆煽动的主要原因。那些助长我们的无意识偏见的人会言之凿凿地告诉我们,我们的观点是仔细分析的产物,绝非偏见。

  无意识偏见如此狡诈而强大的原因在于,它可以在不知不觉中对选民产生影响。显性偏见——林堡和其他公然搞性别歧视的评论员——虽在民主党初选期间占据了头条,但决定竞选结果的可能是隐性偏见。公然的性别歧视最终的影响可能很小。数以百万的民主党人对林堡等厌女人士心生厌恶,他们公然歧视女性的言论甚至还可能**拉高**了克林顿的支持率。与此同时,无意识偏见却可能促使数百万选民反对克林顿,而他们的理由表面上与她的性别毫不相干。我们怎样才能用科学的方法确定是无意识偏见导致了希拉里·克林顿的落选呢?现实生活中可不会给我们提供对照组。就算希拉里·克林顿是个男人,也可能会落选。

希拉里·克林顿和莉莉·莱德贝特的例子表明,要想将针对偏见的科学研究应用于最重要的环境——个人生活——仍面临着普遍的挑战。当一名女性没能获得工作机会、加薪或什么美差时,当一名总统候选人落选或一名员工被炒鱿鱼时,公平正直的人无法确切说清这究竟是源于偏见还是源于其他因素。就连当事的老板、选民和受害者自己都说不清楚。实验和观察数据有力地告诉我们性别歧视确实存在,并且**可能**在一些个例中发挥了作用,但我们不得不承认任何具体情境都不可避免地会牵扯到其他因素。世上无疑也有弱势的女性政治候选人和能力不足的女性员工,将女性的每一次失败和降职都归咎于性别歧视同样大错特错。

在你看来,莉莉·莱德贝特和希拉里·克林顿的事可能显然是性别歧视所致。但这种论点无法得到科学的确证,我想这就是为何许多人认为所谓偏见无非是意见相左。个人观点和科学事实之间的区别很重要:志愿者认为女经理不如资历相当的男经理讨喜,海尔曼的这一数据是否有人认同根本无关紧要。科学证据的强大之处就在于,它能使个人观点变得无足轻重。科学事实不会因为我们相信而成立,也不会因为我们不相信而消失。

就现实生活而言,如果能让从事不同职业的女性以男性身份

第五章 看不见的暗流

过活,或是让从事不同职业的男性以女性身份过活,那将再具启发性不过了。若同一个人受到了不同的对待,我们便可以确信是性别歧视在作祟,因为唯一改变的就是个体的性别,而不是他或她的技艺、能力、学识、经历或兴趣。每个人都可以成为他们自己的对照组。

事实上,有些男性曾经是女性,有些女性也曾是男性。变性者让我们能够科学地将针对性别歧视的研究推及个人生活,因为无论是男变女还是女变男,个体的教育背景、专业知识和生活经历都没有变化。如果一名女性变成男性后,突然发现他拥有了各式各样微妙的特权,或是一名男性变成女性后,突然发现她的生活阻碍重重,我们就可以毫不迟疑且科学地宣称,性别歧视就是罪魁祸首。

有令人信服的经验证据表明,男性变成女性后,体验到了他们身为男性时不曾体验过的各式各样的弊端。她们的平均收入下降了。当女性变成男性后,他们发现自己拥有了各式各样的新特权。他们的平均收入上升了。女变男的变性者经常报告说他们职业生涯的各个方面都变得更顺风顺水了。男变女的变性者报告的内容则通常与之相反。

社会学家克里丝滕·希尔特(Kristen Schilt)追踪了这一现象。2003年至2005年,她追踪调查了南加州29名女变男的变性者的生活。[7]这些变性者是蓝领、白领、专业人士和零售推销员。年龄从20岁到48岁不等。他们之中有白人、黑人、拉美裔、亚裔和混血者。29人中有18人是公开的,意思是他们的同事知道他们曾经是女性。还有11人是"隐秘"的变性者。

绝大多数变性后的男性告诉希尔特,他们现在受到的待遇胜过他们身为女性时受到的待遇。一些人很享受他们新获得的特权，另一些人则觉得不适。

一名从事蓝领工作的39岁白人变性男子告诉希尔特："我发誓他们纵容男人过得太轻松了！那些懒惰的混蛋过得无比逍遥，而兢兢业业的女性却无人关注。……我现在切身体会到了这一点。这就是为何我觉得我变性后反而成了更坚定的女性主义者。我的经历让我非常清楚地意识到了这其中的差别。"8

卡尔是一名34岁的"隐秘"变性者，他跟希尔特说起了他变性后就职的五金店的情况："女孩要么拿不到叉车执照，要么要很久才能拿到。她们也挣不到那么多钱。太可悲了。如果我只是个普通人，我永远看不到这一点。我没办法看到。"9

一名拉美裔变性律师告诉希尔特，另一家律师事务所的一名律师称赞他的老板炒掉了之前那个不称职的女性，重新雇用了一名"讨人喜欢"的新律师。那家事务所的律师并不知道他所说的不称职的女性和这名"讨人喜欢"的新律师就是同一个人。

一名女变男的变性者对希尔特说，他变性后依旧做着同样的工作，但他的工作突然变得容易多了。他回忆说，变性以前，每当他需要帮助时，总是得知工作人员和货车都没空。"我真觉得我好像在一天天地彻底变成男性。[我会直接说]'我需要这个，想要那个'，然后——"他打了一个响指，"我无须去争就能获得一切。"10

在另一项研究中，希尔特和马修·威斯沃尔（Matthew Wiswall）分析了43名志愿者从男性变成女性或从女性变成男性后的工资收入。11希尔特和威斯沃尔发现，男性变成女性后报告她们的收入减少了12%，女性变成男性后则报告收入增加了

第五章 看不见的暗流

7.5%。

"虽然变性者变性后的人力资本没变,但他们的职场经历往往会发生翻天覆地的变化。"希尔特和威斯沃尔在发表于《经济分析与政策杂志》(*The B. E. Journal of Economic Analysis & Policy*)上的一篇论文中写道:"我们估计女变男的变性工作者在变性后平均收入会略有提升,而男变女的变性工作者的平均收入则会下降近三分之一。这一发现符合许多男变女的工作者在变成女性后往往会丧失权力、引来骚扰和解雇,而女变男的工作者在变成男性后往往能获得更多尊重和权力的定性证据。这些发现……说明了造成性别不平等的过程通常隐秘而微妙。"[12]

我将讲述这种变化在两个人生活中的体现,但我想首先澄清一两件事。变性者确实能有力地揭示一些性别歧视,但他们在其他方面也是受害者。他们中许多人遭遇过人们的打量、怀疑和敌意,其中还夹杂着对同性恋的恐惧。有两名变性者愿意公开和我谈论他们的经历,因为他们都深切地关注着性别歧视对美国社会的残害。在讲述他们的故事之前,我想先向他们的勇气致敬——也送上我的谢意。

琼・拉夫加登(Joan Roughgarden)和本・巴瑞斯(Ben Barres)是斯坦福大学的生物学家。两人都是美国顶尖学术机构的研究人员,也都是终身教授。两人都变过性。斯坦福一直是这些科学家温暖的家园。如果你要在美国变性,很难想象还有什么地方能比帕洛阿托和旧金山湾区更包容。还有件事也应该提一下,我是斯坦福大学新闻专业的硕士毕业生——我对母校怀有温馨的记忆和崇高的敬意。

隐藏的大脑

本·巴瑞斯50岁才变成男人。在她的前半生中，芭芭拉·巴瑞斯（Barbara Barres）大部分时候没有意识到性别歧视的问题。她听着格洛丽亚·斯泰纳姆（Gloria Steinem）和其他女性主义者大谈歧视问题，纳闷"她们这是怎么了？"。她不是社会活动家，一心只想当个科学家。她是个优等生，高中时还是数学社的社长。学校的指导老师建议她把目标定得低一点，不要瞄准麻省理工，芭芭拉没听他的，报考了麻省理工，并于1972年被录取。

在麻省理工学院一节特别艰深的数学研讨课上，一位教授分发了一份包含五道数学题的小测试。他于上午九点发放了测试，学生们须得在午夜之前提交答卷。前四个问题都很简单，芭芭拉很快就解开了。但第五题很棘手，需要编写一个计算机程序，解题方法是由这个程序生成部分答案，然后以递归的方式循环至初始值。

"我记得教授把试卷重新发下来时，他说卷面有五道题，但没有人解开了第五题，所以他只计前四题的分数。"本回忆说，"我得了A。我去找教授，跟他说：'我解开了第五题。'他看着我，眼神轻蔑，说：'你一定是让你男朋友帮你解开的。'对我来说，我当时觉得最难以置信的事是我非常愤慨。我扭头走了。不知道该说些什么。他无疑是在指责我作弊。我愤怒不已。多年以来，我都没有意识到那就是性别歧视。"

大二那年，芭芭拉想找一个实验室，去那儿真正地跟着一名专家教授求学，却发现阻碍重重。她成绩优异，但顶尖的实验室都不愿意要她。一名女教授同意接纳她，但芭芭拉认为那个实验室只是二流。学术界也和其他许多行业一样，找到一名优秀的导师是颇为重大的第一步，能影响一个人往后的职业生涯。

第五章　看不见的暗流

芭芭拉从麻省理工毕业时，差不多已经决定要成为一名神经科学家了。她决定去达特茅斯学院的医学院。医学院里的性别问题比麻省理工还更有过之，当芭芭拉想谈谈她的职业兴趣时，一名教授让她去跟自己的妻子说。还有一名解剖学教授在课堂上展示了一张女性的裸体海报。芭芭拉以实习生的身份在医院任职的第一年，便和住院总医师发生了冲突。"你必须学着做脊椎穿刺或缝线，但有时只有一个人能上手。我就发现每次有个男性住院医师在选人时，总选男性来做这个手术。我不得不经常说：'上次就是他做的，这次该我了。'"

但当芭芭拉变成本之后，便发生了许多或大或小的变化。

本有次在马萨诸塞州剑桥市著名的怀海德研究所（Whitehead Institute）发表演讲。他的一个朋友转述了一名听众的评价，这个听众并不知道本·巴瑞斯就是芭芭拉·巴瑞斯："本·巴瑞斯今天的演讲报告很精彩，而且他的研究比他姊妹的研究优秀多了。"

本还发现在日常生活中他受到的待遇也大不一样。"走进商店时，我发现有更多人招呼我了。他们上前来，对我说：'您好，先生？有什么能为您效劳的吗，先生？'我无数次地感觉到，**人们更重视我了。**"

哈佛前校长拉里·萨默斯（Larry Summers，后成为奥巴马总统的首席经济顾问）提出在顶尖的科学领域女教授之所以人数较少，是不是因为男女之间的先天差异。他的这一思考引发了一场风暴，本为此在《自然》杂志上发表了一篇悲痛的文章[13]。他质问，能够解释男女在最顶尖的科学领域内的巨大差异的，究竟是先天差异还是从小学贯穿到研究所的隐秘偏见。"说到偏见，我们似乎无比愿意信任英才制度，以至于在亲身经历过足以重创职业生涯的偏见之前，没人相信它真的存在。……迄今为止，我所注意到的最主要的区别在于，那些不知道我变过性的人会更尊重我：我甚至可以在不被男性打断的情况下，说完一句整话。"

琼·拉夫加登1972年进入斯坦福大学，近四分之一个世纪后，她才于1998年从男性变成了女性。这位年轻的生物学家初到斯坦福时，今后的道路仿佛就已经被铺平了，拉夫加登所要做的无非是沿着这条路走下去，其他人对这位年轻的生物学家所寄予的厚望自会助他马到成功。

"我进入斯坦福工作，显然就像置身一条传送带上。"拉夫加登在一次采访中对我说，"这条职业之路就是专为年轻男性设计的。如无意外，人们会默认你很有能力。你一说话，人们就会停下来倾听。你可以说得言之凿凿，又不必为此负责。人们会把你看作一个人物。你可以使用男性的措辞、男性的声调，明确地表达自己，大胆断言。你有权提出问题。"

位于帕西菲克格罗夫的霍普金斯海洋研究站（Hopkins Marine Station）是斯坦福大学的一个前哨基地，距离学校约90英里。拉夫加登在那儿提出有个描述海洋生物生命周期的著名理论是错的，引发了科学界的不满。之前的研究表明潮汐池参与了某些幼体的输送，拉夫加登重新建构了这个问题，并表明面积更大的海域在此发挥了重要作用。这一新理论遭到了严厉的批判，但人们都很重视拉夫加登的观点。很快，拉夫加登就成了终身教授，成了一名备受尊敬的科学家和作家。

和本·巴瑞斯一样，拉夫加登也是在人生的中后程才变性成

第五章 看不见的暗流

了琼。斯坦福对此持包容态度,但琼很快就开始感觉到人们不再那么看重她的观点。例如,2006年,琼提出另一个著名的科学理论——查尔斯·达尔文的性选择论——是错的。撇开其他方面不谈,该理论认为男性和女性之间永远存在生殖冲突。男性倾向于滥交,因为尽可能广泛地传播他们的基因对他们来说是有利的,而女性则倾向于一夫一妻制,因为这样她们可以少生几个孩子。即便有男性和女性得以从这场"性关系之战"中脱身,那也只是暂时休战而已。例如,一夫一妻制中的丈夫会为了伴侣提供给他的一些特殊价值——比如美貌或年轻——而"摒弃"他的自然倾向。该理论本质上认为,相互冲突的目标是所有男女关系的基础——甚至声称可以"解释"男性为何会强奸女性。利用博弈论思想,琼在著名的《科学》杂志上发表了一篇评论文章,解释了她为什么认为这个理论有误。[14] 文中部分内容引自她于2004年出版的《进化的彩虹》(*Evolution's Rainbow*)一书,她在书中详细描绘了动物界中盛行的千姿百态的性行为。琼认为,单从生殖的角度来思考性是有问题的。性还与结盟、交易、合作、社会规范和贪欢有关。[15]

琼在她2006年的论文里列举了一种名为蛎鹬的涉禽的例子。她特别观察了那种有一雄两雌三只鸟的鸟巢。在这类家庭中,有些雌性相互之间争斗得很激烈,而还有一些家庭里的雌性相互之间的交配次数,几乎与和雄性的交配次数相当。与雌性相互争斗的鸟巢相比,雌性之间有性结合的鸟巢产下的后代的存活率更高,因为彼此协作的鸟巢可以利用三只鸟的资源来保护后代免受捕食者的攻击。雌性之间的性行为并不能产生后代,但对后代的存活率有着很大的影响。

达尔文的性选择理论认为，是男女之间的利益冲突导致了各式各样的性行为，而琼的"社会选择"理论则提出了一个不同的观点：蛎鹬之间的冲突或许就和人类伴侣之间的冲突一样，它们不是亲密关系的起点，而是一个不幸的结果。琼认为，自然界的基础是合作，不是冲突。"生殖的社会行为和有性生殖都属于合作。两性冲突源于协商未果。在达尔文的性选择论中，两性冲突是天生的，由此衍生出合作，而在社会选择论中，两性合作是天生的，由此衍生出冲突。"

琼对我说，她的理论依旧触怒了科学界。但这次的反响与她以前提出关于潮汐池和海洋生物的理论时很是不同，只有为数不多的几个科学家愿意和她探讨。在洛约拉大学的一个研讨会上，有位科学家"情绪失控"，大声叫嚣她不负责任。"我以前从未有过这样的经历，有人试图用躯体恐吓和胁迫的方式逼我就范。"她在比较变成女性前后，她的研究所收获的反响时对我说，"我当时真觉得他会冲过来打我。"

琼跟我说，在美国生态学会（ESA）于明尼阿波里斯召开的一次会议上，一位赫赫有名的专家在她发完言后，跳上讲台，声嘶力竭地朝她大吼大叫。"如果他直接动手打我，我铁定会还手。但如果一个牛高马大的男人冲你大吼大叫，你只会觉得口干舌燥无力反驳。……每隔一两个月就有男性冲我大吼大叫，想靠强力逼我放弃。"

"我还在从事海洋生物研究时，他们从未试图用强力威胁我，说什么'你没有读完所有文献'。"她对我说，"他们不会默认自己更聪明。而现在这批反对者都认为自己更聪明。"

琼愿意承认她的理论可能有误，毕竟，这就是科学的本质。

第五章 看不见的暗流

但她想要的是有人能**证明**她的错误,而不是轻视她。做出违反直觉的大胆论断,恰是促进科学进步的途径。许多大胆的想法都是错的,但要是没有这样的想法不时冒出来,或是不认真探讨这些想法,就不会有所进步。变性后,琼说她觉得自己失去了"犯错的权利"。

"我们仿佛置身一片森林,男性就是林子里的树,我们能做的就是给树根浇水,让树木长得郁郁葱葱,而绝不能挪走这些树。"她说,"我们可以生活在森林的荫庇之下,沐浴透过树冠洒落的阳光。男性没有想过女性也可以提出问题,也有权以不同的方式阐释问题。"

琼告诉我她曾是斯坦福大学评议会的一员,而现在她不再隶属任何大学或院系委员会。她说她以前能够获得大学内部的研究基金,但现在几乎不可能了。在变性之前,她的薪水高于斯坦福的平均薪资。但自变性以来,她在一封邮件里写道:"我的研究和我带学生的水平如今都处于我职业生涯的巅峰,我们虽常引发争议,但在国际上仍很有影响力。尽管如此,我的薪水却下降了,成了人文与科学学院正教授中垫底的那10%。"

我询问了她变性前后的人际互动。"总有人打断你说话,你无法博得别人的注意,最重要的是你不能提出问题。"她对我说,然后略显惆怅地拿自己和本·巴瑞斯做比较,"本跻身舞台中心,而我不得不退居边缘。"

我想再跟你讲一个故事,一个我自己的故事。表面上看,这个故事无关隐藏脑、偏见或性别歧视。但请先听我说完。这个故事从意想不到的角度解构了本·巴瑞斯、琼·拉夫加登和希尔特的志愿者们为我们描绘的那幅奇怪的图景。

这一章我写了没多久,就和家人一起出去度假了。对我来说,我们的目的地(墨西哥的一座小岛,穆赫雷斯岛)的亮点在于那儿是西南海岸最佳的浮潜点。我到达浮潜点时,正值中午。海水平静而温暖,十二月的阳光灿烂无比。不远处的珊瑚礁在近日的一场风暴中受了损,但正在日益恢复生机。在一个小海湾的南端,当地政府为保护珊瑚礁的生长,用系着浮标的绳子封锁了这一带的珊瑚礁,以免游泳的人靠近。封锁起来的区域距离我的躺椅大约250英尺。绳子和浮标围绕着一面坚实的岩壁,一直延伸到看不见的地方。

我对水有种复杂的情结。我成年后才学会游泳。在我20多岁时,我对水有种莫名的恐惧,如果你小时候学过游泳就不会有这种恐惧。水带给我的乐趣很大程度上在于,一遍又一遍地向自己证明我已经克服了我最致命的恐惧。我游泳游得很好,但我知道我的恐惧并没有完全消失。如果在水中出了状况,我很容易慌张。

潜了好几次水后,我决定最后再游一圈泳——绕着海湾游一圈。我觉得很高兴、很美妙、状态很好,海面也风平浪静。我猜想最佳的浮潜点应该就在岩壁边缘,距我250英尺远。周围没有任何提示可能有危险的警告标志。而我肚子里还装着一顿丰盛的午餐,我觉得我可以轻松绕着海湾游一圈再回来。我一度想过穿上救生衣和脚蹼,但最终决定作罢。救生衣会拖慢我的速度,脚蹼不便于在浅礁浮潜时自由行动。

在我跳进水里朝着海湾彼端游去的那一刻,我感到不穿救生衣和脚蹼是正确的决定。我觉得体力充沛,状态很好。我那天已

第五章　看不见的暗流

经游了很久了，我都惊讶于自己还能在水中游得如此顺畅。这一趟不过小菜一碟，按我当时的感觉，我认为自己可以很轻松地沿着海湾边缘游一圈。我按照计划朝着岩壁游去。我想象着从岸上的躺椅上望过来，应该能看到我的身影正逐渐消失在岩石之后。

我绕着海湾游动时，水突然变凉了。这令人感觉很舒服。我一直游在距离浮标绳 10～15 英尺远的位置。我从绳子这一侧也就是海洋这侧看去，能看到保护区内的珊瑚礁在重新生长。此时水已经有二三十英尺深了。这里的珊瑚礁和鱼群无不比核心浮潜区那儿的更可爱、更多样。其他游泳的人都待在核心区域。这片水域只有我一人，也没人看得到我。感觉很美妙，仿佛整片珊瑚都是我的。

我的四肢感觉比之前更有力量了。每次打腿都能游出好几英尺远，我的泳技比我想的还好。我放慢了划水的速度，感受清凉的海水牵引着我的身躯。我姿态优雅。通过不断地训练，不知不觉中我已经成了一名游泳健将。我很自豪。

以前来的时候，我去过南边的一个休闲公园，那儿有很不错的浮潜点，我想在折身回去之前再去那儿看看。但绕过岩壁后游了十分钟左右，我从水中抬起头来，目之所及唯有灰色的海面。"行了，"我告诉自己，"该回去了。"

我就此折身，开始往回游。一片特别可爱的珊瑚就在我的正下方。但当我一边盯着它一边往前游时，那片珊瑚却动也没动一下。我一次次地打腿，却好像是在原地游泳，被无形的胶水黏在了同一个地方。我那沉睡已久的对水的恐惧，睁开了一只可怕的眼睛。

我幡然醒悟，我游过来时的那些优雅和娴熟，根本就不是什么优雅和娴熟。我只是一直乘着一股暗流。而回去时我必须逆流而行。珊瑚看起来不再美丽。海水看起来深极了。岸上没有人能看到我。我当初为什么不穿救生衣？还不穿脚蹼，简直就是疯了。我打腿划手，再打腿再划手。我比之前游得辛苦多了，但每次划水前进的不是几英尺，而是只有短短几英寸而已。我听到自己的呼吸很吃力，就像一对巨大的风箱在大海的喧嚣中呼啸。

我思忖着是否要掉头折返，顺着这股暗流游，但愿能抵达我之前来的时候见过的那片休闲区，然后将自己拽上岸。但我不确定那片休闲区还在不在。没准那儿已经关闭了——就因为这危险的暗流。如果那片休闲区不在了，想必我很快就会发现我的泳技已经不足以支撑我游回去了。东面和西面过来的暗流在这座岛的最南端展开着激烈的搏斗。专家们常说，对抗暗流最好的方法就是游出去，绕过它。对我来说，那意味着要游向大海，这个念头令我恐惧不已。我只能原路返回。

我满脑子想的都是我做的事有多么疯狂。浮潜区没有救生员，没有船只。没有人能看见我。我和许多城市职场人一样过着那种久坐不动的生活，我的运动经历主要就是在周末逗逗英雄。是什么让我觉得在消耗了那么多精力之后，我还有余力游这么远？

返回海湾的路程还未过半，我就已经觉得我游不动了。我被暗流冲得筋疲力尽。我所能做的只是遏制住恐慌，继续划手、打腿、换气。我担心我可能会抽筋。我一遍又一遍地问自己，我怎么会没意识到暗流呢，直到我折身返回，不得不与之对抗时才发现它。

我不知道是什么样的力量支撑着我原路折返。也许是我刚满

第五章 看不见的暗流

两岁的女儿在岸上等着我的模样。当我终于返回陆地上时，我已经处在崩溃的边缘了。我死里逃生。

也许你已经知道我为何要讲述这个故事了。无意识偏见对我们日常生活的影响，就像那天那股暗流将我带出了那么远一样。当暗流对我们有帮助时，一如琼·拉夫加登初到斯坦福时那样，我们总是意识不到它。我们从不认为是暗流在载着我们飞驰；我们认为是自己的功劳，是自己的天赋，是自己的能力。我那天完全相信是我自己的泳技让我游得那么快。即便我明知我的泳技不过尔尔，明知我应该穿上救生衣和脚蹼也无济于事。游过去的路上，我从没想过要心怀谦逊。唯有在我折返的那一刻，在我不得不对抗暗流的那一刻，我才意识到暗流的存在。

我们的大脑很擅长为我们看到的结果提供解释。乘着暗流游泳的人不会将自己的成功归功于暗流，因为暗流会让人由衷地觉得，他们的成就全是自己的功劳。这种解释在一定程度上也没错——生活中表现出色的那些人通常都有天赋和才能。如果我们通过肮脏的手段取得了成功，我们自会知道我们有今天是因为我们作了弊。这就是显性偏见。但要是我们通过无意识的特权取得成功，就不会有作弊的感觉。而且未能意识到它的人，不只是那些顺流而行的人。那些一生都在与暗流做斗争的人，也经常对结果做出错误的解释。他们在落后时，责备自己，认为自己没有天赋。就像有些人的成功总有合理的解释一样，有些人的失败也总有合理的解释。你永远可以将失败归咎于缺乏毅力、远见和能力。这就好像一则禅宗的机锋：如果你从未改变方向，又如何得知暗流的存在？

我们大多数人——男性**和**女性——永远不会有意识地体会到

无处不在的性别歧视之暗流。那些顺流而行的人永远觉得自己擅长游泳，那些逆流而行的人则可能永远意识不到他们其实比自己想象的更擅长游泳。我们可能会有所怀疑，但我们无法确定，因为大多数男性不会经历女性的生活，而大多数女性也不会知道身为男性是种什么样的体验。只有变性者才有机会幡然醒悟，他们可能突然对上一股他们从不确定是否真的存在的暗流，或是突然受到了一股比自身更强大的力量的承托，从而觉得如释重负。变过性的男男女女，他们的内心深处会体验到我们其余人体验不到的东西。他们亲身感受到了暗流的**不公**。

"我和以前没什么两样，所以表面上来看，我本应该能像过去一样，拥有重构问题或将我深思熟虑后的意见摆到台面上来的权力。"琼·拉夫加登对我说，"而且在我看来，经历了这一切，反而使得我的研究变得前所未有地出色。"

第六章

塞壬的呼唤

灾难和从众诱惑

我们已经见识了无意识偏见会如何影响一些简单的决定，例如是否要给一名服务员额外的小费，是否要购买一支代码复杂的股票。我们已经见识了隐藏脑对职场和幼儿心理的影响。本书余下的章节每章都聚焦于一个重要问题，并检视无意识偏见对该领域的影响。接下来的章节会探讨自杀式恐怖分子的习惯性偏见、无意识的种族主义在死刑判决和总统选举中发挥的作用，以及偏见对道德抉择的影响。本章主要论述隐藏脑在灾难中发挥的作用。

建筑师在设计底特律的百丽岛大桥时并未考虑到要做什么心理学实验。但几年前八月的一个夜晚，这座桥成了研究人性的实验室。置身桥上从某些方面来看，就好比置身电梯或客机里。这种经历我们司空见惯，几乎不会视之为什么像样的经历。可一旦出事，桥会乍然变样：变成一个充斥着大量人群而彼此又全然陌生的有限空间。

百丽岛大桥桥身共有 19 个悬臂梁拱，横跨 2356 英尺。桥上的双向四车道连通着底特律及其最受欢迎的公共公园百丽岛。在车流下方 30 英尺的位置，底特律河正湍急地朝着伊利湖流去。在晴朗而不堵车的日子里，一辆时速 35 英里的车子 45 秒就能通过大桥。但在夏夜里却不可能达到这样的速度，桥上的双向交通都堵得死死的。成百上千的车辆堵作一团，前车的保险杠离后车不过几英寸。虽然大多数人不会这样想，但事实上从上桥的那一刻直至下桥的那一刻，他们都处于被围困的状态中。

1995 年 8 月第三个周五的晚上，是个很典型的夏夜。数不清的年轻人从底特律跨桥去百丽岛。车辆在岛上的狭长地带缓慢行驶。人们摇下车窗徐行，相互观察与被观察。车里流淌出喧哗的音乐。已经很晚了。午夜来了又去。人群中，一个 33 岁的女人吸了一口大麻。[1] 德莱莎·沃德（Deletha Word）高 4 英尺 11 英寸，重 115 磅①，身边带着一条狗。德莱莎正和她当晚在百丽岛上结识的一个人聊天。他们在说些什么？也许只是日常生活的细枝末节罢了。德莱莎的家里人都叫她丽莎（Lisa），她在一家超市打工。她还在攻读市场营销的学位，毕业后希望能进军时尚界。她有一个 13 岁的女儿。

夜幕中出现了一名年轻男子。一名追求者。马特尔·韦尔奇（Martell Welch）身高 6 英尺 1 英寸，体重接近 300 磅，高中时曾是橄榄球运动员。德莱莎的熟人之后回忆说，娇小的德莱莎

---

① 1 磅约合 0.45 千克。——译者注

第六章 塞壬的呼唤

对他毫无兴趣。但这个19岁的小伙子不依不饶。他伸手抚摸德莱莎。她向后躲闪。马特尔往前逼近，口出狂言。他变得越发不快、越发令人害怕，德莱莎能想到的脱身之法只有一个。她跳上自己的旅行车，绝尘而去——匆忙之间，连狗都忘了带走。她朝大桥驶去。此时，她已方寸大乱。她从后视镜里看到，那个大块头也跳上了自己的车，在后面追赶她。德莱莎踩下油门，不顾一切地希望在驶入桥上的拥挤路段之前，和身后追赶她的人拉开一段距离。

那天晚上，23岁的蒂芙尼·亚历山大（Tiffany Alexander）去朋友家参加了一个小型聚会。八月的底特律又热又闷，有人提议开车出去兜兜风。蒂芙尼抓起自己的手机，爬进了一辆通用吉米（GMC Jimmy）的后座。车里还有两名男子和另一名女子。这群好友开车去了百丽岛，环岛兜风。他们行驶了大约四分之三的路程后，坐在驾驶座后排的蒂芙尼从余光中看到了这样一幕。一辆普利茅斯礼兰（Plymouth Reliant）旅行车飞驰而过。车速很快，可能是每小时25英里的限速的两倍。不一会儿，还有一辆车也呼啸而过。那是辆雪佛兰蒙特卡罗。

蒂芙尼和她的朋友行抵大桥时，这场飞车追逐已落下帷幕。德莱莎和马特尔被桥上的车流挡住了去路，马特尔追上了德莱莎，紧挨着她的后保险杠停了下来。德莱莎慌张之下把旅行车挂在了倒挡上，撞上了后面的蒙特卡罗。一声刺耳的撞击声随之响起。德莱莎还没来得及动弹，马特尔便跳下车来，冲向旅行车。马特尔的车里还有另外三个年轻小伙，也一并下了车。蒂芙尼乘坐的SUV停在两辆被堵得动弹不得的车辆旁边，她看到一个高大的男子将手伸进普利茅斯的车窗，一把抓住了一个娇小的女子。马特尔把德莱莎从座位上拽了起来,往外拖。她的半个身子都被拖出了车窗外,他蜷起手指捏紧拳头,殴打她。马特尔将她按在窗框上,像气锤一样猛锤她。见此暴力场面,蒂芙尼不由自主地瘫倒在座位上。她看不到德莱莎的脸,但清楚地看到了马特尔。德莱莎的身体半悬在车窗外。一拳!……一拳!……又一拳!……年轻女子的身体被打得簌簌发抖——蒂芙尼不敢相信这一切就发生在众目睽睽之下。蒂芙尼的车缓缓驶离了现场。蒂芙尼和她的朋友穿过拥挤的大桥,又驶出了半英里远,一路上他们都在谈论刚才的那起争执。究竟是什么事要这样暴力相向?那女子最后会怎样?蒂芙尼吓坏了。她很担心那名女子。但她从没想过用手机报警。毕竟,当时有数十人在场——肯定会有人出手干涉。

排在蒂芙尼后面的车辆围着那辆旅行车和蒙特卡罗停了下来。[2] 旁观者围得里三层外三层,无不又惊又惧。马特尔仍未罢手。他的三个朋友——还有目瞪口呆的人群——都只是看着,没有设法阻止他。21岁的莱胡安·琼斯(Lehjuan Jones)看到这名橄榄球运动员将女子从车里拖出来,脱掉她的裤子,发誓要杀了她。在蒙特卡罗后方三个车身的位置,一名40岁的底特律公交司机哈维·梅伯里(Harvey Mayberry)看见一名年轻男子抓着一名年轻女子在桥上拖行。另一位旁观者,23岁的迈克尔·桑福德(Michael Sandford),看到马特尔死死攥住德莱莎的头发。马特尔把她像一个布娃娃一样翻来转去,女子不停挣扎,手脚乱挥乱舞。德莱莎想要找到什么可以抓握的东西。公交司机哈维·梅伯里看到马特尔一边叫嚣着刚才的小磕碰给他的车造成了损伤,一边将德莱莎的头重重地砸在他的车子的引擎盖上。德莱莎满脸

第六章 塞壬的呼唤

是血。人们张大嘴,呆看着。哈维·梅伯里动弹不得——他害怕的不仅是马特尔,还有和马特尔一伙的那三个小伙子。偶然撞见这一幕的码头工人雷蒙特·麦戈尔(Raymont McGore)也一动不能动。但凡能有一个人站出来帮助德莱莎,这名码头工人便觉得他可能也会出手。但围观人群不断增多,却没有任何人采取行动。马特尔将德莱莎高举到空中,问有没有人要这赤身裸体的女人。

"有人想要这婊子吗?"他大吼道,"她得卖身赔我的车。"

马特尔将德莱莎扔在桥上,踹了她一脚。她躺在地上,孤立无援,众人呆若木鸡。马特尔抄起一根撬胎棍,开始打砸德莱莎的旅行车,他的朋友也上来帮他破坏她的车。德莱莎只想逃跑。她一路跌跌撞撞,经过停下来的车辆和瞠目结舌的乘客,摇摇晃晃地走到了桥的另一端。数十人眼睁睁地看着她离开,这女人走路晕头转向,显然刚刚遭受过严重的殴打。没有人出手干预。

与此同时,蒂芙尼·亚历山大和她的三个朋友驶出大桥半英里后碰到了一辆巡逻警车。他们停下车,询问是否有人为刚才的事件报了警。警察告诉他们方才已经接到报警,警方会派人出警。这几个好友决定开车回去,亲眼确认一下。桥上往回走的路也很拥堵。蒂芙尼的车缓慢行驶着。紧接着,就在前面右手边,在隔开人行道和车道的混凝土防撞栏的外侧,蒂芙尼看到了一个身影沿着桥边踽踽独行。据估计,从袭击开始到现在已经过去近半小时了。蒂芙尼离德莱莎·沃德很近,看清了她是个棕色皮肤的女人,头发歪斜着。蒂芙尼和她的朋友并没有下车。德莱莎走得举步维艰。调查人员后来根据德莱莎留下的血迹判断,她从车祸现场一直走出了 170 英尺远。当德莱莎走到蒂芙尼的 SUV 所在的位置时,她回头看了看。就像恐怖电影中的一幕:马特尔又来追她了。这次他还擎着撬胎棍。由于无路可逃,周围又全是目瞪口呆仿佛被冻在了车里似的目击者,德莱莎做了她唯一能做的事。她爬上了大桥外围的栏杆。大约有40~100人看到了这一切:一个形单影只的女人,无助而恐惧,紧紧抓住栏杆,危险地悬在空中,30英尺之下就是汹涌的底特律河。蒂芙尼的心都提到嗓子眼了。但没有一个旁观者伸出援手。

"你那样是跑不掉的。"马特尔讥讽道。他朝德莱莎逼近了一步。他举起撬胎棍。他离她只有短短6英尺了。

德莱莎看了看马特尔和目瞪口呆的人群。她身下幽暗的河水非常骇人,她不会游泳。但在湍急的河水和桥上冷漠的陌生人之间,她甘愿冒险一试,哪怕会被淹死。她松开栏杆,从人们的视野中垂直跌落。人群发出一阵惊呼。不到一秒半的时间她便坠入水中。水流瞬息之间便将她吞没。她在恐惧中挣扎了多久?可能是几分钟,也可能更久。第二天,人们发现她溺水而亡的尸首时,她已经在水里浸泡了九个小时。尸体少了一条腿。在下游10英里处,有艘船的螺旋桨从臀部截断了德莱莎的右腿。

在随后的几天内,人们对这一事件的愤慨愈发强烈。事实证明,蒂芙尼·亚历山大不是唯一一个没能及时用手机报警的人。这起事件持续了30分钟,有数十个目击者,却几乎无人报警。当德莱莎从桥上一跃而下时,警方还距离现场很远。马特尔当晚甚至还顺利地回了家。第二天,警探在他所在的街道上发现了一辆后视镜上挂着冰球面罩的雪佛兰蒙特卡罗——与一名目击者的报告相符,他这才落网。检察官将蒙特卡罗引擎盖上的血迹与德莱莎·沃德的血样做了对比,结果吻合。因为人们无法理解

第六章 塞壬的呼唤

这么多旁观者怎么会眼睁睁地看着自己的同胞被残害致死而无动于衷,故事很快被传得添油加醋。据说围观的人还怂恿了马特尔,嘲笑了德莱莎的狼狈。像蒂芙尼·亚历山大和哈维·梅伯里这样的底特律人被说成铁石心肠之辈。《得梅因纪事报》的专栏作家唐纳德·考尔(Donald Kaul)痛骂整座城市:"底特律人都疯了。"批判之声从遥远的欧洲和亚洲齐齐涌来。警方难以找到愿意出庭指证马特尔的人,因为但凡有人站出来,立马就会被人问到那个明摆着的问题:你当时怎么不做点什么?

事情过去多年后,蒂芙尼·亚历山大仍在问自己同样的问题。她不是唯一这么做的人。为什么哈维·梅伯里、莱胡安·琼斯、雷蒙特·麦戈尔和迈克尔·桑福德都没有站出来对抗马特尔·韦尔奇,明明他们每个人心里都认为这样做才是对的?难道当晚每个在桥上的人都是无情的懦夫吗?当被问及这个问题时,每个人都给出了一个他们没有采取行动的理由。"我是个女人,对方是个牛高马大的男人,我无能为力。"亚历山大说,但她知道这不是真正的理由。即便人们不敢挺身而出,立马打电话报警也不行吗?即便人们不敢单枪匹马地出手干预,那他们总可以集众人之力共抗马特尔吧?

德莱莎·沃德在生命的最后时刻是否不幸被一群尤为冷酷无情的人所包围呢?有证据表明并非如此:那些旁观者事后都深感内疚。得知德莱莎是一名13岁的小女孩的母亲时,蒂芙尼内心的痛苦使得她行动了起来。她决定站出来,在警方安排的列队辨认中指认马特尔,并出庭指证他。不错,她告诉警方,她见证了袭击的始末。德莱莎跳河身亡后,蒂芙尼一行四人在桥上将车开出了一段距离,然后掉头,再次超过了马特尔的车。袭击德莱莎的始作俑者正踏上回家之路。他们离他很近,蒂芙尼可以看到他正拿毛巾擦拭额头上的汗水。蒂芙尼车上的其他人都不愿和这场官司以及负面的公众舆论扯上任何关系。但蒂芙尼坚持自己的决定,即便她每次出门都会受到骚扰。她开始佩戴假发,以免有人认出她就是百丽岛大桥上那些冷心冷面的旁观者之一。

你认为那晚桥上究竟是怎么回事?从事后人们的愤怒来看,你会认为德莱莎周围的那些人是世界上唯一不肯救人于水火的一批人。其他人无不信誓旦旦地说,要是换作他们一定会帮她。连学校里的孩子都对记者说,他们不会坐视不管。正确的行为显而易见:站出来,做点什么,独立思考。要是蒂芙尼·亚历山大、哈维·梅伯里、莱胡安·琼斯、雷蒙特·麦戈尔和迈克尔·桑福德不是恐怖事件的目击者而是受害者,他们自然也会希望旁观的人能好好运用他们的头脑。

以上是我作为记者第一次听说这个悲剧时的看法。直到开始了解隐藏脑,我才意识到还有一种完全不同的思考方式可以解释那天究竟是怎么回事。我对隐藏脑了解得越多,就越是发现梅伯里、桑福德、麦戈尔和亚历山大并没有真正理解他们自己的行为。我对百丽岛大桥事件的研究,出乎意料地将我带到了2001年9月纽约的一个美丽的清晨。

德莱莎去世六年后,一个周二,一名年轻的股票交易员沐浴着纽约九月份明媚的阳光,前往一家金融服务投资银行上班。布拉德利·费切特(Bradley Fetchet)入职KBW公司(Keefe, Bruyette & Woods,基夫-布鲁耶特-伍兹公司)还不到一年,他的才能已备受瞩目。因为公司里已经有人叫"布拉德"了,所

第六章 塞壬的呼唤

以这个25岁的巴克内尔大学的毕业生便有了"费奇"这个绰号。他母亲告诉我,费奇每天前往世贸中心南塔89楼工作时都特别自豪。费奇把公司看得很重,也属意料之中的事。KBW公司的员工以他们之间的情谊为荣。他们认为他们不似同事,更似家人。事实上,新来的员工往往真的都沾亲带故——不少人都是通过他们在公司里的亲戚推荐来的。这些员工以血缘、观念和社会关系相连,形成了一个异常团结的群体。2001年9月11日,参加早上七点半的晨会的人尤其多。一小时后会议结束,人们纷纷返回自己的工位,在九点开市之前相互闲聊。就在这时,他们听到了一声可怕的闷响,仿佛地震一般。当时是早上八点四十六分。该公司后来新上任的领导回忆当时的情形时表示[3],那声沉闷的爆炸声使得公司董事长乔·贝里(Joe Berry)从自己的办公室里跑了出来。"苍天呐,"他叫嚷道,"到底怎么回事?"

如果说百丽岛大桥的建筑结构造成了德莱莎·沃德逃生选择非常有限的局面,那么费奇一干人等听到的那声沉闷的爆炸声也造成了类似的局面。不过,在这一情境中重要的不是塔楼的建筑结构,而是时间架构。费奇和他的朋友还不明就里,但他们的生命已岌岌可危。他们仅有一线逃生的机会——发生在数百英里之外的一件事为他们推开了一点窗。当天清晨早些时候,联合航空公司从波士顿起飞的175次航班在洛根机场延误了14分钟才起飞。这一延误为费奇和他的朋友们制造了一线生机,但毫无疑问KBW公司的员工并不知情。周二那天早上,当费奇和他的朋友听到北塔传来的爆炸声时,他们还不知道联合航空公司的航班还有16分钟就要撞上他们所在的大厦了。联合航空公司的航班会在南塔上撞出一道倾斜的裂口,从77楼一直裂到85楼。届时几乎所有位于撞击区上方的人都必死无疑。

在这场席卷全美的巨大悲剧中，几乎没有人注意到那天早上KBW公司发生了一件怪事——一个谜。这家投资银行公司实际上占据了南塔的两层楼，88楼和89楼。联合航空公司的航班造成的撞击会阻断这两层楼的逃生通道。但后来在对幸存者进行统计时发现，几乎所有88楼的员工都成功逃生了。而同一家公司里，费奇和几乎所有89楼的人则都留在他们的工位上，遇了难。悲剧发生后，约翰·达菲（John Duffy）成了该公司的首席执行官——她的儿子也是遇难员工之一——她告诉我当天早上共有120名员工分布于88楼和89楼。在遇难的67名员工中，有66人在89楼工作。在88楼工作的仅有一人遇难，而正如我们之后将会看到的那样，他的死是一种有意识的英勇之举。

根据89楼的人接打的电话和为数不多的几位幸存者的回忆，费奇等人并不知道他们听到的爆炸声是空难所致——公司位于南塔的交易部门无法直接看到北塔。不过从他们在空中的位置，可以看到滚滚浓烟和成千上万的纸张飘撒在天空中。[4] 一名员工事后说，那看起来就像一场彩带漫天的游行。人们乱作一团，纷纷跑到窗前想看得更清楚些。老员工回想起了1993年世贸中心遭遇恐怖袭击的情形。那些试图逃跑的人在电梯里被困了好几个小时。灾难管理的新兴学派认为，与其将所有人都从像世贸中心这样的大型建筑中疏散出来，还不如让那些没有受到影响的人暂且留在工作场所内，以免他们在危险地带徘徊。这种智慧已渗透到大厦里每个老员工的身上。

让我们站在身处89楼的人的角度上想想。你不知道发生了什么。毗邻的塔楼发出沉闷的爆炸声、浓烟，还有飘散的纸屑，

第六章 塞壬的呼唤

这就是你掌握的全部信息。19名劫匪劫持了四架飞机,让它们瞄准全美最具代表性的地标建筑,其中包括你工作的大厦,这种想法不仅超出了理解的范畴,更超出了想象的范畴。费奇和他的朋友一面还在紧张地盯着时钟——再过几分钟便九点了,股市要开市了。

董事长乔·贝里差人去询问大厦管理员该怎么办。与此同时,家人、朋友和同事从电视上看到爆炸的消息后,开始打电话确认他们的亲友是否平安。这些电话产生了意想不到的影响,使得员工纷纷留在了他们的工作岗位上。

在此期间,联合航空公司的那架航班原本朝西南方向飞行,在途经马萨诸塞州、康涅狄格州和新泽西州后,却于宾夕法尼亚州上空缓慢地掉了一个头。事后对其飞行路线的重现显示,该航班首先朝东南方偏航,然后在新泽西州边境上空左转了90度,向东北方的曼哈顿飞去。

费奇的一些同事走到了能清楚地看见北塔的窗户前。另一些人则坚定地坐在自己的工位前,准备迎接开市——他们还建议身边那些恍神的同事也这么做。大厦的管理员最终通过公共广播系统宣布,身在南塔的人可以原地不动,不必冒险撤离大厦,以免被北塔掉落的碎片砸中。

费奇透过一扇视野极佳的窗户看到北塔在燃烧。这情景让他大吃一惊。他看到有人从楼上往下跳,径直从数百英尺的高空坠落。太可怕了。他并未意识到接下来还要发生更可怕的事。联合航空175次航班正瞄准曼哈顿南部,以每分钟一万英尺的速度俯冲而来。费奇做了在那种情况下任何人都可能会做的事,也是他周围大多数人正在做的事。他给正在上班的父亲打了个电话。寥

123

寥数语后,他挂断了电话。联合航空的航班很快就要撞过来了。费奇拨通了另一个号码。他想给母亲报个平安。玛丽·费切特（Mary Fetchet）不在家,于是费奇给她留了言。

"他说:'我想告诉你,飞机撞上了二号塔,我在一号塔,一切平安。'"玛丽·费切特在一次采访中回忆道,"他说:'场面太可怕了,我亲眼看到有人从90楼直直地掉了下去。紧接着是很长一段沉默。然后他清了清嗓子,说:'给我回电话。我想我今天要一直待在这儿了。我爱你。'"

几秒钟后,受联合航空175次航班撞击的影响,费奇所在的大厦剧烈地颤动了起来。身处高层的人里几乎没人知道,大厦的其中一个楼梯井并未被撞毁。几乎所有置身撞击区上方的人,若未能在之前那16分钟的窗口期内逃生,都必死无疑。

那么位于88楼的KBW公司发生了什么呢？那里的员工与89楼的同事拥有同样的文化和情谊。他们对大厦的情况同样了解有限。听到北塔传来的爆炸声时,他们也经历了同样的混乱。他们也有同样的疑惑,不知该怎么办。他们也在和亲友们通话。他们也听到了在1993年的袭击事件中试图逃离大厦的人所讲述的那些令人沮丧的遭遇。让人们原地不动的通知也传到了88楼,和在89楼听得一样清楚。听到北塔传来的爆炸声时,88楼的一些人吓得跳了起来。他们惊恐地面面相觑。其中一个名叫阿吉亚尔（J. J. Aguiar）的人跑遍了整层楼,大声呼吁人们离开。但正如我们所看到的,还有很多其他因素会促使人们留下来。考虑到这种种证据,为什么这层楼的人最终集体撤离了呢？

需要强调的是,我们只有在事后才知道,88楼的人在听

第六章 塞壬的呼唤

到第一次爆炸后立马冲下楼是正确的选择。在自杀式俯冲的最后阶段,控制联合航空公司航班的恐怖分子马尔万·阿尔谢希(Marwan al-Shehhi)在短短几分钟内将飞机下落了2.5万英尺。撞毁时,飞机的时速已达到每小时600英里。如果飞机的机头朝某个方向稍微倾斜那么一点点,89楼的人或许也能得救。如果飞机撞击的楼层较低,一些从88楼逃离的人可能也会像留守在89楼的人一样惨遭不幸。

假设北塔的爆炸是事故所致——在最初的那16分钟内,这种情形似乎更为合理——而非恐怖袭击,那么待在89楼办公室里的人最终看起来可能会是更明智的一方,而跑到室外的人则可能被掉落的碎片砸中。问题的关键不是一层楼的员工做出了"正确"的决定,另一层楼的员工做出了"错误"的决定。

问题的关键是每层楼的每个人都几乎做出了**同样**的决定。

但那天早上KBW公司的每一个员工难道不都是自己做出决定的吗?每一个员工难道不都是自己做出判断的吗?要是所有人都深思熟虑地自主做出了是撤离还是留下的决定,那么我们在两层楼中看到的最终决定不是应该相对平均吗?89楼应该会有许多人决定离开,而88楼也应该会有许多人决定留下。事实显然并非如此。一层楼的每个人几乎都撤离了,另一层楼的每个人则几乎都留下了。难道在88楼的每名员工都独立得出了同一个结论,而在89楼的每名员工都独立得出了相反的结论?这种情形偶然发生的概率和从全世界所有沙滩上找到某粒特定的沙子的概率差不多。

研究个体的决定无法向我们揭示,为什么一层楼的人全跑了,而另一层楼的人都留下了。我们解开这个谜团的方法是不是错了?与其关注人们为什么决定留下或撤离这样的细节,我们可能应该退后一步——毕竟，证据表明一层楼的人**集体**决定撤离，而另一层楼的人**集体**决定留下。想靠研究个体来理解群体决策，就像不用全景镜头而用变焦镜头来拍摄全景一样。细节阻碍了我们放眼全局。我们看到的尽是混乱和多变——用科学家的话来说就是噪声。

如果我们退一步来看会怎样？我们会看到截然不同的东西。如果你恰巧身处 88 楼，因为其他人都冲向楼梯，你也会跟着往楼梯跑。如果你恰巧身处 89 楼，因为其他人几乎都原地不动，你也会待在原地。需要注意的是，这两层楼的人都像百丽岛大桥上的围观者一样，对自己的行为没有清晰的认识。相反，每个人都**觉得**自己自主做出了决定。但证据表明，那天早上做出足以造成生死之别的决定的并不是个体。鉴于找不到更好的术语了，姑且只能说那些决定是由群体做出的。群体决策为我们提供了信号。而关于个体的细节——谁做了什么，谁有什么感受，谁有什么想法——都是噪声。

在 2001 年的恐怖袭击发生的三年前，一位名叫贝宁戈·阿吉雷（Beningo Aguirre）的社会学家在一本名为《社会学论坛》（*Sociological Forum*）的非知名杂志上发表了一篇非同凡响的论文。[5] 虽然这篇论文直接论及了他们的情形，但这些信息 KBW 公司的员工当时势必无从得知。阿吉雷向经历过 1993 年在世贸中心发生的恐怖袭击的人发放了问卷，当时恐怖分子在停车场的 B-2 层引爆了一个汽车炸弹。爆炸形成了一个面积四分之三英亩①、深七层楼的大坑。爆炸损坏了大厦的公共广播系统，浓烟顺

---

① 1 英亩约合 4046.86 平方米。——译者注

第六章 塞壬的呼唤

着通风口涌入楼内。几分钟内,浓烟便从发生爆炸的地下窜到了几十层楼高。阿吉雷想弄清人们从楼内撤离的速度,以及哪些因素影响了他们逃生。值得注意的是,他发现人们是置身高层还是低层并不重要。换言之,身在40楼未必代表你要比身在30楼的人花费更多时间才能逃出大厦。真正重要的是人们所属的群体的规模。群体规模越大,逃生时间越长。阿吉雷花了很长时间才弄清为何群体规模能造成如此巨大的差别。这位社会学家最终意识到在灾难发生之际,人们会无意识地寻求与周围人达成共识。群体试图形成一个共同叙事——对大家共同经历的事所做的解释。群体的规模越大,达成共识的时间就越长。

人们平常做出的决定确实能反映他们自身的个性和动机。但当灾难降临到一个群体头上时,起决定性作用的往往是群体行为,而非个体决定。这种情况大多发生得相当微妙,远低于人们的意识水平,而藏匿在隐藏脑的最深处。置身危机中,我们会本能地寻求群体的帮助和指引。危机时期将人们绑在一起的纽带解释了为什么大型建筑起火时,人们不是集体遇难就是集体幸存。命运集结成群。一些家庭和楼层全员幸存,另一些家庭和群体则全军覆没。当我们试图理解这些结局时,我们关注的总是个体——比如布拉德·费切特或蒂芙尼·亚历山大这样的人的思维过程,因为我们一开始就假设,人类行为永远是意识思维和个人决策的产物。但我们却因此错过了混在噪声中的真相——也就是信号。

下次你的工作地点或任何大型公共场所里——地铁车厢或百货商场——响起火灾警报时,你不妨自行观察一下。人们会面面相觑。他们可能会相互询问:"你觉得是怎么回事?以前发生过这种情况吗？是演习吗？还是误报？我有必要关掉电脑撤离吗？"

"9·11"袭击过去两年后，罗得岛上的一家夜总会发生火灾。舞台上的烟火表演出了差错。房间后面的一台摄影机一直在录像，里面的录像带显示，当舞台上迸射出真正的火花时，观众们面面相觑。这些火花引发了一场大火，在短短几分钟内便夺去了96人的性命，造成近200人受伤。夜总会的逃生窗口期甚至比KBW公司的逃生窗口期还要短。置身夜总会中央的人需要在几秒钟之内采取行动，才有可能获得一线生机。

我们以为在一个封闭的空间中，如遇紧急情况，人们会均衡地分流到各个可以使用的逃生出口由此撤离——因为凡是意识清醒、理智、自主的生物都会这么做。若一场灾难夺去了许多人的性命，我们会立即追问有多少个可以使用的逃生出口，是否张贴了清晰的标志，以及是否采取了预防措施告知人们逃生路线。记者会就违反建筑规范的行为撰文发刊，律师会就劣质的建筑材料提起诉讼，政策制定者会就疏散程序进行审查。罗得岛夜总会的火灾说明了为什么这种种反应总是不得其所。明确的出口和疏散演习是很有价值，但它们并没有解决隐藏脑在灾难中所发挥的作用：受困者的第一反应不是回顾他们的所学，做出合理的决策，相反，他们的第一反应是将决策权交予群体。

受困者会寻求周围人的共识，哪怕得出这种共识会浪费宝贵的时间。即便他们知道自己的同伴走错了路，他们仍会紧随其后。他们相互帮助，即便这种帮助适得其反。他们不会跑向最近的出口，反而总是想从自己进来的那条路逃离起火的大厦，这就是为什么在灾难中人们总是堵在大门口，而有些出口根本没

第六章 塞壬的呼唤

人走。

我们经常认为受困者会将狭隘的个人利益置于更大的利益之上。这种刻板印象又是以我们是注重自我保护的理性生物这一假设为前提的。事实上，人们相互**帮助**可能会损害自己的利益——从而降低整体的存活率。他们没有赶紧撤离，而是傻等着，以确保**每个人**都决定撤离。如果有人受了伤无法动弹，其他人会觉得有义务留下来陪他，即便他们根本帮不上什么忙。身强力壮者热心地站在出口处帮助老弱病残——同时加剧了拥堵。受隐藏脑中的无意识算法所驱动的英雄主义，在危机中会将群体利益置于个人利益之上，常常造成不必要的伤亡。贝宁戈·阿吉雷告诉我，他在研究 2001 年 9 月 11 日的袭击事件时发现，整个世贸中心只有一个人的行为符合灾难模型所预测的个体行为：那人听到爆炸后，从办公桌下面拿出了他的网球鞋，系紧鞋带，拔腿就跑。

同样的行为模式也存在于更大规模的灾难中。许多来自沿海地区的报告显示，2004 年南亚和东南亚发生大海啸的前几分钟，海水曾一度开始退潮。几个国家的渔民聚在一起谈论这一现象。他们相互询问这是怎么回事，丝毫没有发觉海洋正如眼镜蛇一般，悄然昂起了头随时准备发动攻击。就像夜总会和世贸中心的那些人一样，人们在获得似是而非的灾难警告时，总是会和自己的友邻就正在发生的事达成共识。

如果人们明确地问问自己，他们所求助的人是否真的比自己更了解现状，就能轻易发现一个显而易见的事实：坐在你隔壁工位上的人很可能并不比你知道得多。但在面临严重的威胁时，渴望对正在发生的事得出一种共同解释，是源自隐藏脑的一种极其强大的驱力。警报令人坐立难安，而群体的共识可以带来安慰。

这一点和隐藏脑中的许多偏见一样,在很多时候都很奏效。就我们的进化史来看,从众通常都能得到安全保障。当然,有时也会适得其反,但我们的大脑已经进化到可以分辨出什么策略大体有效,而我们几经进化的生存本能则因此变得迟钝了。警报响起会引发焦虑,隐藏脑便指示你求助于群体,因为群体为我们的祖先带来安慰与安全的次数远多于让他们置身险境的次数。

而在现代的灾难情境中,群体所带来的安慰反而常让个人身处险境,因为现代的威胁相当复杂,整个群体中**没有**人知道究竟发生了什么。关键不在于群体总是做出错误的决定,而在于群体削弱了我们的自主性。我们的同伴兴许并不知道他们在做些什么,但随大流总比自寻出路容易得多。群体能带来安慰,而自寻出路则会引发焦虑。但在灾难情境中,焦虑才是**正确**的反应,虚假的安慰则可能致命。

我将百丽岛大桥上发生的事和9月11日那天KBW公司员工们的遭遇相提并论是出于一个重要的原因。我们事后再来思考这些案例时,很容易得出结论认为底特律人都是些铁石心肠的懦夫,而那些留在办公楼内的纽约人也尽是些傻瓜。事实上,如果你认同个体总是会做出自主、深思、有意识的选择的话,那么你一定会得出这些结论。只有懦夫才不会去做他们认为正确的事,也只有傻瓜才会在隔壁110层的大楼都快烧成灰了的时候仍继续坐在自己的电脑前——不是吗?但如果你从隐藏脑的角度来研究这些情境,就会得出截然不同的结论。无论好坏,像布拉德·费切特和蒂芙尼·亚历山大这样的人都会深受周围人的左右,而他们周围的人也深受自己周围人的影响。

我们的社会不相信真的有隐藏脑,这就是为什么我们在设计

第六章 塞壬的呼唤

紧急疏散程序时只考虑了人们的意识脑。我们理性地认为,当工作场所响起火警时,人们会起身离开。但事实并非如此。我们似乎难以相信,警报响起时,独自工作的人会比集体工作的人更快地从座位上跳起来跑出大楼。但事实如此。在一个理性的世界中,庞大的群体应该能让人们得出**更好**的结论,因为他们汇集了更为多元化的知识和经验。问题是在面临危机时,个体不会把他们迥然不同的见解和想法带到群体中去,反而是群体会强行迫使个体服从。专家在创建遇到紧急情况人们该如何从高楼大厦中撤离的模型时,他们假定人们会像水分子一样,只要出口畅通,就会从各个出口顺利地流出。但隐藏脑想要随大流的倾向使得高楼大厦中的人们表现得更像是糖浆。

对隐藏脑的新认识将如何改变人们的防灾教育呢?首先需要告诫人们,他们具有将决策权交予群体的倾向。员工数量众多的办公室比员工数量寥寥的办公室更需要多进行防灾演练。有个好办法是对一些员工进行培训,让他们迅速理解在火警响彻云霄之际,人们之所以安静地坐在自己的工位上,不是因为他们心里都知道这是演习的警报,相反他们实际上是受到了同伴的麻痹。2001 年 9 月 11 日早上,KBW 公司 88 楼办公室里的许多人之所以能获救,都得归功于一个人——阿吉亚尔,他跑遍整层楼大声呼吁人们撤离。阿吉亚尔不可能知道还有第二架飞机会撞上来,所以他的判断实际上是场赌博。不过这往往就是领导力的本质,它产生了领导力所具有的深远影响——激励人们采取行动。阿吉亚尔自己怎么样了呢?在迫使同伴逃生后,他爬上了塔楼,让其他楼层的人也去避难。他自己则没能逃出去。

要是在百丽岛大桥上,有一个人站出来与马特尔·韦尔奇抗衡，我毫不怀疑这一举动将会立即鼓舞其他许多人采取行动，就像阿吉亚尔在88楼所做的那样。做第二个站出来的人比做第一个站出来的人容易很多。

你可能认为人们只在遭遇可怕的悲剧、处于巨大的压力之下时，才会显现出这种随波逐流的倾向。危机确实会强化从众心理，但即便是在日常琐碎的情境中，群体也时常影响着我们。当电话铃响起或是有人敲门时，如果其他人也能去接电话或应门的话，人们就不太可能自己去接电话或应门。在餐厅里，结伴就餐的人留下的小费比独自用餐的人少。如果很多人都面临同样的问题——比如，有盏路灯坏掉了——个体就不太可能就这一问题与官方取得联系。

要是几年前，你碰巧在华盛顿州的西雅图、佐治亚州的亚特兰大或俄亥俄州的哥伦布乘坐了某几部特定的电梯的话，那你可能在无意中参与了一项有趣的实验，这项实验表明群体影响在日常生活中有多么常见。演员会在电梯里"不慎"弄掉一些硬币或铅笔。如果你当时在场，可能会记得自己曾弯腰帮他捡东西，也可能记得自己没有帮忙。（最有可能的是，你根本不记得这件事了。）及至实验结束，145名演员在共计4813名观众面前弄掉了硬币或铅笔。这是项庞大的工程，演员弄掉硬币或铅笔这一幕最终总共上演了1497次。心理学家小詹姆斯·达布斯（James Dabbs, Jr.）和比布·拉塔内（Bibb Latané）想要弄清的是人们弯腰去捡那些掉落品的概率。当电梯里除了演员就只有一个人时，这个人帮助这位笨手笨脚的陌生人的概率为40%。换言之，在每五次试验中，会有两名不知情的志愿者伸出援手。但随着群体的扩大，人们愿意帮忙的概率开始缩水。当电梯里有六个

第六章 塞壬的呼唤

人时，人们仍然有足够的空间帮忙拾起掉落的物品，但真有人来给这个陌生人帮忙的概率仅为15%。[6]

如果你愿意，大可想象一下，每六次试验中有五次都是下面这样的场景。除演员之外，电梯里还有六个人。那个笨手笨脚的陌生人弄掉了一大堆硬币或铅笔，哗啦啦地洒了一地。电梯移动了一层又一层，没有人舍得动动胳膊来帮忙。人们并不是没有注意到有人需要帮助。他们肯定看到了那个在地板上摸索的陌生人。有些人可能会觉得不舒服，暗忖着要不要插手。但每个人身边都站着其他五个无动于衷的人。如果人们知道这是一场测试，那么几乎每个人都会立马去帮助那名陌生人——毕竟帮人捡捡硬币能有多难呢？但在日常生活中，人们不会有意去思考其他人对自己造成的影响，随大流是非常自然而然的事。

结果就形成了一个悖论。大群体中本应该存在更多愿意出手相助的人，但通常实际伸出援手的人却更少了。我们惯常的做法是赞扬或指责个体。我们认为捡拾硬币的人乐于助人，而没有帮忙的人则冷酷无情。我们假定人们的决定始终经过了有意识的慎重选择。本章旨在强化这样一个观点：即便涉及事关生死的重大问题，在个人的自主性下面也还存在着另外一个层面，人生中许多重要的决定实际上是由这一层做出的。和我在本书中描述的许多其他情境一样，这一过程真正可怕之处在于人们**觉得**他们是自主的，一如布拉德·费切特和蒂芙尼·亚历山大。隐藏脑的诡计顾名思义，永远深藏不露。

有种方法可以揭穿隐藏脑在灾难情境中的运作模式，但需要我们废弃把人视作自主个体的模型。请允许我以 KBW 公司的一个员工为例，这个员工在时运不济的89楼工作。和我采访过的这家公司的其他人一样，威尔·德里索（Will DeRiso）也显然具有超常的智力、社交能力和生存技能。若非绝顶聪明，你根本不可能进入KBW这样的公司。然而，经威尔的同意，我们可以暂时不要用寻常的方式来看待他。为了便于说明，我们其实不妨放大他的隐藏脑的作用——假设他浑身上下除了隐藏脑**别无他物**。不要把威尔看作一个才貌超群的年轻人，笑起来能让整个房间的人为之倾倒，而是要把他想象成一个节点，位于整片网络的中心。他的关系脉络向着四面八方辐射开去。一根细线从他的大脑一直延伸到冷泉港，那是他的故乡，也是他父母的居住地。另一根线则绵延至印第安纳州的南本德，他有个兄弟在那儿，是天主教的牧师；还有一根拉到了新泽西州，他有个姊妹住在那儿；然后还有他另一个兄弟的居住地，长岛。如果你用这种方式绘制2001年9月11日前威尔的生活示意图，你会看到有许多线连着他常去的健身房、高尔夫球场和海滩，也连着他高中时代的好友。

无论威尔走到哪里，他的周围都会架设起新的连线。有些连着熟人，还有一些连着陌生人。有些又粗又强韧，还有一些则很纤细。有些刚出现没多久就断掉了，那是威尔在上班路上与一些不认识的人擦肩而过了；还有一些则能经受住遥远的距离和长久的缺席——那是象征爱、忠诚和渴望的纽带，它们构成了我们的生活。自冷泉港的高中毕业后，威尔进入了圣母大学就读。他在芝加哥的美国银行工作过几年，然后回到圣母大学，在学校的男子冰球队执教了九个月。2000年7月31日，他在圣母大学以前的一名冰球队员的介绍下，进入KBW公司就职。2001年9月11日前六周，威尔结了婚——他和他那当老师的新娘布丽奇特

第六章 塞壬的呼唤

(Bridget)去了加勒比海的圣马丁岛度蜜月。他的关系网——有的强,有的弱——在不断扩大。

克里斯蒂娜·德法西奥(Christina Defazio)和杰西卡·斯莱文(Jessica Slaven)是公司后勤组的员工,她们的工位位于89楼最靠近北塔的那一侧。威尔与她们之间的连线比较纤细,因为他和她们不熟。克里夫·加兰特(Cliff Gallant)是公司保险研究组的员工,他教了威尔很多东西——他是他在办公室里的老熟人。埃里克·索普(Eric Thorpe,昵称里克)和布拉德利·瓦达斯(Bradley Vadas,昵称布拉德)是威尔的密友。他们知道威尔容易焦虑,他大学的朋友都叫他"危机小子",因为他总爱小题大做。里克和布拉德经常对威尔搞恶作剧。坐在威尔对面的是同在89楼工作的卡罗尔·基斯勒(Karol Keasler),她是项目协调员兼行政助理。她性格活泼,经常染发,发色总在金色和棕色之间变来变去。附近的另一名员工叫克里斯·休斯(Kris Hughes),他是套利交易员,负责让股票的买家和卖家达成共识。威尔出于工作原因每天不得不和许多人交谈。他负责将克里夫·加兰特等人的研究成果卖出去。威尔需要掌握公募基金管理者想知道的信息,他的工作就是将他们想要知道的和需要知道的信息结合起来,一起提供给他们。仿如科幻电影中的场景一样,这些看不见的连线弯弯曲曲地缠绕在威尔身上,一边增长一边消亡,但始终包裹、环绕、绞缠着他。

2001年9月10日,星期一,威尔换了工位。在新的工位上,他成了他那组里离小走廊最近的人,这条走廊通向一道厚实的金属门。那道门背后是一条过道,然后就是楼梯。员工需要刷通行证才能打开那扇门。

隐藏的大脑

9月11日星期二，早晨大约六点十五分，威尔搭上了从他所住的韦斯切斯特出发的火车，然后七点左右在曼哈顿中城转地铁。他参加了公司的晨会，会后回到了自己的工位上。和其他人一样，他在早上八点四十六分听到了爆炸声。说是爆炸，其实更像是一阵轰鸣，仿佛地震所引发的颤动，又仿佛有工人在楼上的地板上滚动什么非常沉重的东西。

经历接下来的事情时，请记住我们没有把威尔看作一个自主的人。相反，在我们眼中，他位于一个相互串联的复杂网络的中心，成千上万的线从四面八方牵引着他。如果你愿意，也可以把威尔想象成一个在大海中浮浮沉沉的软木塞，被动地承受每一道激流、波浪和泡沫的影响。

卡罗尔·基斯勒惊呼："发生什么了？"

又一个人喊道："天呐！"

过了一会儿，套利交易员克里斯·休斯大声说："旁边那栋楼发生了爆炸。"

"噢，我的天啊！"卡罗尔·基斯勒的声音里充满恐慌，"天啊！"

爆炸发生在威尔的视线范围之外，北塔实际上位于南塔的西北方。但当威尔看向窗户时，往常映入眼帘的曼哈顿中城的壮景，现在却让他的胃里一阵翻江倒海。帝国大厦和整个曼哈顿中城都消失了。取而代之的是滚滚黑烟和千万张漫天飘散的纸张。这让威尔意识到了事情的严重性。浓烟和碎屑起码要从另一座塔楼里飘出50～100码①远，才会像这样遮天蔽日。

---

① 1码约合0.9米。——译者注

第六章　塞壬的呼唤

"这场爆炸太可怕了,"威尔想,"幸好我不在那里。"

人们乱作一团,纷纷从座位上跳了起来。恐惧犹如传染病一般从一张脸蔓延到另一张脸上。

"别慌!别慌!"克里斯·休斯大喊道,"是另一栋楼出了事。"

威尔、布拉德·瓦达斯和里克·索普像是被真空吸尘器吸住了一样紧盯着窗外。满是浓烟和残骸的可怕景象令人挪不开眼。但当潮水般的人群将威尔推向窗前时,小走廊里传来一阵疯狂的敲门声。这是决定性的一刻。

"真不敢相信居然有人忘带通行证了。"威尔想道。

那绝望的敲门声越来越急促,这种连接引起了他的注意。威尔不想去应门,但他碰巧是离门最近的人。这就使得他有义务去开门。他和朋友之间的连接将他引向窗户,而开门的请求则将他引至相反的方向,让他脱离了人潮。他朝走廊走去,打开了门。离开了这层楼的主要区域,他与身后那群人的连接便减弱了。而打开门后,他和站在走廊外的两位面色苍白的女性——克里斯蒂娜·德法西奥和杰西卡·斯莱文——之间则产生了新的连接。

威尔跟个机器人似的重复了刚才克里斯·休斯的话:"别慌!别慌!是另一栋楼出了事。"

德法西奥和斯莱文吓得说不出话来。紧接着克里夫·加兰特从他位于89楼另一侧的办公室里冲进了走廊。他一直背对窗户坐着,直到一道骇人的蓝光照亮了整个房间。那道光把他从椅子上震了下来。他跑进研究部门大喊:"赶紧走!"

威尔和克里夫之间的纽带一下子被激活了。威尔站的那扇门外就有一个楼梯口。克里夫·加兰特和两名女性直奔楼梯口而去。威尔回头看了一眼，他依旧受到身后那些正在减弱的连接的牵引。非常幸运的是，将那扇门和交易大厅分隔开来的走廊挡住了他身后的大半房间。他看不到他的朋友们。紧接着跟他同一办公室的四人，比尔·亨宁松（Bill Henningson）、杰夫·汉森（Jeff Hansen）、安德鲁·卡伦（Andrew Cullen）和阿曼达·麦高恩（Amanda McGowan）结伴向他跑来。

事后回忆起那一刻时，威尔意识到他几乎没做出过有意识的决定。

"你自然而然就那么做了。"他说，"你处在那个情境中。你看到人们跑下楼梯，你看到人们向你跑来。你就跟着下了楼。"

威尔意识到第一次爆炸发生后，他在非常短的时间内就冲下了楼，以至于一路上就只有他们办公室的那群人，一直下到80楼才见到其他人。KBW公司的员工两人一组地行动，威尔发现和他一起的是克里夫·加兰特。

一直下到71楼，威尔才叫住了他的朋友。其中部分原因是楼梯间里人很少，而当我们做了一些少有人做的事时，隐藏脑会让我们觉得不自在。此外，旧有的那些连接还在将威尔拉回89楼。

"克里夫，"他说，"出事的是另一栋楼。"

爆炸发生在北塔的消息，完全出乎克里夫·加兰特的意料："我以为是我们这栋楼呢。"

"不，是另一栋楼。"威尔笃定地说。

两根蜿蜒地连接着89楼的连线拽住了威尔。如果事实证明没发生什么大不了的事，其他人压根就没跑，里克·索普和布拉德·瓦达斯铁定会拿这件事开玩笑。这足以让威尔被嘲笑一整个

第六章 塞壬的呼唤

月。一点风吹草动,就让"危机小子"窜得跟兔子似的。

威尔劝克里夫在这里等等,看有没有其他人陆续下楼。他们站在楼梯间里。联合航空175次航班此时可能正位于新泽西上空。时间一分一秒地过去。没有人从89楼下来。

威尔和克里夫像寻常那样受到与同伴之间的连线的牵引,他们觉得有些不好意思,开始沿着楼梯重新往上爬。他们爬了两层楼,正好处于即将冲过来的航班所造成的撞击区的边缘位置。

又是一个决定性的时刻。此时,其他楼层的人接连从楼梯间里下来了,这才得以扭转乾坤。他们都是陌生人,只能与威尔的隐藏脑形成弱连接,但他们人数众多。再者,两人也越发难以逆着人流往上走。顶着那样拥挤的人潮爬15层楼无异痴人说梦。

威尔和克里夫调转方向,随了大流。他们决定走出楼梯间,坐电梯返回楼上。幸运的是,他们试图打开的每扇门都上了锁——楼梯间现在成了引导他们走出大楼的隧道。大楼里面的人谁都可以打开这些门,但门的外侧却落了锁,为的是防止有人从楼梯间闯入办公区。

"我们回去之后,他们肯定会拿这事大肆嘲笑我们。"威尔烦躁地说。

威尔和克里夫·加兰特在54楼的楼梯间里收到通知,终于确信他们反应过度了。大厦管理员在广播里宣布,南塔的人可以继续留在办公室里。楼梯间里人声嘈杂,第一次广播听得不甚清楚,但在人们相互提醒保持安静后,大约三十秒还是一分钟后又重复广播了一次。但眼下楼梯间人满为患,根本不可能往回走。

就在威尔死了心以为铁定要被他那些爱开玩笑的朋友羞辱数周之际,联合航空公司的航班撞上了南塔。楼梯间摇晃了起来,像蛇一样起起伏伏。威尔回忆说，他看到有人掉落在他头上三四层楼高的位置。他不由地抓紧了克里夫。

"完了，"他想道，"北塔倒了，撞上了南塔。"他要死在这儿了。

在那一刻，他无从知道自己其实幸运至极。他与朋友还有陌生人之间的连线，共同将他从他所处的陷阱中解救了出来。他的隐藏脑帮他逃出了撞击区。南塔能一直支撑到他从大楼里走出去。KBW公司89楼办公室里的所有幸存者，几乎都在北塔发生爆炸后的第一时间做出了逃生之举。留下来的人将会发现他们越来越难以离开，因为他们的隐藏脑与其他几十个待在原地的人绑定在了一起。无论是个体要克服这种联结的力量还是群体要达成一个新的共识，都需要有意识地付出巨大的努力。

许多留在89楼的遇难者并没有经历像威尔那样的自我怀疑。自美联航的航班于早上9:03撞毁的那一刻起，他们的生命便只剩下不到一小时了。

第七章

隧道

恐怖主义、极端主义与隐藏脑

我想说回威尔·德里索和那些被困在世贸中心中的人的遭遇，用这一章来谈谈站在这些悲剧彼端的人——自杀式炸弹袭击者。我们对隐藏脑的新认识，对我们看待宗教狂热和宗教暴力有何启示？无意识偏见是否也影响着恐怖分子的思维？为回答这个问题，我要带你回到2001年9月11日之前，回到早在"自杀式炸弹袭击者"（suicide bomber）这个词出现之前的一个故事。这个故事大多数人一无所知，原因就和大多数人对世贸中心南塔88楼与89楼那奇异的生死模式一无所知一样。一如KBW公司的悲剧，劳伦斯·约翰·莱顿（Laurence John Layton）的故事也笼罩在一个大型事件之下——1978年，近千名美国人在圭亚那一个名叫琼斯镇（Jonestown）的"乌托邦"式村落里，制造了一起臭名昭著的死亡事件。

隐藏的大脑

劳伦斯·约翰·莱顿尚在人世，但那只是因为他的"任务"出了岔子。他的"任务"是私自携带枪支，登上一架搭载着不少美国人的航班，其中一名乘客是国会议员。航班一旦升空，他就要射杀飞行员，然后将整架飞机变成一枚非制导导弹。飞机会坠毁，每个人都要死，包括他自己。莱顿并不认为自己是恐怖分子。他觉得他的死亡是一种必要的"牺牲"，是"拯救"他的亲友的唯一方法，也是"捍卫"他成年后一直在浇灌的一个梦想的唯一方法。

莱顿那时32岁，是名X光操作员，他发际线后撤但鬓发浓密。他不是全球"圣战"的一员，也并非来自一个反美情绪泛滥的国家。莱顿出生于马里兰的科利奇帕克，就在华盛顿郊外。他父亲是名服务于美国政府的科学家，他从小就是贵格会的信徒。

"任务"没有照计划进行，但莱顿确实成功携枪登上了飞机，并且在近距离的射程范围内开了火。被捕后，他对警察说："没错，是我开枪打死了那些混蛋。"几天后，莱顿扛下了那名美国议员和其他四名美国人在圭亚那凯图马港机场身亡一案的"全部责任"。莱顿在一份"J""I""L"不分的手写声明中宣称，没有人强迫他执行自杀式"任务"，是他自己"恳求"想要获得"捣毁航班"的"殊荣"。

一位和莱顿面谈的精神病学家追问了他这次任务的细节："你原本是要让航班坠毁的吗？你原本是要杀了飞行员吗？"

"不管有什么代价，不管用什么方法。"莱顿答说。

"都要杀了飞行员，让航班坠毁？"

"对。"

第七章　隧道

拉里①·莱顿被捕几天后，丽贝卡·穆尔（Rebecca Moore）和菲尔丁·麦吉（Fielding McGehee）去探视过他。他被关在圭亚那首都乔治敦市中心一所占地两个街区的监狱里。监狱的围墙高20英尺，上面栽有带刺的铁丝网。有一扇低矮的门供访客出入。穆尔和麦吉从他们居住的华盛顿特区远道而来。他们想知道莱顿为什么要摧毁一架客机。他们还想知道他的自杀式"任务"和几小时后琼斯镇900多名美国人的死亡之间有何联系？穆尔的两个姊妹也在琼斯镇的死者之列。新闻报道称，这两名女性都是自杀的，但穆尔认为卡洛琳（Carolyn）和安妮（Annie）是被人谋害致死。

这对来自华盛顿的夫妇站在一条狭窄的过道上，看着莱顿这个阶下囚从他的牢房里被带了出来。乔治敦监狱的探视区只有一堵齐腰高的矮墙，外加三层简陋的隔断，一层隔离网、一层环链围栏和一层铁丝网。拉里·莱顿走了过来，站在对面。透过层层隔断，充其量只能看清他的大概轮廓。但有那么一两次，风吹得那些隔断轻轻摇晃，麦吉觉得自己看到了莱顿的眼睛。

丽贝卡·穆尔和菲尔丁·麦吉对莱顿并不陌生。他与穆尔命丧琼斯镇的姊妹卡洛琳结过婚。穆尔一家与莱顿一家的交情可以追溯到多年以前。他们之间的渊源与一个名叫"人民圣殿"的教会及其"魅力超凡"的"领袖"吉姆·琼斯（Jim Jones）分不开。拉里·莱顿的母亲丽莎（Lisa）在集体自杀的前几天，因癌症于琼斯镇逝世。他的妹妹黛比（Debbie）曾是"人民圣殿"的高级成员。而黛比从琼斯镇"叛逃"后引发了一系列事件，最终

---

① 劳伦斯的昵称。——译者注

导致 1978 年 11 月约 913 人集体自杀。黛比作证称琼斯镇实际上是个集中营，使得加州议员里奥·瑞恩（Leo Ryan）开始调查此事。他以国会议员的身份造访圭亚那，为的就是查明琼斯镇的真实状况。瑞恩一行人吸纳了很多"叛教者"并欲将他们送回美国，拉里·莱顿接到的"任务"就是去干掉他们。

这两位华盛顿的来客虽满肚子疑问，但并未操之过急。他们询问了莱顿面临的法律问题。这名未遂的自杀式炸弹袭击者和其他人一起在机场开火，导致美国议员和其余四人死亡，多人受伤，随后被圭亚那安全部队逮捕。莱顿说圭亚那的法律系统基本就看被告有没有能力靠贿赂脱罪：穷人可能会因偷盗 85 美元入狱十年，而富人就算杀了人也能逍遥法外。探视很快结束了。这对夫妇承诺下次再来。监狱官贾纳克·西格宾（Janak Seegobin）告诉他们二人，莱顿初进监狱时似乎非常不安。西格宾发现这名犯人挺聪明的，就给了他一些科学方面的书，"好让他静下心来"。他允许莱顿一次借两本书，后来甚至可以一次借四本。他如饥似渴地阅读一切与心理学有关的东西，还想要一本讲解代数的书。西格宾向前来探视的两位坦言，他无法想象莱顿居然会犯下枪击案。这名囚犯看起来温文尔雅，根本干不出这种事来。

是什么促使一个人同意杀死他所搭乘的航班的飞行员？是为了把炸弹绑在自己的胸口，然后引爆自己吗？是宗教害的吗？在伊朗、巴基斯坦和当今其他冲突地区引爆自己的年轻宗教极端分子，真的相信来世会有好几十个处女伴其左右吗？如果自杀式炸弹袭击者只是一心求死，那就意味着没什么能阻止他们。

虽然还存在另一种解释，但那种解释也没能给我们带来多少

第七章 隧道

可供选择的应对办法。自杀式炸弹袭击者基本都有自杀倾向吗？他们是抑郁得想自杀，然后被恐怖组织首脑利用他们的这种冲动，将他们引到了杀人的末路上去了吗？自杀式恐怖主义是否有可能多是为了自杀，而非实行恐怖主义？阿里尔·梅拉里（Ariel Merari）也曾想过是否真是如此。[1] 但随后，这名以色列心理学家做了一件大多数反恐评论员不会做的事——他开始寻找证据。他收集了自杀式恐怖分子详细的自传性口述。他花了大量时间采访以色列监狱中的年轻男女，这些人都曾计划自杀，但就像拉里·莱顿一样，他们见证了自己"任务"的失败。而梅拉里的先入之见就这样一个接一个地消失了。

自杀式恐怖分子并不是疯子。如果硬要说有什么不同的话，梅拉里和其他心理学家发现这些男男女女中患有精神障碍的比例似乎少于一般人。作为一个群体，他们也并不比其他人更虔诚。很多自杀式恐怖分子甚至根本就没有宗教背景。很多人不信教，甚至是无神论者。虽然有些人寻求的是兰博①式的复仇，要报复曾伤害过他们的群体，但大多数人从未直接被他们的敌人羞辱过。这些人中有为数不少的人出身富裕，隶属特权阶级。他们是高校毕业生、专业人士、医生、工程师和建筑师。对身亡的自杀式炸弹袭击者所做的"心理解剖"和对落网的恐怖分子所做的心理调查，均未表明他们是心理变态的机器或虚无主义者。事实上，自杀式恐怖分子似乎普遍比他们的同龄人更为理想主义。他们往往极其容易感到内疚。最后，梅拉里研究的这些男男女女都不是被洗脑的傻瓜，只会听命于人。他们当着梅拉里的面，为自

---

① 小说《第一滴血》的主人翁，曾备受当地警长的欺凌，后遁入山林，展开复仇。更为人熟知的是史泰龙主演的同名电影。——译者注

己的行为给出了深思熟虑的理由。许多未遂的自杀式袭击者平静地告诉这位心理学家,要是他们被释放出狱,他们还会策划另一个"任务"。他们认为**他**才是脑子有问题的那一个,竟然看不出他们显然会这么做。

随着先入之见的消失,这位心理学家意识到我们误解了自杀式炸弹袭击者的动机——因此在与他们的斗争中总落于下风。自杀式炸弹袭击者并非异类,很多普通人都可能变成自杀式炸弹袭击者。认为自杀式恐怖分子心智不健全的观念也是错的。目前还没有明确的心理特征能预测一个人是否会变成自杀式炸弹袭击者。但在自杀式炸弹袭击者诞生的**过程**中,存在一个非常显著的心理特征。梅拉里把它比作一条隧道。普通人从这一头钻进去,从另一头出来时就成了一个死心塌地的自杀式炸弹袭击者。在一步步穿过隧道时,置身隧道中的人都相信——就像你我一直相信的那样——他们完全自理,完全自主。这个隧道实际上是种强大的操纵系统,但其威逼胁迫的手段非常隐晦。这就是为什么自杀式炸弹袭击者很少觉得他们是被迫赴死。再没有什么东西能比培训出自杀式炸弹袭击者的这条隧道,更能证明隐藏脑的力量了。这也是一个生动的例子,说明了我们对人类行为和大脑的错误假设,影响了我们的社会做出正确决断的能力。从巴格达到孟买,自杀式袭击仍是恐怖主义和叛乱的重要武器——而所招募的自杀式恐怖分子也渗透到了各式各样的社会群体中,除了无数年轻男子外,还包括妇女和儿童。无论自杀式恐怖分子有多么形形色色,也无论能推翻我们的直觉的证据有多么常见,我们都倾向于回归这样一种观念:自杀式炸弹袭击者的心理一定异于常人,他们一定是无脑的机器,只懂得按照程序杀害自己和他人。

第七章 隧道

自杀式炸弹袭击者本人能告诉我们,他们为什么要成为自杀式炸弹袭击者。在文章和视频中,他们经常说他们的动机是宗教信仰和政治因素。这些报告证实了我们的直觉,所以我们很少有所质疑。但就像我们之前分析其他许多事例一样,我们应该将人们由衷相信的东西和他们大脑无意识层面发生的事情区分开来。自杀式炸弹袭击者可能会告诉我们,宗教禁令是他们"行动"的动力,但这究竟是事实还是只是他们用以解释————不仅仅是对我们做出解释,更是对他们自己做出解释——自身行为的**逻辑推论**?关于自杀式炸弹袭击者的全球数据显示,宗教信仰既不是自杀式恐怖主义的必要原因,也不是充分原因——**即便这种暴行打着宗教的旗号**。

如果说恐怖袭击的受害者在不知不觉间受到了大群体心理,即陌生人之间的"同伴压力"的影响,那么我认为这些袭击的实施者则在不知不觉间受到了小群体心理的影响。世界各地的自杀式恐怖主义的共同点不是宗教或特定的政治观念,而是小群体心理——小型"兄弟团"之间肝胆相照的强烈纽带。小群体动力不仅能够解释普通人是如何变成自杀式炸弹袭击者的,还可以解释普通人是如何受到激励去做许多超乎常规的事的。

恐怖主义的卑劣行径让我们看不到自杀式恐怖分子的无意识动机实则与其他许多群体的动机无异。

阿里尔·梅拉里告诉我,在二战即将结束之际,日本海军中将大西泷治郎首次为"神风特攻队"招募志愿者时,他整顿了一个飞行中队,对他们说:"拯救日本的唯一方法就是牺牲我们自己。我知道这个要求很过分,所以如果有人不愿意,请出列。"

"可想而知,"梅拉里补充道,"没有人出列。这就是群体压力。站在你身边的人就是与你共同作战的人。你重视他们的想法。你不希望他们把你视作懦夫。"

小群体动力有能力颠覆人们认为一种行为理智与否的信念。就自杀式炸弹袭击者报告的困扰来看，他们多数人报告的困扰是他们受到了太多阻碍。"神风特攻队"的飞行员担心的是日本的燃料即将耗尽，没有足够的汽油让他们飞完这一趟有去无回的"任务"。

小群体施加在个体身上的这种力量，解释了为何在每一个涉及自杀式炸弹袭击者的历史事件中，自愿"赴死"的男性和女性数量都超过了需要的人数。这些志愿者中有许多人不仅能力不逊于人，甚而还天赋异禀。站在训练和制造自杀式炸弹袭击者的操纵集团的角度来看，既然能得到聪明能干的人才，又何必去利用那些愚蠢或精神错乱的人？

自杀式炸弹袭击者所属的群体非常排外，这种排外性正是这个群体的核心吸引力之一。进入隧道，即将普通人拉进自杀式炸弹袭击者的世界的通道的第一步是迎合其自尊心：进入隧道的机会是有限的，这是对所谓"最具奉献精神"和那些"拥有罕见才华"的人的奖励。进入隧道就是要让自己从同辈中脱颖而出，成为不一样的存在。

拉里·莱顿并不是打从一开始就想成为自杀式恐怖分子。如果你从小就认识他，你绝对会说他的性情与自杀式炸弹袭击者截然相反。（莱顿拒绝就这本书接受采访，他说他不想再重温那些痛苦的记忆。他的故事的详情脱胎自对他的家人和"人民圣殿"以前的成员的采访，还有联邦调查局从琼斯镇查获的记录和文

第七章　隧道

件、幸存者写的回忆录、庭审证词和圭亚那监狱对莱顿所做的非常出色的精神评估。）

拉里是丽莎·莱顿（Lisa Layton）和联邦政府科学家劳伦斯·莱顿（Laurence Layton）的第三个孩子。拉里对非暴力理念非常感兴趣。他从小就是贵格会的信徒，内化了贵格会处理个人和政治冲突的方式。11 岁时，有个恶霸欺凌他，他却拒不还手——他只是伸直手臂、捏紧拳头，静静地站着，任凭恶霸一次又一次地挑衅他。

他的兄弟托马斯（Thomas）后来在由莱顿家族中的多人共同撰写的一本名为《我父之家》(In My Father's House)的回忆录中追忆道[2]，拉里"宁肯别人把他当作懦夫"。托马斯补充道："拉里总是很坦率、可靠、听话。拉里是我们家最虔诚的贵格会信徒。他的思想和行为无不依从道德和伦理准则。也许身为一个弱者，他对世界上受压迫的人产生了同理心。"

莱顿虽然并不外向，但对政治很感兴趣，他们全家从华盛顿搬到加州后，他成了伯克利高中青年民主党的主席。他们高中校报《自由报》(The Liberal)的大部分文章出自莱顿的手笔。他对民权运动充满热情，认为自己有朝一日也会去竞选公职。"我在女孩面前非常害羞，高中期间只交过一个女朋友，她也和我一样是个政治狂人。"他后来说。

约翰·肯尼迪遇刺一事，令莱顿对政治改变世界的能力感到幻灭。进入加州大学后，他开始接触毒品。莱顿感到与同龄人格格不入，大学生活让他觉得自己"与主流社会的隔阂进一步加深，主流社会争权夺利，缺乏兄弟情谊"。

1967 年，他与卡洛琳·穆尔结成连理，这个年轻姑娘有着和他一样的理想主义情怀。当他受征兵委员会征召要到越南去服兵役时,莱顿说自己出于道义原因拒绝服役,他原则上反对暴力。征兵委员会没有批准他拒绝服役的请求,让他做好服现役的准备。但莱顿说自己原则上反对暴力并非说说而已。1968年,拉里和卡洛琳夫妻二人搬到了加州尤凯亚。简单说来,他们是在"寻找乌托邦"。

他们并不知道一名大力鼓吹《圣经》教义的印第安纳波利斯牧师,早于1965年搬到了附近的红杉谷。身为牧师的吉姆·琼斯之所以选择这个地方,是因为他从杂志上读到若核战爆发这里将是全国最安全的地方,而琼斯认为核战已一触即发。拉里和卡洛琳夫妇搬到尤凯亚后不久,琼斯派手下的传教士来给当地新来的老师分发蛋糕,而卡洛琳·莱顿就在学校里当老师。夫妻俩了解到"人民圣殿"是个多种族的组织,他们反对越战,积极投身民权运动。这正是这对理想主义夫妇一直在寻找的东西。拉里后来出庭作证时回忆说,他们夫妇二人造访琼斯所在的教堂时,这位"布道者"将拉里·莱顿拉到一旁,说中了"他生活中的一些私事"。琼斯说他的通灵能力显示,卡洛琳·莱顿前一天出去采摘浆果了。这位"布道者"还跟莱顿说,他一直以来都患有一种严重的疾病,但与琼斯的接触使他不药而愈了。这位颇富魅力的"布道者"对这个年轻人给予了极大的关注和赞赏。他明确表示,如果莱顿加入"人民圣殿",他将能为人类做出一些特别的贡献。琼斯迎合了莱顿的自尊心,他告诉这个年轻的理想主义者,他们的事业需要他的帮助。莱顿当即为这个他寻觅已久的"领袖"所折服,相信了他说的一切。

第七章 隧道

丽贝卡·穆尔和菲尔丁·麦吉第三次前往圭亚那监狱探视拉里·莱顿时，莱顿穿过监狱的院子一路走来似乎显得很高兴，但一走到铁网的隔断前，便变得"紧张不安"。莱顿告诉两位探视者，"他等不及想要离开这个鬼地方了"，还请他们往他的监狱账户里打点钱，以便他购买生活必需品。他谈到了一点将来的事。

丽贝卡·穆尔礼貌地聆听着拉里·莱顿讲述他离开监狱之后的生活梦想。这名未遂的自杀式炸弹袭击者渴望待在户外的森林里、溪流旁或海滩上。穆尔不太确定她以前的这位亲戚能否真的适应外面的世界。她并不担心他会有什么暴力之举——硬要说的话，她反而担心他实在是太好说话了。"虽然他非常温和，但确实有些怪异。"她在探视后写信给她的父母说，"警察局长说他是个怪人。"

穆尔和麦吉依旧没能弄清他们最初想问的那些问题。拉里·莱顿分明有那么多活下去的理由，却依旧决定出去执行自杀式"任务"。别的不说，他美丽的妻子当时正怀有五个月的身孕。他为什么还愿意赴死？

吉姆·琼斯从一开始就严厉抨击不忠诚的行为。据说一些神秘组织总在谋划要摧毁"人民圣殿"，琼斯便对"叛徒"特别警惕。他五花八门的教众很能理解这位"布道者"的严词厉色。毕竟，政治理想主义者罗伯特·肯尼迪和马丁·路德·金双双遇刺了。联邦调查局窃听了总统政敌的电话。警方渗透进了反主流文化组织，杀害反战的抗议者。

不过，琼斯的这种想法也与教众的个人经历发生了共鸣。拉里与卡洛琳夫妇此前总觉得与社会格格不入，所以不费吹灰之力就能被说服相信主流社会正试图危害他们新结交的这群朋友。拉里·莱顿的妹妹黛比最近发现她母亲有犹太血统，内心很是纠结。她变得对反犹太主义异常敏感，而加入"人民圣殿"的平等主义世界对她来说是种解脱。另一名成员维恩·戈斯尼（Vern Gosney）因为女友是黑人而租不到公寓。这对跨种族情侣走到哪里都被人拒之门外。戈斯尼最终靠带着他的姊妹去找房，才勉强找到了一间公寓。没过多久，戈斯尼的女友在分娩中死亡——医生错估了她所需的麻醉剂量。在随后的诉讼中，那名医生说患者的肤色太深，很难看出她处于缺氧状态——如果她是白人，就能一眼看出她在发紫。陪审团认同了医生的说法。诸如此类的事情激怒了戈斯尼和"人民圣殿"的其他成员。莱顿家族的拉里、卡洛琳和黛比开始认同，如果你不参与解决问题，那你就属于该解决的问题。拉里·莱顿开始打多份工，并将他的大部分薪水上交"人民圣殿"。

"待在'人民圣殿'里并非随时随地都很愉快，但总觉得自己真的在做一些推动社会进步的事，"莱顿后来如此写道，"而且这里有一种很强的社群感——不同种族的人由衷地彼此关照。"

莱顿生平第一次发现他周围的一小群人与他"志同道合"——这里的每一位成员都共享并认同他的世界观。莱顿走入了隧道——只不过他自己感觉不到。他觉得自己只是和朋友在一起。

左右"人民圣殿"教众的这种隧道视野，也同样困扰着其他群体。譬如，莱顿的妹妹黛比"叛逃"后，在美国一家企业开启了新生活。当她和那些快速晋升以获得经济成功的人一样养成了疯狂忙碌的习惯后，她反思说她商业上的同事和她当初刚加入

第七章 隧道

"人民圣殿"时认识的一些年轻朋友有许多共同之处。"无论是给穷人看病还是把公司做上市挣得百万之利,追求的目标是一样的。"她在一次采访中如是说,"你所有的痛苦都要有所回报。这就是人们变得如此短视的原因。"

和今天许多豢养自杀式炸弹袭击者的组织一样,"人民圣殿"也为被社会抛弃的人提供一些帮助。要不是 20 世纪 60 年代末 70 年代初那阵子,美国种族主义泛滥、贫富差异显著,"人民圣殿"绝对无法吸引那么多成员。腐败、贫困和无望,时至今日也同样在将那些年轻的理想主义者推向恐怖组织。绝望使得小群体、小集团和邪教对于那些心怀远大梦想却没有希望实现梦想的人来说非常有吸引力。

汤米·华盛顿(Tommy Washington)被家人拉进琼斯的组织时才不过七八岁。对于年幼的黑人男孩来说,这个社群非常棒。琼斯会在圣诞节分发精美的礼物,令华盛顿感受到"爱"与"接纳"。组织人数的不断增长赋予了琼斯政治影响力,他利用他的人脉帮助他的教众。琼斯让拉里·莱顿再次向越战征兵委员会提交出于道义原因不服兵役的申请,结果获得了批准。

这位鼓动者给不同的成员灌输不同的思想。对于像莱顿这样重视政治和观念的人,他就灌输大同主义思想。对于那些希望自己信奉的宗教带有一些戏剧成分的人,琼斯会在"布道"时将《圣经》一把扔到地板上。在一阵目瞪口呆的沉默之后,他将自己献给上苍,甘愿为方才亵渎神明的行为遭受雷击。没有出现闪电,琼斯便会说上帝之所以没有杀死他,是因为……他就是上帝。

琼斯做过大量的信仰治疗,然后没完没了地宣传那些被他

"治愈"之人的证词。琼斯会把手"伸进"人的体内,"取出"肿瘤,只有极少数核心成员知道那些肿瘤实际上是事先放好的煮过的鸡肝。若信仰治疗不起作用,琼斯会跟教徒说那是因为他们不够虔诚——他帮助他们的力量完全取决于**他们有多信任他**。若有人要离开他的组织,似乎一定会有坏事临头。维恩·戈斯尼退出了"人民圣殿",没多久他的女友就逝世了。戈斯尼绝望而孤苦,还带着一个单靠他自己照顾不了的小婴儿,于是他向琼斯求助。琼斯欢迎他回去,但戈斯尼仍记得他当时听到的训诫:"这就是你离开的下场。"

2004年,西班牙举行全国大选的前几天,一小撮人在当地策划了一起连环爆炸案。几周后,警方在马德里包围了部分行凶者所在的公寓,这些人选择了自爆。"基地"组织为这一连串爆炸事件摇旗呐喊,调查人员很快开始侦查西班牙炸弹袭击者和国际恐怖组织之间的联系。

密歇根大学人类学家斯科特·阿特兰(Scott Atran)也在法国国家科学研究中心研究恐怖组织,在他看来,是"基地"组织的招募人员挑选和训练了这些人,然后策划了爆炸案,这种说法很是荒谬——尽管这种故事情节广为流传。在详细的实地研究中,阿特兰发现持宗教极端主义观点的年轻男子加入所谓国际"圣战"的模式与人们通常的说法截然两样,人们通常认为"基地"组织的招募人员神鬼不觉地散布于世界各地,物色自杀式炸弹袭击者。这种传统解释遵循的是电话推销的模式——你一个劲儿地联系尽可能多的人,希望其中有少数人会购买你的产品。鉴于"基地"组织推销的其中一件产品是自杀,这种传统说法听起

第七章 隧道

来便显得很合理,因为大多数人不愿意自杀。我们有理由认为,你需要付出大量努力,才能招募到愿意做这等苦差的人。我们还直觉地认为,大多数甘愿参与这种任务的人一定贫困潦倒、走投无路——他们别无选择——或者有些私人恩怨要解决。还可能是些愚蠢的年轻男子,愿意相信来世有处女作陪的天方夜谭。

另一位恐怖主义研究人员马克·塞奇曼(Marc Sageman)建立了一个包含数百名"基地"组织恐怖分子档案的数据库。四分之三的人已婚,三分之二的人有小孩,数量还不少——他们可不是性饥渴的青少年。

那么宗教狂热呢?将自杀式爆炸袭击引入现代社会的组织是"泰米尔猛虎解放"组织(LTTE),该组织以印度教徒为主,但其最核心的身份认同并非建立在宗教之上,而是建立在泰米尔语之上。令 LTTE 的骨干甘愿为之"牺牲"的似乎是泰米尔文化和身为泰米尔人的骄傲。

"黎巴嫩三分之二的[自杀式]袭击是由不信教的组织制造的。"特拉维夫大学的以色列心理学家阿里尔·梅拉里补充道,"宗教既不是必要原因,也不是充分原因。"

许多训练自杀式炸弹袭击者的组织确实表示,社会羞辱是引发他们愤怒的根源,但这并不代表自杀式炸弹袭击者本人遭遇过这样的羞辱。"很多人直觉地认为羞辱是刺激自杀式炸弹袭击者的重要因素,但我们做了测试,发现大多数人的直觉是错的。"阿特兰说,"我们发现羞辱与施暴倾向成反比。受辱的人不会付诸暴力,但其他人却会打着受辱者的名义动手。"

西班牙当局在审判 2004 年爆炸案的部分主谋时发现,大部分谋划者来自摩洛哥北部的一个小社区。阿特兰在调查这些人的生平资料时探知,他们最常出入的地方不是当地的清真寺,而是当地的咖啡馆。"基地"组织的招募人员去那儿寻找这些西班牙炸弹袭击者了吗?没有。是这些炸弹袭击者去找的"基地"组织。

"这些人聚在一起,创造了一个平行宇宙。"阿特兰说。他还采访过"9·11"袭击的主谋穆罕默德·阿塔和"9·11"的策划者拉姆齐·比纳尔什布(Ramzi bin al-Shibh)的邻居,也发现了同样的模式:"他们搬了20张床垫来,住在一起。他们生活在另一个世界。"

阿特兰去了摩洛哥,去了解袭击西班牙的恐怖分子到底生活在一个怎样的地方。"我去了摩洛哥一个叫普林西佩的行政区。我坐在那儿的广场上,和小孩们谈论他们心目中的英雄是谁。他们说是罗纳尔迪尼奥[足球明星]、终结者和奥萨马·本·拉登。他们还在纠结是成为本·拉登好,还是成为罗纳尔迪尼奥好。那儿有两家咖啡馆。我都去了。当地年轻人邀请我进去喝茶,店里昼夜不停地播放半岛电视台的节目。新闻讲了十分钟伊拉克的事,讲了五分钟巴勒斯坦的事,还讲了五分钟世界其他地方的事。他们描绘血腥的场面以及伊斯兰教受到了怎样的攻击。一个带着6岁的儿子一起来店里的男人说:'我发誓要是有机会殉教,我一定义不容辞。'他们看到了这样的不公,他们存在确认偏误,其他的一切都被屏蔽掉了。小孩就在一旁耳濡目染。这就是制造炸弹袭击者的方式,在理发店或咖啡馆里闲谈、讲故事,讲战争的故事。没有什么招兵买马的人。没有人说:'加入圣战吧。我给你钱。'"

阿特兰在摩洛哥发现了一些社区,这些社区里出了好几十个

第七章 隧道

愿意前往一个遥远的地方,去做自杀式炸弹袭击者的年轻男子。他发现一个年轻人是否会成为自杀式炸弹袭击者的最佳预测因素不是他的宗教信仰,而是他是否隶属于一个**其他人**都决定成为自杀式恐怖分子的小群体。在这些小群体里,成为自杀式恐怖分子已经成了一种群体规范。阿特兰告诉我,这种小型"兄弟团"一起行动、一起幻想、一起生活。他们娶了彼此的姊妹,成了彼此的宇宙。

阿特兰追踪记录了恐怖组织"伊斯兰祈祷团"的45场婚礼,这些婚礼全是该组织的成员与另一位成员的亲人通婚。小群体动力解释了为何侦查人员经常在恐怖分子的婚礼视频中,精准地发现这些恐怖分子的潜在同伙。

隧道的主要特征是它阻隔了外在世界。在日常生活中,我们会受到各个方向的拉扯。相互冲突的责任、各执一词的观念以及嘈杂龃龉的多语言文化都给我们的生活带来了压力,但同时也让我们不会从单一的角度看待事物。而进入自杀式炸弹袭击者的隧道后,人们就被剥夺了——无论是有意还是无意——与外在世界的这种寻常的牵扯。对置身其中的人来说,隧道就是他们的整个世界。这些亲如兄弟姊妹的小团体彼此"肝胆相照",他们可能为各种各样的事物走到一起——一项"政治事业"、一支运动队、一段共同经历的历史。这种隧道行为的例子随处可见——比如,有人在额头上文了某支运动队的标志。但就像宗教或经历一样,运动所提供的也只是一种能够激活潜在的心理历程的表达方式和表达途径。一些隧道将人们引向"自我牺牲"和公共服务,还有一些则导向暴力;一些隧道将人们变成工作狂,还有一些则通往享乐主义。在我们看来,芝加哥熊队的球迷将球队的标志文在自己的脸颊上，似乎是疯狂之举。但严格说来，熊队的球迷并没有疯。他所处的隧道让他的所作所为与我们对正常行为的定义相去甚远，以至于我们唯有将他称作疯子才能理解他的行为——但这么做无益于更深入地理解他这个人或他的动机。当我们认为自杀式炸弹袭击者是疯狂而邪恶的狂热分子时，我们实际上是在用我们的标准衡量他们的行为。但在隧道里面，世界已颠倒了乾坤。我们的标准不再适用。

二战行将结束之际，高桥正巳（Masami Takahashi）的父亲以13岁的年纪，报名加入"神风特攻队"。培养日本自杀式炸弹袭击者的是所"精英"院校，入学竞争非常激烈。曾和他父亲一样同为"神风特攻队"新兵的那些人告诉高桥——他最终移居芝加哥，成了一名心理学家——为日本而死的观念已深入每个学生心中。唯一的区别在于是要死得"光荣"还是死得"无谓"。成千上万的年轻人报名参加那些越发离奇的自杀式"任务"，他们唯一的苦恼是这场战争能否持续到轮到他们出场的时候。最终，一队队自杀式滑行机飞行员和自杀式鱼雷兵应运而生，那些鱼雷兵携带的氧气只够他们在水下操纵鱼雷击中行进中的战舰。还有一些人自愿成为自杀式地雷，他们被活埋在海滩上的沙子下面，美军的坦克一登陆就引爆自己。这些年轻人滔滔不绝地相互讲述前辈们的"英勇事迹"，梦想着有朝一日也能成为他们那样的"英雄"。虽然神道教的思想能为这些"任务"提供一些说辞，但高桥发现他父亲和他父亲大部分的朋友都没有宗教信仰，他们都"不够走运"，还没来得及执行自杀式"任务"战争就结束了。他们许多人是无神论者或基督徒，不太可能听信神道教的那一套。他们也完完全全是普通人，并不认为自己要做的事有多么不同寻

第七章　隧道

常、多么"英勇"。

所有这些研究的核心要义是,自杀式恐怖主义只是一种更为宽泛的现象中的一个特殊例子而已。隐藏脑追求认可和意义的动力和小群体赋予我们这种认可和意义的能力,为精英企业的管理部门、青年海军陆战队、恐怖组织和能将理想主义者引入歧途的传教会所共有。在意识层面,勇敢的士兵、理想主义的传教士和自杀式恐怖分子都可能会告诉你,他们的动机无外乎爱国主义、服务公众和宗教。但在无意识层面,他们的动机同出一辙——为了依附于比自身更伟大的事物,为了证明自身的独特性,为了归属于一个群体,而这个群体的福祉与存续比自己的性命更重要。

一旦一个恐怖组织确立了他们的宗旨,宣扬某项"事业"意义非凡,那么参与这项运动自然就能让普通人从同辈中脱颖而出,根本不需要人出去招兵买马。**他们自己就会找上门来。**

马克·塞奇曼一语道破:"人们愿意成为自杀式炸弹袭击者,是因为他们就是宗教极端分子中的摇滚巨星。"

研究人员伊莱·博曼(Eli Berman)和戴维·莱廷(David Laitin)就支持自杀式恐怖主义的组织提出了一个理论。恐怖分子的首脑通常都被人斥巨资通缉,普通成员只要"背叛"同伴就能获得巨大的利益。博曼和莱廷提出了一个简单却十分有趣的问题:为什么他们很少出卖同伴?两名研究人员得出的结论是,原因在于恐怖组织的运作方式与专属俱乐部异曲同工。恐怖组织的成员关系紧密牢固,可以毫无保留地彼此信任,因为入会规则已经让他们完成了一轮自我筛选,那些规则一开始就为进入组织设下了难以跨越的门槛。与读书会或健身俱乐部——人人都可以加入，但很少有人能长期待下去——不同的是，专属俱乐部会想尽办法**限制**成员数量。它们的入会门槛高，会费昂贵，就算你很富有，也可能拿不到名额，除非你和里面的某个会员关系密切。这类俱乐部筑起社会壁垒或要求申请者在转为正式会员前经历漫长的考核期，也就有效地淘汰了那些并非诚心想加入的候选人，为少数通过筛选的"精英"日后"肝胆相照"奠定了基础。那些需要新教徒历经多年的苦修和祈祷才能成为正式教徒的宗教教派也是一样。或许这就是为什么在讲究团结的组织中，存在欺凌新成员和对其犯下的小过错施以严惩的仪式性行为。恐怖组织表面上是为人所不齿的组织，却不肯轻易让人加入，这一点看似自相矛盾，但博曼和莱廷有理有据地指出，这样的规则是这些组织得以存续的唯一途径。[3]

"人民圣殿"就是一个非常排外的俱乐部。琼斯等人确实会积极招募新成员，但他们轻易不会让人留下来。只有铁杆信徒才愿意忍受那些疯狂的要求。虽然这意味着许多人会退出，但也意味着留下来的人会更有凝聚力，身边围绕着的也很可能是和自己差不多的人。通过这种渗漏，隧道反而被密封了起来。拉里·莱顿的另一个姊妹安娜丽莎（Annalisa）曾短暂地流连于该组织，但最终退出了。她受不了"人民圣殿"的专制。相比之下，莱顿的母亲丽莎却深受吸引留了下来，在这里找到了她在别处找不到的安适与意义。

琼斯用以巩固教徒忠诚度的一个手段是举行忏悔仪式，在仪式上他会授予那些承认自己做过和设想过卑鄙可怕之事的人加入"精英计划委员会"的荣耀。这一"净化"过程由琼斯或他的副手对某人提出控诉开始。拒不认错的人会遭到众人的嘲弄和奚

第七章 隧道

落，面临穷追猛打的审问，直至他们承认自己的"罪行"。如果你属于"精英"圈层，那更该由你领头对你所爱的人发起首轮攻讦——但凡有丝毫犹豫都会让整个组织掉头来攻击你，因为你将私人关系置于群体忠诚之上。

仪式持续二十个小时之久，受害者必须一直站在原地，任由他人痛斥。很快，教徒们发现挺过这一仪式的最快方法就是带头自我批判。如果有人对你提出控诉，最好的办法是承认你还做过远比这更糟的事。这种行为会被视作忠诚和坦白的标志。于是人们承认了各种肮脏的思想，他们可能做过也可能没做过的不法行为，还有几乎所有种类的性变态行为。这种仪式让人备感脆弱，几乎每个成员都在不同时期遭受过嘲弄、羞辱，被迫服从集体的意志。许多仪式都被偷偷录了下来，用来勒索日后想要背弃组织的成员。该仪式有很强的心理作用——它强调了对琼斯的忠诚高于其他所有关系。

教徒认罪后往往会受到惩罚。有时，琼斯会和受害人的丈夫或妻子发生性关系以示惩戒，而事后受害人及其配偶还得感谢他"赦免"了他们。琼斯着手改写隧道内部的人类行为规范，无法认同的人离开了，但留下的人则变相同意了放弃外部世界的价值观。这些仪式让教徒越陷越深——唯一能向自己解释这些稀奇古怪的仪式的方法，就是摈弃一切来自隧道之外的观念。期许获得一个人应有的尊严和体面，会让这种"净化"仪式变得无法忍受。

拉里和卡洛琳夫妇加入"人民圣殿"后，琼斯很快便勾引了卡洛琳。举行过一次公开的仪式后不久，他让卡洛琳宣称拉里·莱顿是个不称职的丈夫和爱人，她希望离婚。拉里·莱顿无言以对，但还没等他重新振作起来，琼斯就给他安排了一个新伴侣，是个年轻的金发女郎，名为卡伦·道（Karen Tow）。在隧道之外，像这样干预别人的私生活会引发拳脚和诉讼，起码也会搞得老死不相往来。而在隧道之内，这样的操控却巩固了人们的信念，即琼斯不仅有权管理整个组织，还有权管理所有成员的私生活。

久而久之，莱顿逐渐爱上了卡伦，而琼斯又故技重施勾引了她。莱顿向琼斯承认他很愤怒后，琼斯让他在一次"净化"仪式上成为众矢之的。莱顿一定是有什么毛病，才没能认识到琼斯和这些女性上床是为了**她们**好。莱顿被迫一动不动地站着，任凭教众冲他一顿痛批。他爱戴尊重的人，纷纷数落着他人生中犯下的每一个错误。然后他们开始殴打他——体罚逐渐成为"净化"仪式的一部分。他很快便开始流血。他试图反击，却被人指责这是"懦夫"行径，背弃了非暴力的原则。

无论男女都被迫承认他们有心勾引琼斯。做出这样的自白后，琼斯通常就会强奸他们。强奸莱顿的妹妹黛比后，琼斯对她说，他感应到她需要和一位"圣者"发生关系。如他屡屡对其他人所做的那样，琼斯事后公开宣布，是黛比硬要和他发生关系。这个年轻的姑娘一如既往地遭到了一连串指责和中伤，被批评为了自己这点微不足道的需求去纠缠琼斯。在造访洛杉矶期间，琼斯也强奸了拉里·莱顿。琼斯对莱顿说，经受这种痛苦是在训练他，因为日后政府特工会囚禁和折磨教众。琼斯后来当着将近一千名教众的面，讲述了他和莱顿之间的事。拉里·莱顿后来出庭作证说："那是我一生经受过的最痛苦最可怕的经历。……之后在教众面前受辱……则彻底摧毁了我的自我价值。"

第七章 隧道

隧道里黑白颠倒。拉里·莱顿有时自己都闹不清他对琼斯是爱是恨。"我把发生的事都怪罪在自己身上。虽然我对琼斯存有恨意，但我……我开始认为我之所以恨他是我内心的邪恶作祟。"琼斯让莱顿相信，他"上辈子是个恶人，如今才有此果报。何况他……他还会煽动所有教众。不仅仅是他会攻击你，所有教众都会冲你大吼大叫、咆哮怒吼。每个人都会站起来，细数我曾经有什么对不起他们的地方或做过什么错事"。

除了营建自杀式恐怖分子生存的隧道所必需的心理因素外，许多组织还会切断新成员与外部世界的物理联系。"人民圣殿"在加州逐渐壮大之际，琼斯想尽一切办法隐匿他的组织。当记者流露出可能要揭发他的想法时，琼斯发动他的追随者迈出了与世隔绝的最后一步。20世纪70年代，琼斯大部分时间在筹备逃往圭亚那，他在那儿租下了数千英亩的土地，开始建造一个"乌托邦"式的村落。由于总是疑心会受到中央情报局和联邦调查局的威胁，何况记者和当局已经开始密切关注琼斯的动向，他还切实地面临着被揭发的威胁，琼斯和为数众多的追随者于1977年将阵营迁至圭亚那。他们带走了大量成员在"净化"仪式上的"认罪"自白录像，用以勒索那些留在美国的成员，以免他们会说些对组织不利的言论。琼斯还将众多枪支弹药转移到了圭亚那。

尽管拉里·莱顿多年来唯命是从地付出，却没有收到一并前往"乌托邦"的邀请。然而，几个月后，其妹妹黛比——她之前随琼斯搬去了圭亚那——从"人民圣殿"逃出，她带回美国的消息是琼斯镇无异于一个集中营。在得知黛比消失的当天，琼斯便将拉里·莱顿从加州召了过来。莱顿的家人试图阻止他过去，但他死活要听从琼斯的命令。除了对琼斯唯命是从之外，莱顿想去圭亚那还因为他有家人在那儿——他身患癌症的母亲就在琼斯镇。

莱顿的妻子卡伦也在琼斯镇。莱顿于1978年5月15日入境圭亚那。接下来数周，黛比·莱顿都试图警告美国政府，琼斯正在策划一场大规模的集体自杀，而拉里·莱顿和丽莎·莱顿则有条有理地向媒体驳斥了黛比的说辞，并质疑她说话的信誉。

拉里·莱顿与《旧金山纪事报》的一名记者之间的一次谈话的文字记录显示，他曾说："她说出这些话来我并不奇怪。她从我和其他人那里偷走了数千美元。……我想她可能还在吸毒。"丽莎·莱顿插话道："老年人在这里的待遇很好。我们奉行大同主义，大同主义对老年人非常好。"拉里·莱顿重新接过话头，拿出"净化"仪式中的那套老把戏故技重施："我希望能说几句话反驳一下我妹妹公开发表的那堆如山的谎言……她是个小偷！她之所以攻击我们，就是因为她偷了母亲的钱。所以她才会说出这堆无稽之谈。而那些话之所以被媒体宣扬开去，是因为我们奉行大同主义。"

琼斯在他的"乌托邦"里安排了武装警卫巡逻。夜间，琼斯镇的人们会听到枪声，第二天早上琼斯会告诉他们，他的警卫击退了受雇于中央情报局的雇佣兵的袭击。有时他会让追随者们手持砍刀守夜，以对付来犯的敌人。他大肆宣扬各色阴谋，并安插人员假意引诱其他成员"叛教"。人们越来越不敢谈论他们对琼斯镇的担忧，因为他们的好友可能一直都在为琼斯工作。琼斯一如从前，继续为人们提供服务，满足他们的精神需求，并声称能治愈他们的疾病。

拉里·莱顿恳请琼斯治好他母亲的癌症。丽莎·莱顿痛苦不

第七章 隧道

堪，部分原因正在于琼斯镇几乎没有什么像样的医疗手段。但琼斯说黛比"叛教",丧失了"信仰",使得他对莱顿一家爱莫能助。琼斯多年来一直告诉人们,他之所以能治好他们,是源于**他们**对**他**的信奉。拉里·莱顿崩溃不已。他只能眼睁睁地看着母亲在痛苦中死去,什么也做不了。琼斯在公开演讲中花费了数小时痛斥黛比·莱顿"背叛"了他们所有人。拉里·莱顿愧疚难当。琼斯镇的所有问题仿佛都是他造成的。9月,理查德·加纳罗（Richard Janaro）被分配到了莱顿的小屋。加纳罗事后回忆称,莱顿当时胡子拉碴,寡言少语。"我没事,"他会不耐烦地说,"别管我。"

1978年11月,国会议员里奥·瑞恩带领一个调查组抵达圭亚那后,琼斯之前灌输的种种妄想爆发了开来。在琼斯镇这条隧道里,这件事最终印证了敌人绝不会放过他们这些"理想主义者"。11月17日,瑞恩一行人进入琼斯镇,对当地居民进行走访。许多人告诉他,他们从未想过离开。"对于和我交谈过的许多人而言,琼斯镇是他们这辈子到过的最好的地方。"瑞恩在公开演讲中说道,这句话赢得全场起立鼓掌。然而,第二天气氛就变得紧张不已,因为有15个人明确表示想离开。他们的营地有近千名美国人,"叛教者"只是其中极小的一部分,但在琼斯和其他人看来,这却无异于证实了他们遭到了致命的"背叛"。

拉里·莱顿终于看到了"将功补过"的机会。母亲逝世、妹妹"叛教"、自己深感愧疚,经历了这一切之后,他终于找到了一个变成"英雄"的方法。莱顿请求琼斯允许他加入"叛教者"之列,去炸毁他们离境的航班。"我可以带着炸药上去,你知道的。"莱顿后来回忆了他与琼斯的这段谈话,"他说:'不,我们不懂制作炸药。'我说：'好吧，我可以用枪。'但他还是不同意。"然而，在和自己的左右手商讨过后，琼斯最终同意了执行计划。琼斯的一个情妇玛利亚·卡察里斯（Maria Katsaris）在与琼斯会面后，出来告诉拉里·莱顿："行了，照计划去做吧，就用枪。"

拉里对国会议员瑞恩说他也有意"叛教"。其余的"叛教者"都将信将疑。但议员同意带上莱顿，并安排人员在登机前对莱顿进行搜身。幸存者回忆说，在他们被送往五英里开外的凯图马港机场的途中，莱顿死一般地沉寂。还有人回忆说，他几乎处于一种"灵魂出窍的状态"。

莱顿是在惧怕即将到来的死亡吗？这是隧道*之外*的想法。错，莱顿在担心"任务"会出岔子。多年来，琼斯一直告诉他的追随者，16这个数字不吉利。莱顿在去机场的路上意识到，因为他的加入，"叛教"的人数变成了16人。这不是个好兆头。而更糟糕的还在后面。莱顿原本以为机场只会有一架飞机，议员和所有人都坐那架飞机。而他只要摧毁了那架飞机，就能让自己浸淫在他一生都从未有过的"荣光"之中。但他们抵达机场后，来了两架飞机。因为"叛教"的人数比瑞恩预想的多，议员又安排了第二架飞机。

"当我发现有两架飞机时，我害怕极了，因为我知道我所做的一切都白费了，"莱顿后来说，"但紧接着我知道——我觉得，我必须得把计划进行下去……我觉得我是自愿的。我并不觉得……呃，我是说我觉得我做的事是对的。但……我很害怕，因为很多地方都出了岔子。就像我们组织一直认为16是个不吉利的数字。而要登机的刚好又有16个人……我觉得一切都走了样，

第七章 隧道

非常糟糕。"

琼斯和卡察里斯则预料到了这个问题。在将莱顿派出去之前，卡察里斯对他说过："如果有两架飞机，你一定要登上第一架。"

莱顿挤到前面，要求搭乘第一架飞机，那是一架六座的塞斯纳。其余"叛教者"都聚集在机场跑道上时，莱顿偷偷登上了飞机。议员瑞恩命令莱顿下来。他在飞机上只待了不过几秒钟。然后被人搜了身，没发现异样，才得以再次登机。他坐在第二排，就在飞行员后面。维恩·戈斯尼坐他旁边，"人民圣殿"成员戴尔·帕克斯（Dale Parks）及其姊妹坐在他们后面一排。另一位成员莫妮卡·巴格比（Monica Bagby）坐在前排，挨着飞行员。

一辆平板拖车驶入机场，停在第二架飞机附近。莱顿知道琼斯的其他拥护者也被派来了机场，就在那辆拖车上，但他并不清楚他们收到了怎样的指示。"我是说，我以为我只要登上飞机就万事大吉了。"他后来如是说。

"你以为议员也会在那架飞机上？"后来跟他对谈的精神科医生问道。

"我以为所有人都会在那架飞机上。"莱顿答道。

莱顿搭乘的飞机开始滑行。但当其余"叛教者"陆续登上议员所乘坐的第二架飞机时，那辆平板拖车突然挡住了莱顿搭乘的飞机的去路，拖车上的枪手开始朝瑞恩议员和其他人开火。

"我不知道这些人会冒出来，"莱顿回忆说，"我记得那辆拖车上是载着一些人。但我首先听到的是：砰！砰！砰！"

坐在莱顿旁边的维恩·戈斯尼开始尖叫："他们要杀光所有人！他们要杀光所有人！"

"真该死。"莱顿暗想。

他们的飞机还没有起飞。莱顿仍执意要坠机——即便这么做已毫无意义。他开始冲飞行员大喊:"让飞机飞起来!飞起来!"

但这架塞斯纳被挡住了去路。拖车上的人则集中火力攻击第二架飞机上的"叛教者"。

维恩·戈斯尼转过身来时,看到拉里·莱顿手上拿着一把枪。

莱顿近距离给了他一枪,又将枪口对准前座,射中了莫妮卡·巴格比。然后他猛地回转身来,用枪抵住戴尔·帕克斯的胸口,扣动了扳机。

帕克斯倒在了座位上。片刻之后他才意识到自己还没有死。枪哑火了。帕克斯跳上前去,争夺莱顿手里的枪。

戈斯尼虽然受了伤,却还是帮助帕克斯制服了莱顿。这名想搞自杀式袭击的恐怖分子身材并不高大,无疑也不怎么会打架。帕克斯抢到了枪。他调转枪口,对准莱顿,扣动了扳机。枪又哑火了。

平板拖车上的人杀死了瑞恩议员和其余四人。机场乱成一片。塞斯纳上的乘客纷纷跑下飞机。不久后,圭亚那警方逮捕了莱顿。他束手就擒。

他签署了一份供状,上面写着:"本人,拉里·莱顿,对发生在凯图马港机场的所有伤亡负全部责任。我曾主动请求吉姆·琼斯主教批准我去炸毁飞机,但他没有同意。我想要这么做的原因是,我觉得那些人在与中央情报局合作,有意抹黑'人民圣殿'。……我去机场是想让飞机坠毁。但枪声响起后,我也开始开火。"

第七章 隧道

机场的遇难者并非莱顿所杀。他开枪射中的莫妮卡·巴格比和维恩·戈斯尼都受了伤,但没有死。杀害议员和其他人的是平板拖车上的那些人。

接下来的日子里,人们困惑于像拉里·莱顿这样的人为什么会愿意成为自杀式恐怖分子,又为什么要为自己没做过的事担责。在之后的庭审中,控辩双方的律师就供状是否为逼供所致产生了意见分歧。但从隧道内部的角度看来,莱顿的行为和他的供状都完全合理。

莱顿并不是想承担不属于他的责任。在琼斯镇这条隧道的扭曲的心理框架下,莱顿实则是想将不属于他的**功劳**据为己有。

莱顿出发去执行自杀式任务后,在距离机场五英里外的地方,琼斯发布了一个预言,搭载议员和"叛教者"返回美国的飞机将会坠毁。他声称这是他获得的又一神启。

"有一个人指责黛比·布莱基(Debbie Blakey)杀害了他的母亲,他的指责天经地义,他将不择手段地干掉飞行员。"琼斯说到黛比·莱顿时提到的是她婚后的姓氏,"他一定会这么做。飞机会从天上掉下来。没有飞行员,飞机就开不了了。"

琼斯发表了一通杂乱无章的长篇大论,内容宽泛,从动物享有的权利到智利独裁者奥古斯托·皮诺切特将军侵犯人权的行为。他警告他的教众,瑞恩的造访只是冰山一角,敌人正逐渐聚集起来,准备杀光他们所有人,折磨他们的小孩。他的妄想症已发展到极点,他认为里奥·瑞恩和那些"叛教者"会跳伞逃离失事的飞机,降落在琼斯镇,然后朝镇上的孩子们开火。

"几分钟之后,飞机上的某个人就会开枪射杀飞行员。"琼斯对他的听众们说,"这不是我策划的,但我知道要发生这样的事。有人会射杀飞行员,飞机会落入丛林,届时我们最好不要留下任何一个孩子,因为他们会跳伞落到这里来抓我们。……所以我认为,为了孩子着想、为了老人着想,我们应该像古希腊人那样,服下毒药,安然跨越生死,因为我们并不是在自杀。我们这是革命行为。不能回头。他们不会放过我们。……一旦他们开始在空中跳伞,他们就会——就会射杀无辜的婴孩。"

这段演讲被录了下来,之后为联邦调查局所查获。录音里还有几名听众的声音,他们表示凡是琼斯之命,他们无有不从。

在离开圭亚那之前,丽贝卡·穆尔和菲尔丁·麦吉最后一次去探视了拉里·莱顿,他们获准直接与莱顿面对面。那是一次简短的会面。穆尔拥抱了莱顿,麦吉和他握了手。

丽贝卡·穆尔后来成为圣地亚哥州立大学宗教学的教授,她在一封写给琼斯镇某位遗属的信中总结了她亲赴琼斯镇的经历:"我前往琼斯镇时暗暗希冀我的姊妹是被人谋杀的。而我发现了两件事。第一,她们没有被谋杀。她们选择了死亡。自己选择的。第二,琼斯镇并不是一个罪大恶极的地方。琼斯确实是疯了。但人们都忠于琼斯镇,忠于他们自己的理想。……即便真有人是被谋杀的,也不多:唯有孩子们肯定是被谋杀的。他们别无选择。至于其他人——他们可以碰碰运气看能不能避过守卫,有少数人就是这么做的。为什么只有两个人是被人枪杀的?我想这是因为那儿的多数人认为这种社群生活走到了末路,他们也不愿再活下去了。"

在圭亚那的监狱里,莱顿表现出种种他还活在隧道里的

第七章　隧道

迹象。他"害怕在监狱里被人处理掉，于是在肚子上刻下了'C-I-A'的字样，这样要是他遇害了，人们就会知道凶手是谁"。同样被关在圭亚那监狱中的斯蒂芬·琼斯（Stephan Jones）如是说，他是吉姆·琼斯之子。

莱顿听闻集体自杀事件后，当即认为这是他没能好好完成任务所致。如果他让飞机坠毁了，就不会有任何问题了。他失败了，所以他想保护的社群也被摧毁了。

莱顿执行的"任务"和集体自杀事件发生后不久，新泽西州的一位精神病学家哈达特·辛格·苏克德奥（Hardat Singh Sukhdeo）造访了圭亚那。他多次采访过莱顿，并录下了他们之间的谈话。"我就是——无法接受，你知道的，琼斯做出了那样的事。"莱顿有次对苏克德奥说，"在我生命的那段时期，在我意识到他是个恶魔之前，他对我来说是……是至高无上的存在。"

"我把他视作救世主，"莱顿继续说道，"不是造物主，而是救世主。你知道的，就像一个进化程度更高的人——呃，也可能是全宇宙进化程度最高的人——他来到这个星球，来廓清寰宇，引入大同主义。在某种意义上，我把他视作世间唯一的神。"

莱顿被圭亚那监狱释放了，因为当局不愿就一个美国人对其他美国人实施的犯罪行为提起公诉。莱顿被引渡回美国，在加州受审。因为他的受害人维恩·戈斯尼和莫妮卡·巴格比事发时都正旅居海外，受外国法律的管辖，案件的重点便围绕着莱顿是否密谋杀害国会议员里奥·瑞恩，他即便身在海外也有权得到美国法律的保护。

经过多次庭审，莱顿被判长期监禁。他成了模范囚犯。但琼斯镇恶名昭彰，再加上他是事后唯一被正式定罪的人，他始终无法获得假释。2001年9月11日的恐怖袭击发生后不久,莱顿再次申请假释。在美国历史上,那个时期恐怕是自杀式恐怖分子申请宽大处理的最差时机。

但在最后关头,被莱顿开枪打伤的维恩·戈斯尼听说了假释听证会的事。戈斯尼如今是夏威夷的一名警察。他自掏腰包买了张机票,飞来参加听证会。

戈斯尼说,培训出"9·11"恐怖分子的那种充满妄想的心理隧道,是用和琼斯镇一样的材料搭建起来的。"就是吉姆·琼斯所说的,甘愿'牺牲'自己,自杀式炸弹袭击者都甘愿为了他们的'事业''牺牲'自己。"戈斯尼在一次采访中对我说,"虽然我没有做过任何公然行凶之举,但我开始意识到我其实很容易处在拉里的位置上。我们都受到同样的思想灌输和精神控制,他和我一样是受害者。"

戈斯尼为他的"兄弟"拉里·莱顿所做的这番感人肺腑的证词,扭转了假释听证会的风向。莱顿不久后便被释放出狱,现居加州北部。

莱顿还在圭亚那监狱里时,曾反思过他的这段经历。一个建立在崇高的理想之上的社群怎会彻底走上歧途,而一个从小就是贵格会信徒的人又怎会变成自杀式恐怖分子?

"到底哪里出了问题?"莱顿在他从圭亚那监狱寄回家的一封信中这样问自己,"首先,当纪律变得异常严格时,人们会害怕说出他们的想法。其次,宗教精神和政治相互龃龉。民主的进步往往伴随着宗教的日益世俗化。最后,权力绝对会导致腐败。"

"'人民圣殿'的很多真相我永远也无法得知了。"莱顿说,

第七章 隧道

"我唯一能肯定的一件事是,它起初仿佛是场民权运动,而吉姆·琼斯起初则仿佛像是马丁·路德·金。显然,结果却截然不同。"

在提及服从琼斯的号召远赴圭亚那时,他写道:"离开加州的我太蠢了,但早在那之前我就已经是个蠢货了。"

当坐在圭亚那监狱的牢房里时,莱顿开始慢慢看清他居住了那么长时间的那个世界并不是真实的世界,而只是一条看起来仿如一个完整的世界的隧道罢了。多年来,莱顿一直误认为他遭到了追捕和迫害,而试图点醒他的亲人则被他视作敌人。如今,全世界都站在他的对立面,莱顿才发现还有像丽贝卡·穆尔和菲尔丁·麦吉这样的人,愿意不远千里地来支持他,以亲人相待。

"如果说监狱能教会你什么的话,那就是珍惜自由。"莱顿写道,"如果说被中伤、被唾弃能教会你什么的话,那就是珍惜那些在全世界都站在你的对立面时,仍陪伴着你的人。我的妄想到此为止了。"

第八章

司法的阴影

无意识偏见与死刑

本章会着重探讨媒体经常讨论的一个问题：刑事司法系统中的种族差异。针对隐藏脑的新研究为揭露这些差异的本质提供了惊人的信息。

我将讲述几年前发生在费城的两起谋杀案，两起案件均已告破，法庭也做出了有罪判决。在阅读这些记录时，请睁大眼睛寻找线索，看看哪些线索能告诉你哪个谋杀犯会被判终身监禁，哪个则被判处死刑。

那是费城南部一个美好的四月清晨。雷蒙德·费斯（Raymond Fiss）七点半离开家门，带着一个棕色的袋子——里面是他妻子玛丽（Marie）为他准备的午餐。费斯块头不小，260磅的体重挤在不过 5 英尺 8 英寸的身躯里。他钻进他那辆银黑色的敞篷车，发车上路。那是玛丽最后一次看见他。

第八章 司法的阴影

费斯每周六早上都有一个习惯。他在麦基恩街 2701 号开了家小美容院,在去美容院之前,他要在附近的一户人家门外按两下喇叭。那是凯瑟琳·瓦伦特(Catherine Valente)的家,这位年过七旬的老人喜欢在周六早上做头发,同时还给费斯打打零工。那天早上,费斯叮嘱瓦伦特在其他顾客上门之前先把发卷备好。这位美容师又继续开了一段路,最终停在他的美容院门口,拿上那个棕色的纸袋,打开了店门。

安吉丽娜·斯佩拉(Angelina Spera)刚刚梳理完她的头发,正坐在卧室的梳妆镜前。她家就在费斯的美容院对面。斯佩拉起身准备下楼去煮咖啡,但又在窗前逗留了一会儿。她看到有个黑人在向费斯搭讪,费斯经营那家美容院已有二十一年之久。她看到费斯已经打开了外面的防风门,也卸下了美容院大门上的锁。斯佩拉听到他对那个搭讪的人说:"给我滚出去!"

那人将费斯推进了美容院。他们一消失在斯佩拉的视野里,她便急匆匆地打电话报警。她将电话拿到窗前来,以便继续观察情况。

美容院里,费斯和袭击者越过了一把把座椅和一台台吹风机。店面很小,大约宽 19 英尺,长 17 英尺。里面有一间小小的厕所,仅设有一个马桶和洗手池。我们不知道这两人之间说了些什么,但我们知道的是那个男人在距离费斯三英尺多一点的地方射杀了他。点三八子弹射穿了费斯身着的蓝色夹克,留下灰色的焦痕。子弹射进了这位美容师的胸腔,射断他的第六根肋骨后偏转方向,挫伤了他的右肺,撕裂了他的食道。这颗子弹还撕裂了他的肝脏,切断了他的主动脉。黑色的血液涌入费斯的胸腔,涌入子弹在他的身体组织中钻出的甬道。造成无可挽回的损伤后,

隐藏的大脑

这颗子弹继而击碎了费斯的第十节胸椎，从他的第十和第十一根肋骨之间穿过，停在了左后背的皮肤下面。这位美容师跌倒在地，腿伸出厕所门外。他双眼圆睁，但眼神已毫无光彩。

凯瑟琳·瓦伦特来到美容院时，刚好听到一声犹如爆胎一般的爆破声。美容院里没有开灯，但室外阳光普照，一些自然光照进了室内。她看到美容院里有个黑人。他半对着屋子后面的小房间，喃喃自语地说："我会回来的，我会回来的。"他推开她走了出去。安吉丽娜·斯佩拉从街对面的大楼里没能看清那人的长相，但她看到他拿着一个棕色的纸袋。那人打开费斯的敞篷车，跳进车里，绝尘而去。

警察到达美容院时，费斯已经死亡。发现尸体的凯瑟琳·瓦伦特惊魂未定。是的，她告诉警察，她看到了行凶者，但她不认为她能认出他来。

"如果你再次看到那个人，你能认出他来吗？"她当天晚些时候在家中签署的一份声明显示，警察曾如此询问她。

"我觉得不行。"她答说。

安吉丽娜·斯佩拉也跟警方说她认不出行凶者。

凶手拿走了费斯身上的钱——大约30美元。这起谋杀案令整个社区愤怒不已，费城的犯罪率也在日益上升。案发三天后，在圣埃德蒙的教区大厅召开了一次会议。居民们要求终止附近的两个住房项目，并要求当局让"外来的"黑人远离白人社区。[1] 警方面临着巨大的破案压力，但一直没有找到线索。杀害费斯的那人就此销声匿迹。

案发六天后，凯瑟琳·瓦伦特坐在电视机旁，电视里正在播出第六频道的十二点新闻，但只有画面，没开声音。她看到了一

第八章　司法的阴影

个抢劫珠宝店的嫌疑人的面部照片。

"是他！是他！"她对女儿喊道，"他在电视上，他在电视上！"

在南费城的居民控诉当局没有采取足够的措施，保护他们免受犯罪的侵害的同一天，两名黑人男子出现在了金泰尔的金艺（Golden Nugget）珠宝店前。这家店位于费城东帕斯云克大道1910号，距离费斯遇害的美容院约1.5英里。珠宝店店主文森特·金泰尔（Vincent Gentile）打开电控门请他们进店。还有一名男子也尾随他们进了店。这几人想看看金饰。金泰尔将金饰都保存在一个落了锁的匣子里。他们看中了一个图坦王的吊饰，这位珠宝商告诉他们那个吊饰售价550美元。他们要求拿出来看一看。金泰尔掏出了他的钥匙。

这位珠宝商刚一打开匣子，就感到有什么东西抵在了他的后背上。他慢慢转过身来，发现是一把枪。这几名抢匪似乎有两把枪。他们逼他走到商店后面，那里是金泰尔的私人住处。他们押着他途经一个展柜时，金泰尔偷偷按下了一个无声的报警器通知了警察。其中一名抢匪警告金泰尔不要碰任何东西，他向抢匪保证他会遵守他们的指示。

商店后面的一张桌子前坐着三个人。其中一个是店里的店员，其余两人是金泰尔的朋友。一名抢匪用枪指着他们，警告说："别看我们，否则杀了你们。"三人迅速移开了目光。很快，这位珠宝商便和他的雇员罗斯·马德拉（Rose Madera）被铐在了一起，而他的两个朋友阿布纳·齐格勒（Abner Zeigler）和马修·格雷科（Matthew Greco）也被铐在了一起。所有受害人都被迫趴在地上。金泰尔感觉到有人在搜他的口袋,手指上的戒指也被摘了下来。抢匪在洗劫珠宝店时,受害人一动不动地在地上趴了大约五分钟还是十分钟。突然间,金泰尔听到一阵跑步声,一个声音高喊道:"警察,外面有警察!"

抢匪朝商店后面跑去,穿过客厅和厨房,进了院子,最终消失在后面的一条巷子里。金泰尔站不起来,他让他的朋友去给警察开门。

费城警官肯尼思·罗西特(Kenneth Rossiter)当天在南费城巡逻时,接到了同事的无线电呼叫。另一位警官在距离珠宝店一个半街区之遥的一户人家的后院里,找到了些许掉落的珠宝。罗西特和那名警官碰头后,一起敲了敲珠宝店的门,然后又敲了敲窗户,但都无人应答。周围邻居大喊他们看到有人逃跑,两位警官立马追了上去。罗西特看到一个街区之外有人奔跑的身影。那人掉头向北而去,跑到一家银行后面,穿过了一个停车场,再度往北逃窜。罗西特在一条与之并行的路线上追赶,当他到达一个十字路口时,看到那人做了一个投掷的动作,好像扔掉了什么东西。那人继而向西跑去,罗西特和另外那名警官继续追赶。他们又一次跟丢了。但在距离珠宝店三个街区远的希克斯街和莫里斯街交界的十字路口附近,罗西特发现那人就坐在一级台阶上。他身上既没有枪,也没有赃物。两位警官逮捕了他。

警方将该男子带回珠宝店,金泰尔认出他就是持枪的抢匪之一。在罗西特看到那人扔掉了什么东西的地方,警方随后在一辆停着的汽车下面发现了一把点三八口径的左轮手枪。

罗西特逮捕的那人就是两天后凯瑟琳·瓦伦特在电视上看到的那个人。弹道检测显示,警方找到的那把枪就是谋杀雷蒙

第八章 司法的阴影

德·费斯的那一把。

落网的男子名叫欧内斯特·波特（Ernest Porter），检察官指控其犯有谋杀罪。波特否认了这一指控。从美容院的门上提取到了一枚指纹，据说与波特左手拇指的指纹相符。在这起谋杀案的审判过程中，罗西特警官承认他有好几次都跟丢了那名逃跑的男子，而他最终逮捕的这名男子身上没有证据显示他和这起抢劫案有关。枪上没有指纹。但检察官让文森特·金泰尔出庭作证，这位珠宝商再三强调波特就是抢匪之一。检察官利用金泰尔的证词将波特与扔枪的男子联系了起来，又用枪将波特与谋杀雷蒙德·费斯联系了起来。

"金泰尔先生，我想问你，你是否确定这名身着白色条纹衫的被告就是那天在你店里持枪抢劫的人？"检察官在审理欧内斯特·波特谋杀案的法庭上问道。[2]

"对，我确定。"金泰尔回答。

波特的公设辩护律师几乎没有做出任何辩护。陪审团仅用了45分钟就判定波特谋杀雷蒙德·费斯的罪名成立。

从费斯被枪杀的地方往西走十个街区，就是斯库尔基尔高速公路。顺着这条路向西绕过费城市中心，经过艺术博物馆和一到夜里就彩灯闪烁的船屋街，驶入西吉拉德大道，然后从兰开斯特大道向西进入黎巴嫩大道，如果你是在1992年完成了这段六英里的旅程，那最终你将来到位于黎巴嫩大道6525号的爱心药店（Love Pharmacy）。托马斯·布兰南（Thomas Brannan）是这家药店的老板。他时年64岁，为人非常和蔼，广受爱戴。如果有人需要买药救急，即便已经过了营业时间——哪怕是深更半夜——他通常也会开门。他对员工有一条始终不变的指示——如果有人持枪抢劫，任何人都不许反抗。对于托马斯·布兰南来说，生命和安全远比金钱更重要。

那年11月一个周四的早上，两名年轻的黑人男子走进爱心药店。[3] 布兰南的姊妹帕特丽夏·吉布森（Patricia Gibson）正在店里当班。一名年轻男子对她说，他胃痉挛犯了。吉布森建议他服用肠纳格（Donnagel）试试。那人的朋友则建议他服用佩普（Pepto-Bismol）。他俩一边观察药店的布局，一边相互争论着。其中一人问吉布森药店什么时候关门。她说七点。两人便走了。

莎朗·布罗根（Sharon Brogan）当天晚上去爱心药店开处方。她大约六点半到了店里，但随即想起忘带医保卡了。她就住在附近，于是打算回家去拿。她走出店里时，看到四名年轻的黑人男子站在店门口的一辆凯迪拉克旁。几分钟后，等她再度回到店里时，那几个男子已经不在店外了，他们进了店，留了一个人守在门口。布罗根想进去，但那名年轻男子告诉她打烊了。

店里传出一声高喊："把她弄进来！"[4]

那名年轻男子拽住布罗根，把她拉了进去。店内正在遭遇一场持枪抢劫。门口那人搜了她的衣袋，拿走了她的支票簿。布罗根看到收银员莫林·奎因（Maureen Quinn）在柜台后面，而另一名女性戴安娜·科佩斯（Diane Copes）则趴在地上。

抢匪的头头向布兰南要一种处方药，身为药剂师的布兰南告诉他宾夕法尼亚州的药店都不卖这种药。收银员奎因可能记起了布兰南的指示，遇到持枪抢劫要配合他们，于是把抢匪带到一个橱柜前，所有管制药品都被锁在里面。抢匪误解了奎因的行为，以为她是想证明老板的说法不实，便问布兰南为何撒谎。

第八章　司法的阴影

抢匪让奎因按下了收银机上的"非销售"键。① 他们洗劫药店里的现金和药品时，所有店员都趴在地上。他们拿走了一瓶镇痛的波考赛特、十瓶赞安诺、大约 60 张汇款单和近 400 美元的现金。

就在这时，店内的几名女性听到一声枪响——开枪的抢匪就站在俯卧在地的托马斯·布兰南的身旁。这位药剂师并未做出任何反抗之举，他趴在地上，背部中枪。

布罗根听到另一名抢匪惊呼道："你为什么要这么做？"⁵

几名抢匪迅速离开了。奎因报了警。布兰南还没有死，但已奄奄一息。

这位药剂师告诉医生，他的胃火烧火燎的。不多会儿，有人来查看他的状况时，他还说了句俏皮话："我也是过过好日子的。"他直到最后一刻都那么和蔼。

布兰南遇害五天后，有人试图兑现爱心药店被盗的一张汇款单。柜员米切尔·沃尔夫（Mitchell Wolf）给开户银行旅人速汇（Traveler's Express）打了电话，然后又打给了被列为发行代理机构的药店。沃尔夫听到答录机上的语音信息说，药店发生了一起谋杀案已经关门，他立马报了警。与此同时，警方正在追踪一个男子提供的线报，对方声称掌握了其中一名抢匪的些许消息——那名线人说开枪射杀药剂师的人名叫阿瑟·霍桑（Arthur Hawthorne）。该名线人在一张照片上认出了霍桑。案发八天后，霍桑被捕。警方破门而入时，他抄起一台电话朝詹姆斯·韦斯特雷（James Westray）警官扔了过来。霍桑想抢夺韦斯特雷手里

---

① 按下此键可以打开收银机的钱箱。——译者注

的散弹枪。韦斯特雷警官调转枪口，猛击霍桑的脑袋，将他打倒在地。

其他抢匪很快也落网了。四人中有一人名叫戴维·谢泼德（David Sheppard），他说霍桑和另一名年轻男子说是让他们帮忙去开个处方。他声称，在抢劫真正开始之前，他并不知道他们计划抢劫。谢泼德说在驱车逃跑的路上，他曾指斥霍桑开枪打死了那个药剂师。"这下彻底搞砸了，那家伙什么都交出来了，根本没有理由杀了他。他可是个老人。"6

警方向莎朗·布罗根出示了一组包括霍桑在内的照片，她是药店遭抢时被拉进店内的那名顾客。布罗根认出六号照片中的人，正是在药剂师中枪时站在他身边的人。而照片里的就是霍桑。

同一天，当时趴在药店内的戴安娜·科佩斯也认出霍桑就是射杀托马斯·布兰南的人。收银员莫林·奎因也独立认出霍桑就是凶手。"六号看起来像是抓住汤姆①的人，就是他开枪打死了汤姆。"

霍桑的前女友交了一盘录音带给警方，带子里霍桑说他不得不离开她一阵子，离开这里一阵子。霍桑的姊妹说当她问他是否与这起谋杀有关时，他曾认过罪。

"闭嘴。你话太多了。"他起初还嘴硬。7

"这事肯定和你有关。你现在坐在那儿就是一副失魂落魄的样子。"她反驳道。

"没错，"霍桑承认道，"是我杀的。"

---

① 托马斯的昵称。——译者注

第八章 司法的阴影

我刚才跟各位讲述的这些犯罪还涉及许多其他因素。在谋杀案的审理期间，欧内斯特·波特还面临着其他多项抢劫指控和一项强奸指控。阿瑟·霍桑则涉嫌在1992年7月抢劫了另外两家店。当时，罗伯特·邓恩（Robert Dunne）警官刚一抵达第二起抢劫案的现场，迎接他的就是一把九毫米口径的半自动手枪。霍桑近距离扣动了扳机。枪咔嗒响了两声，却没能击发。10月，霍桑再度对警察拔枪，但这前后两次，他都获得了保释。这两名被告都有漫长而痛苦的情感历程。波特自4岁起就在接受精神治疗，而霍桑来自一个不健全的家庭，他的生活从小就受毒品支配。

2006年，斯坦福大学的心理学家珍妮弗·埃伯哈特（Jennifer Eberhardt）和另外三名研究者，保罗·戴维斯（Paul G. Davies）、瓦莱丽·珀迪－沃恩斯（Valerie J. Purdie-Vaughns）和谢莉·林恩·约翰森（Sheri Lynn Johnson）分析了为何一些暴力犯罪最终获判死刑，而另一些则获判终身监禁或较轻的刑罚。[8]埃伯哈特及其同事检视了费城地区六百余起案件的资料，这些案件涉及的罪行都很严重，足以判处死刑。他们抽出了这组案件中所有被判谋杀白人的黑人被告的照片，其中包括欧内斯特·波特和阿瑟·霍桑的照片。他们让一大群对案件一无所知的无关人士——他们甚至不知道自己看的是罪犯的照片——对这些面孔做出一项评估：他们看起来有多像典型的黑人。无论种族是否会造成生理构造上的不同，人们都能轻而易举地认出典型的非洲人的特征：厚唇、宽鼻、卷发和深色的肤色。请观察一下图2中的两张照片。照片中的人是志愿者，不是罪犯。看看你能不能轻易分辨出哪张面孔看起来更像典型的非洲人。

现在再观察一下图3中的两张照片。左边照片中的人是阿瑟·霍桑，右边是欧内斯特·波特。你能轻易分辨出哪张面孔看起来更像典型的非洲人吗？

图2　斯坦福大学心理学家珍妮弗·埃伯哈特表示，人们能快速分辨出典型的非洲人的特征。这两名男子是志愿者。

图3　斯坦福大学心理学家珍妮弗·埃伯哈特研究了罪犯的面部特征和肤色是否影响量刑的轻重。

心理学家获得了对所有被告的评估后，他们比较了那些长得更像非洲人的被告与长得不太像非洲人的被告的刑期。在没有其他任何信息的情况下——既不知道任何犯罪详情也不知道任何减

第八章　司法的阴影

罪情节，既没有听取过检察官和辩护团队的辩论也没有机会考虑陪审团的人员构成——你多半认为这样不可能猜出哪个罪犯获判了死刑。但你错了。看起来更像黑人的被告获判死刑的概率是**看起来**不太像黑人的被告的**两倍多**。如果将罪犯分成两组，"不太像黑人"的那一组有 24.4% 的概率获判死刑。而"典型的黑人"则有 57.5% 的概率获判死刑。

波特的判刑所涉及的案件远比霍桑要复杂得多。珠宝商文森特·金泰尔指认波特涉嫌参与一起抢劫案。而从抢案现场逃跑的一名男子所丢弃的枪支，还让警方将他与杀害费斯的凶案联系了起来。这起谋杀案没有目击者，枪上也没有指纹。唯一一个与杀害费斯的凶手照过面的人——年过七旬的凯瑟琳·瓦伦特——在案发当天就说过，她认不出凶手。而相对地在另一起案件中，有超过六人目睹霍桑杀害了布兰南，还有其他几人提供了佐证。雷蒙德·费斯在被枪杀前与行凶者发生过冲突，相比之下，霍桑从背后枪杀布兰南时，他并未反抗，只是趴在地上而已。但波特却获判死刑，霍桑则获判终身监禁。

值得注意的是，埃伯哈特的研究告诉我们的不是波特应该被判终身监禁，或者霍桑应该被判死刑。它告诉我们的是宾夕法尼亚州的刑事司法系统在评估像欧内斯特·波特这种肤色和面部特征的人时会系统性地做出区别对待。无论我们对这些案件有何具体看法，对死刑持何种态度，有一点是有目共睹的，即这样的结果令人担忧。

宾夕法尼亚州最高法院于 1990 年驳回了欧内斯特·波特的上诉，最高法院的法官詹姆斯·麦克德莫特（James T. McDermott）告诉波特，要想逃脱法律的制裁需要超乎寻常的运

185

气。麦克德莫特在法庭上口若悬河:"那些意欲犯罪干扰他人日常生活的人,一如堂下的上诉人,必须穿过由日常人事所织就的天罗地网。要改变这些东西达到自己的犯罪目的,需要的不仅仅是恶意和枪支,还需要路人、晚起或早起的人、失眠或抱病的邻居、在回家路上的派对达人、油漆工、修缮屋顶的工人、锁匠、水泥匠、突发的火灾、或快或慢的时钟以及其他生活在地球上离不开的日常需求和目的,都顺应他们的犯罪目的才行。一如上诉人所得到的教训,这样的天时地利百年难遇。"[9]

然而麦克德莫特错了。就肤色和面部特征的影响而言,运气极大地左右着像欧内斯特·波特这样的人的命运。

在刑事司法系统中还有许多其他例子也显露出令人震惊的参差不一。有些类型的犯罪比其他类型更容易被侦破。有些罪犯被顶格处罚,还有一些则以较轻的罪名逃过一劫。城市里的检察官不似乡村地区的检察官,他们在影响同等恶劣的案件中更少要求死刑判决。[10] 在暴力犯罪泛滥的地方,似乎存在一种脱敏效应,使得城市检察官无意识地认为这类犯罪没有乡村检察官想的那么罪大恶极。各种报告表明[11],相比涉及其他有色人种受害人的犯罪,警方(和大众媒体)对涉及白人受害人的犯罪更上心。此外,埃伯哈特发现在死刑判决中对深色肤色的罪犯的偏见仅限于涉及白人受害人的案件,并不会扩散到那些受害人与犯罪人都是同一种族的案件中去。黑人对白人实施的犯罪激发了陪审团脑海中无意识的刻板印象,这种刻板印象认为犯罪与种族有关。

该如何解释埃伯哈特研究的这些谋杀案中的法官、陪审员和律师的行为呢?部分法官、陪审员和律师可能有意识地怀有偏

第八章 司法的阴影

见,但说他们中的大部分人公然有所偏私是不现实的。别忘了,只要有一个陪审员反对就足以推翻死刑判决。所有判处深色肤色的罪犯死刑的陪审团,全是由十二个心怀顽固偏见的人组成的,这种可能性能有多大呢?

有一个解释能更好地解读这些数据,一个更简单的解释。即那些决定将所有和欧内斯特·波特肤色相同的人送上死刑台的陪审员,他们相信自己的做法是正确的。如果你和这些陪审员交流,并不会发现他们一个个全是偏执狂。你会发现这些正直的人坚信他们的做法正确无误——就像弗朗西丝·阿布德研究的那些学龄前儿童,他们认为把"残忍"和"糟糕"这样的词与某些面孔联系起来是正确的一样。

一如在许多其他领域中,隐藏脑会在我们毫无察觉的情况下影响我们,论及刑事司法系统中的种族差异时也有一个基本问题鲜少被人提及。和决定雇佣哪个人、购买哪只股票一样,刑事司法系统也建立在人类行为是自觉意图的产物这一观念之上。我们认为一心追求公平的陪审团就是公平的。我们认为好的意图就等于好的结果。我们假设——错误的假设——有失公允的结果是拜有意识的偏见所赐,而建立一个相互制衡的系统让检察官和辩护律师彼此迫使对方实话实说,就可以克服这样的错误。

为什么我们面对这么多相反的证据却仍坚持这种假设?首先,这种假设更顺理成章。我们天生就会相信自己的记忆、判断和感知。当有心公正行事时,我们就会顺理成章地认为我们实际上也确实行事公正。其次,另外一种可能很吓人。要是我们接受这样一种可能,即即便人们——好心的人们——明确地觉得自己行事谨慎而公正,仍可能受无意识偏见的影响而做错事,那么我们就必须承认我们的司法系统不仅是偶尔会出错，更是从设计上就注定经常失灵。毕竟，陪审团制度就是将十二个人的个人直觉奉为法律。虑及陪审员、法官和检察官——乃至辩护律师——都容易犯无意识的错误，那么重大的差错便不可避免，就好似按照孩子对物理的理解而建造起来的大楼势必要倒塌。依据我们对大脑和行为的新理解重新构建司法系统是项艰巨的任务。也就无怪于在决定他人的生死时，我们宁愿抱持着这样一个神话：相信老实诚恳的人的善意可以避免无意识偏见。

在撰写这一章时，起初我有自己的一个假设。斯坦福大学心理学家珍妮弗·埃伯哈特研究的所有人都被判犯有重罪，她的研究只关注基于罪犯的肤色和面部特征的量刑差异。于是一开始，我以为欧内斯特·波特和阿瑟·霍桑一定都是有罪的。

然而，在分析雷蒙德·费斯的谋杀案和欧内斯特·波特被捕及判刑的过程中，我发现了一些令人不安的问题。律师、目击者和警官的行为让我怀疑，波特不仅是在案件的判决阶段，而是从他被捕的那一刻开始，就已经成为无意识种族偏见的受害者。

首先，警方曾询问过两名在费斯遇害时为波特提供不在场证明的人。警方显然将这一信息告知了波特的辩护律师，因为他在向陪审团作开庭陈述时曾提过这些目击者。令人费解的是，他们却没有出庭作证。这两人后来都表示，如果要求他们出庭，他们愿意作证。这两名目击者是一个年轻姑娘梅瑞狄思·巴伯（Meredith Barbour）的父母，这个姑娘正在和波特交往。他经常去她家。梅瑞狄思的母亲哈里特·巴伯（Harriet Barbour）和继父小杰西·道森（Jesse Dawson, Jr.）在波特被捕后立即接受了警

第八章　司法的阴影

方的询问。两人均表示，波特在费斯遇害前一晚便到了他们家，观看了费城76人队打的一场篮球赛。两人都说波特一直待到隔天早上——直至费斯遇害仍未离开。

波特谋杀案的主审法官是阿尔伯特·萨博（Albert Sabo），他后来被人称为"死刑之王"。据费城联邦辩护人办公室的罗伯特·邓纳姆（Robert Dunham）说，萨博在担任法官的四分之一个世纪里所做出的死刑判决多于美国任何一名法官。[12] 及至萨博退休，他一手判处的死刑犯占到了宾夕法尼亚州所有来自费城的死刑犯的40%——而费城的死刑犯数量则占到了全州的一半。在萨博判处的案件中，被告为有色人种的比例极高。萨博判处了这么多人死刑，并不代表这些判决一定有问题。而真正引发严重质疑的是，萨博所做的四分之三的死刑判决到了上诉阶段都遇阻了——上级法院发现了各种问题，从检方渎职到对陪审团做出不当指示不一而足。一家联邦地方法院裁定，在欧内斯特·波特案的量刑阶段，萨博对陪审团做出的指示使得陪审团难以虑及减刑的因素。

负责波特案的检察官筛掉了八名黑人候选陪审员。这些候选陪审员里不乏费城的常住居民。其中一人是退伍的陆军老兵。还有一名男子曾目睹过自己的好友遇害、表亲之妻被人强奸——这类陪审员通常愿意从重判刑。这些黑人候选陪审员对死刑没有异议。相比之下，在陪审团遴选中被检察官筛掉的白人陪审员则明显对死刑有所抵触。

"人们常说没有比死刑案更糟糕的了。"费城联邦辩护人办公室的迈克尔·怀斯曼（Michael Wiseman）如是说。该办公室曾代理波特和其他死刑犯的案件，原判都受到了上级法院的质疑。

189

"死刑案通常是一个苛刻的法官、一个不称职的律师和一个有污点的被告的共同产物。"

在警方逮捕波特的那一刻，本案中的错误已然浮出水面。他竭力告诉他们，他不叫欧内斯特·波特，他叫西奥多·威尔逊（Theodore Wilson）。庭审中遇到这个问题时，法院仍坚持使用错误的名字——只是为了方便起见。（我在叙述中沿用欧内斯特·波特一名，是因为威尔逊正是顶着这个名字蹲在死牢里的。这不是他的名字，但宾夕法尼亚州就打算用这个名字处死他。）

警方发现的那把枪也不是波特被捕时从他身上搜出来的，而是在费斯遇害几天后找到的。尽管警方声称波特在仓皇逃离遭抢的珠宝店时丢弃了那把枪，但上面却没有发现任何指纹。抢劫文森特·金泰尔的店的抢匪不止一人持有枪支，但辩方却没有探究那把杀害费斯的枪可能属于其他哪个抢匪的可能性。再者，逮捕波特的警官并未亲眼看到波特扔掉了枪，他看到的是他在逃跑途中做出了一个投掷的动作，后来警方才在那一片的一辆汽车下面发现了一把枪。

肯尼思·罗西特警官作证说，他确定他逮捕的这个人就是他当时追了好久的那个人，但在他发现波特坐在一条小巷边的台阶上之前，他都并未清楚地看见波特的容貌。在那之前，罗西特一直只能看到逃跑者的背影——而且还相距一个多街区之遥。罗西特警官承认在追捕过程中，他好几次跟丢了目标，而当他看到逃跑者做出投掷的动作时，大约还与之隔着半个街区。

"你能清楚地看到那个人丢掉了什么吗？"检察官在波特案的庭审中询问罗西特。[13]

"不。看不清楚，不行。"罗西特回答。

第八章　司法的阴影

罗西特没有亲眼看到波特从文森特·金泰尔的珠宝店离开。抢匪都逃走好几分钟了，警察都还没进到店里，因为他们要等人来开门。直到凯瑟琳·瓦伦特在电视上认出波特——案发当天她还曾对警方说过她认不出凶手——警方才将珠宝店的抢劫案与费斯遇害的谋杀案联系起来。波特之前犯过事，指纹也被登记在案，所以尚不清楚为何警方没有抢在瓦伦特之前率先锁定波特。他们不是宣称在美容院提取到了一枚指纹吗？而且他们还面临着巨大的破案压力。无论是瓦伦特还是从街对面的大楼观察美容院的目击者安吉丽娜·斯佩拉，都没有看到杀害费斯的凶手在进出美容院时触摸过美容院玻璃门的门框，可警方说他们就是从这里提取到了波特拇指的指纹。

文森特·金泰尔认出波特就是抢劫珠宝店的抢匪的证词，以及瓦伦特对他就是当时离开美容院的那人的指认，构成了检方环环相扣的论据的核心。但在波特被捕之后，警方向瓦伦特出示了一组照片，其中包括波特和其余几名男子，要求她试着从中认出杀害美容师的凶手。她却拒绝观看这组照片。法庭上，瓦伦特说她确定波特就是她看到过的从费斯的美容院离开的那人，但她从未在任何列队辨认或照片辨认中认出波特。

即便凯瑟琳·瓦伦特的证词和那个指纹双双存疑，检方也有办法将波特与谋杀案联系起来。文森特·金泰尔认出了波特，罗西特警官看到波特扔掉了什么东西，之后发现是一把枪，而弹道专家认为这把枪与费斯遇害的谋杀案有关。但由于没有办法直接证明波特与美容院的案子相关，这些联系中的每一环对检方来说都不可或缺。

最关键的部分还是文森特·金泰尔的证词，他在社区很有人望。但在 2006 年，波特仍身负死刑之际——同时也仍坚称自己是无辜的——金泰尔承认了一件不同寻常的事："1985 年 4 月 30 日，我位于费城的珠宝店遭抢。随后欧内斯特·波特被捕，并被指控犯下了这起抢劫案。后来，我在抢劫案的预审听证会上见到波特先生时，并未认出他来。我对在法院工作的一位女士说，波特先生不是抢劫我珠宝店的人。她说被告在法庭上看起来总是变了个样子，证据显示他就是来我店里抢劫的人。我一听说他就是抢我店的人，我便完全照检方的要求行事了，包括在波特先生涉嫌犯下的谋杀案和这起抢劫案的审判中为那把枪作证。然而，在我心里，我知道波特先生不是抢我店的人。"[14]

埃伯哈特的研究把矛头指向了将欧内斯特·波特等人判处死刑的陪审团，但显然责任似乎并不全在陪审员。我不禁在想，深色的肤色和面部特征是不是不仅会让陪审团无意识地倾向于更苛刻地对待某些罪犯，也会让警察、检察官甚至是辩护律师都产生无意识偏见，将某些生命看得比其他生命更轻贱。

欧内斯特·波特在死牢里待了近四分之一个世纪。我在匹兹堡附近的一所戒备森严的监狱里采访过他几次，宾夕法尼亚州的绝大部分死刑犯被关在那里。进入囚犯与探视者会面的区域，需要通过五扇遥控门。看着起码有 30 英尺高的围墙纵横交错地将监狱团团围住，顶部还栽着一圈圈闪闪发光的带刺铁丝网。守卫在塔楼上放哨。探视者要经过搜身，通过金属探测器，并接受警犬的嗅探。我与波特之间隔着一面坚固的玻璃窗，我们通过电话交流。他总是身着橙色的囚服，双手也总是被铐着。波特留着一头卷曲的短发，蓄须，额头上有深深的皱纹。

第八章　司法的阴影

他对于埃伯哈特认为种族主义在死刑判决中发挥着重要作用的理论，似乎没有什么特别的兴趣。"这不是什么新鲜事。"有次我试图跟他解释心理学家的发现时，他这么对我说，"醒醒吧，我们身在美国。"

波特说检方最初曾向他的律师提过一个交易——认罪以换取终身监禁。

"我说：'你们是疯了吧。'"波特在告诉我他当初曾希望庭审能还他一个公道时如是说。

多年来，为数不少的医学和精神病学专家都曾确诊波特患有一系列精神疾病，包括妄想症和精神迟滞。（波特的辩护律师却没有请医学专家为他的精神健康作证，尽管他的律师拿到了大量的文件资料，这些资料详细记载了波特的心理缺陷和他童年所经受过的骇人听闻的性虐待和身体虐待。就算波特被判有罪，这些减罪信息也可能让他免于死刑。）在我看来，波特似乎有严重的缺陷。他的情绪变化无常，一个灿烂的微笑可以在瞬息之间变作一个敌对的怒视。他对每个人都心存怀疑。他对我说，他认为文森特·金泰尔如果撤回他的证词，就会被警方除掉。他担心费城联邦辩护人办公室派给他的律师不会真心为他着想。他相信检察官和警方合谋要陷害他。

他说话断断续续。有很多句子——和很多想法——他都只说了一半。他在谈话中反复说着"就这样"，用这句话填补说话时的空白。他告诉我他花了好几个小时才弄明白那些法律文书上写了什么，写一个简单的回执对他来说也是项艰巨的挑战。

波特所描述的被捕当天的情况与检察官的指控相去甚远。他告诉我，他当时出门去赶公交，遇到警方在追捕珠宝店抢匪，不分青红皂白地搜查非裔美国人,并把他给抓了。他说他对什么枪支、珠宝店抢劫案和遇害的美容师都一无所知。波特认为费城警方陷害他,是因为愤怒的公众希望有一个可以怪罪的对象,而他完全符合人们对危险的犯罪分子的所有先入之见。

"如果你和埃德·伦德尔(Ed Rendell)差不多,那你只需要办几个像这样的案子就可以竞选公职了。"波特对我说,他提到的人是当时该市的地方检察官,现在已经是宾夕法尼亚州的民主党州长了。讽刺的是,将波特送入死牢的人可能也是唯一一个在最后时刻挡在波特与注射死刑之间的人。

波特的案子深陷一种奇怪的困局中。联邦地方法院支持由联邦辩护人办公室提出的申辩,他们表示萨博法官在量刑阶段对陪审团做出的指示存在问题,法院裁定波特不该被处决。然而检察官辩称除开萨博有争议的指示和金泰尔撤回的证词,案件也依然成立,法院又同时维持了对波特的有罪判决。波特的律师向联邦第三巡回上诉法院提出,波特应该被免罪。与此同时,宾夕法尼亚州也向同一法院提出上诉,认为波特有罪,应当被处决。

我写这一章时,波特仍待在死牢里,等待这些交叉上诉的结果。他告诉我,他每天早早起床,锻炼,然后在水槽前草草洗漱一下。吃过早餐后,他会在户外待两三个小时,和另一个死刑犯一起被关在一个笼子里。这个笼子大约高 8 英尺,长 7 英尺,宽 5 英尺。他得到了一个篮球,但被告知如果球撞到笼子上,就算违反安全规定。其余时间他都待在牢房里。周末,波特更是 24 小时全天待在牢房里。周一、周三、周五可以洗澡。

波特告诉我,他的牢房长 8 英尺,高 6 英尺。有一扇坚实的牢门和两扇狭小的窗户。(监狱拒绝了我参观波特牢房的申请。)

第八章 司法的阴影

波特把耳朵贴在通风口上时,隐约能听到隔壁牢房的囚犯的声音。他告诉我,他对着墙壁和地板说了很多话。

波特多次重申他是无辜的,但他也知道人们不太可能相信他的说辞。如果他说的是真的,这也就意味着费城警察局的好些人都参与了一场阴谋,从指纹专家到凶杀科的警探,甚至还可能与检察官有所勾结。我问过自己许多次,我是否相信波特,我必须承认我也未必信他。但也许这个问题本身就有错。真正的问题不在于我是否相信波特的说辞,而在于我是否相信检方的说辞。波特的案子是否如我们所希望的那样,在处死一个人之前先把案子侦破得明明白白?我很难对这个问题给出肯定的答案。

波特所描述的这座城市和警方的不当行为似乎令人难以置信——但他还没有提到1985年在他被捕的十天后,同一座城市里的同一批警察竟炸毁了他们自己的城镇。经市长批准,警方在一个名为MOVE的小型激进组织所在地的屋顶上空投下一枚炸弹。大火最终烧毁了61栋房屋,烧死了该组织的11名成员,其中包括5名儿童。在接下来的二十年里,费城市花费了超过4000万美元来调查由炸弹引发的各类事件,赔偿受害者并重建家园。警方如此肆无忌惮地一举将其夷为平地的街区,是以黑人为主的费城西部。

"我的整个人生都荒废在了我从未犯下的罪行上。"被宾夕法尼亚州硬称作欧内斯特·波特的男子对我说,"你怀揣着死亡入睡,怀揣着死亡度过每一天。这足以把人逼疯。"

第九章

拆弹

政治、种族与隐藏脑

1994年,华盛顿大学的心理学家安东尼·格林沃尔德(Anthony Greenwald)探索了无意识心理与态度之间的联系。我之前也已提到过这种联系。我们的隐藏脑会注意到经常一起出现的独立事物,并将它们联系起来——当我们看到某个事物时,这会促使我们期望另一个事物的出现。我们将昆虫与叮咬、恼人联系在一起,将响尾蛇与咬伤、危险联系在一起,将垃圾堆与厌恶联系在一起。这并非什么难以理解之事。在我们的一生中,我们看到过无数昆虫与叮咬、蛇与危险、垃圾与腐坏之间的联系。

格林沃尔德推测,如果向人们出示一个单词,比起毫不相干的概念,人们会更快地将这个词和与之相关的概念联系起来。[1] 比起"羽毛球","棒球"会让人更容易联想到"美国"。格林沃尔德由此设计了一种单词联想游戏。他在一张列表上列出了一系列花卉和各种昆虫的名字,然后加入了一些或积极或消极的词,

第九章 拆弹

如"美丽""喜爱""肮脏""丑陋"。不出所料,他发现人们很容易将"玫瑰""郁金香"和"美丽""喜爱"归为一类,将"蟑螂""甲虫"与"肮脏""丑陋"归为一类。他在一张列表上列出所有这些词,然后自行计时,他发现相比勾出所有花卉和消极词,他在所有花卉和积极词旁边打钩的速度要快一点。每当他的隐藏脑听到"玫瑰"或"郁金香"时,人们通常对花卉所产生的那些积极联想就会自动浮现出来。于是当看到"美丽"和"喜爱"时,他就能更快地勾出它们。而当看到"肮脏"和"丑陋"时,他则必须动用意识脑将这些不相干的概念与花卉联系起来,以抵制隐藏脑给出的答案。可想而知,这么做更费时。及至这一步,这个测试都没有得出什么超乎格林沃尔德意料之外的结果。一个只能发现人们会将花卉与美丽联系起来的测试能有什么用处呢?

但格林沃尔德并未止步于此。他把列表上花卉和昆虫的名字换成了典型的白人名字(如亚当、奇普)和典型的非裔美国人的名字(如阿朗佐、贾马尔),然后再加入一大堆或愉快或不愉快的词。他试着重复同样的联想游戏。鉴于他并未有意识地将白人或非裔美国人的名字与积极或消极的概念联系起来,所以他推测他应该能以相同的速度将所有这些名字与或愉快或不愉快的词联系起来。但他错了。他发现将"白人名字"与不愉快的词联系起来,就像将花卉与不愉快的词联系起来一样困难。但格林沃尔德的隐藏脑却可以毫不费力地将"黑人名字"与"邪恶""有害"一类的词联系起来。他的隐藏脑似乎将白人名字和积极概念、黑人名字和消极概念两两对等了起来。格林沃尔德大为震惊。他并不认为自己是种族主义者,他不知道该如何看待自己的这种表现。

197

他联系了自己的同事——心理学家马扎林·贝纳基。他没有告知她测试的目的,直接让她在电脑上完成了这个单词联想游戏。贝纳基发现,她的测试结果与格林沃尔德的一模一样。她顺理成章地将白人名字与积极概念、黑人名字与消极概念联系了起来。"这太荒唐了。"她想。她知道自己不是种族主义者。身为教授,她花了大量时间教导**他人**该如何提防偏见。因为格林沃尔德的测试要求贝纳基用左手食指或右手食指敲击电脑键盘,贝纳基认为这种奇怪的结果一定与测试人是右撇子还是左撇子有关,于是她在电脑上重新进行了测试。出乎意料的是,这次换成她的另一只手顺理成章地将黑人名字与消极词、白人名字与积极词归作一类。贝纳基改变了这些名字出现的顺序,结果也毫无变化。她的隐藏脑就是更容易将"阿朗佐""贾马尔"与"邪恶""有害"联系起来,将"亚当""奇普"与"梦想""天堂"联系起来。贝纳基靠在椅背上,盯着屏幕。她感到前所未有的挫败。

这就是无意识偏见的心理测验的起源,在过去十年里,这种测验彻底改变了有关偏见的科学研究。格林沃尔德称之为内隐联想测验,简称IAT。数百万人参与了他和贝纳基发布在网络上的免费测验,网址是www.implicit.harvard.edu。如果你参与我们今天所说的种族偏见测验,你会看到白人和黑人的面孔而不是名字,这样的测验结果更准确。成千上万的人对他们的得分感到不安。大多数美国人——包括相当一部分的非裔美国人——发现相比黑人面孔,他们更容易将白人面孔与积极概念联系起来。绝大多数人发现相比女性的名字,他们更容易将男性的名字与事业和职业活动联系起来。这些测验揭露了一些看似荒谬的事。相比网球运动员张德培和电视主播宗毓华,许多美国人更容易将英国演

第九章 拆弹

员休·格兰特和伊丽莎白·赫莉认作美国人。²他们似乎会无意识地将白人——哪怕是其他国家的白人——认作美国人，将身为有色人种的美国人认作外国人。2008年总统大选前，心理学家在一组测验中发现，许多选民无意识地认为英国前首相托尼·布莱尔比贝拉克·奥巴马更像美国人。如果你直接问这些志愿者布莱尔和奥巴马哪个才是美国人，他们无疑会像看傻子似的看着你。如果人们——在意识层面——知道奥巴马是美国人，布莱尔是外国人，那么为什么他们会无意识地做出相反的联想呢？在各式各样的偏见测验中，志愿者的反应都和格林沃尔德、贝纳基第一次做测验时的反应如出一辙：难以置信。

如果内隐联想测验的唯一用途就是让人们对他们脑海里的不愉快的联想感到羞愧的话，那这个测验也没什么意义。归根结底，我们感兴趣的是人们的行为，不是"思想犯罪"。而在过去十年中，许多实验均表明，内隐联想测验的结果能够预测人们在现实世界中的行为。例如，在2008年总统大选前的测验中，人们无意识地将奥巴马与美国人联系起来的速度，预测了他们是否会在民主党初选和之后的大选中支持这位混血候选人。³那些无意识地认为奥巴马不似希拉里·克林顿和约翰·麦凯恩那么像美国人的选民就不太可能给他投票。若是明确询问他们，他们会说奥巴马和他的竞选对手一样都是美国人。

但凡讨论种族问题，都要立足于恰当的背景：不给奥巴马投票并不直接意味着某人是种族主义者。种族偏见只是影响人们的政治观念的其中一个因素。2008年总统选举中的种族偏见对这个国家造成的影响，可能也就是拉低或拉高了几个百分点而已。偏见不会影响大多数人的选票的去向，但它确实可以使某些原本就犹豫不决的人更倾向于某一阵营。偏见同时影响着共和党和民主党双方。在无意识层面认为奥巴马不是美国人，对人们产生了微妙的影响，使得人们可能不太希望看到他当选。请记住，我们说的**不是**那些有意相信奥巴马是外国人、他在出生证明上造了假的选民。我们说的是那些根本不会说出——哪怕是在自己心里也不会这么说——因为奥巴马是外国人、所以他们不喜欢他的选民。但当他们想到一个个候选人时，奥巴马可能总是感觉有点与众不同。希拉里·克林顿、约翰·麦凯恩和莎拉·佩林则感觉更像是"自己人"。一旦有了这种感觉，人们就很容易找些理由来支持自己的直觉，总能在相应的候选人身上找到些讨喜或不讨喜之处。

我们如何确定人们是先有了对奥巴马的无意识态度，然后再对这些态度做出有意识辩解的呢？正如格林沃尔德的测验揭示的那样，在实验中，相比有意识的观点，人们的无意识态度更能预测他们是会将选票投给奥巴马还是其他候选人。我们会先得出结论再为之寻找合理的解释，这种观点有些违反直觉，因为我们总是感觉我们的结论是自己深思熟虑后的产物。有一个比方也许能帮你理解这一点——这个比方不是我的原创。假设你把一个足球踢向空中。想象一下球飞起来时，突然有了自我意识。它会如何解释自己为什么会飞起来呢？它不知道也没有意识到它是被踢飞的。但由于它知道所有结果都有其原因，所以它告诉自己，它是自己决定飞起来的，因为这是最合理的解释。同理，一旦隐藏脑悄悄告诉选民奥巴马有些另类，他们很快就会想出合理的方法来解释为什么他们不喜欢这位候选人——也许是他在医保或经济方面的观念等等。

第九章 拆弹

这些结果令人忐忑不安、无地自容。我们知道我们距离塞尔玛和伯明翰的民权运动,距离那些不准妇女投票的糟糕的旧时代已经有几十年之遥了。我们已经改变了,不是吗?贝纳基曾对我说,她和其他人在做完内隐联想测验后感到无地自容,其实是件好事。这表明人们不仅相信他们没有偏见,而且也不**希望**自己怀有偏见。

贝纳基、格林沃尔德和弗吉尼亚大学另一位名叫布莱恩·诺塞克(Brian Nosek)的心理学家,研究了数十万在网上参与内隐联想测验的志愿者的测验结果。这些心理学家绘制了一幅美国地图,上面标明了偏见的峰值和谷值,也就是哪些地方无意识种族偏见最重,哪些地方最轻。例如,诺塞克发现位于特拉华湾和大西洋之间的新泽西州第二选区的选民,他们的种族偏见的平均水平高于得克萨斯州最南部的第二十七选区的选民,该区包括科珀斯克里斯蒂和布朗斯维尔等城镇。以莫比尔为中心的亚拉巴马州第一选区的选民表现出的无意识种族偏见,胜于包括奥克兰和伯克利在内的加州第九选区的选民。

诺塞克将他的无意识反黑人种族偏见地图与国会竞选的选举结果地图重叠了起来。他发现偏见得分和政治观点之间存在显著关联——一个选区的无意识种族偏见得分越高,该选区就越有可能选择共和党候选人。(在美国,针对种族偏见和政治结果之间的关联的心理学研究,主要关注的都是对黑人的偏见。现行研究已开始探索对其他少数族裔的偏见所产生的影响。)

如果种族偏见与政治无关,如果内隐联想测验真像一些批评者所说的那样毫无价值,那偏见得分与政治倾向之间应该毫无关联才是。但诺塞克却发现了一个非常明显的模式。平均而言,种族偏见最重的选区更有可能投票给保守派,而种族偏见最轻的选区则倾向于投票给自由派。值得强调的是,这种差别是程度上的差别。旧金山湾区的许多人都表现出了和亚拉巴马州的莫比尔人一样的反黑人或支持白人的态度。但按人口比例来看,一些地区的偏见程度比其他地区更严重。

这并不代表你可以依据选区的种族偏见得分,直接预测该选区是会选共和党人还是民主党人。一如我之前所言,偏见只是影响人们的政治观点的其中一个因素而已——而且还远非最重要的那一个。一些偏见得分低的选区——如包括艾奥瓦福尔斯和波卡特洛等城市在内的艾奥瓦州第二选区——忠实地支持共和党人,而一些偏见得分高的选区——如北卡罗来纳州第一选区——在2006年和2008年都选择了民主党人。

在有些地方,种族偏见似乎与选举结果无关,还有一些地方,种族偏见则似乎起到了举足轻重的作用。但在白人选民偏见得分最高的十个选区中,共和党在2008年的选举中赢得了其中八个选区,民主党只赢得了两个。偏见得分最低的十个选区则表现出相反的模式——民主党赢得了七个,共和党只赢得了三个。

种族偏见得分不仅能预测是自由派还是保守派当选,还能预测什么样的自由派或保守派会当选。在偏见得分最低的选区中,有整整一半的选区当选的都是有色人种。在偏见得分最高的选区中,只有一个选区是有色人种当选(一个民主党人)。在偏见得分最低的选区中有七名民主党人当选,其中五人是亚裔、拉美裔美国人和非裔美国人。在偏见得分最高的选区中,当选的共和党人全是白人。

民权运动期间,偏见得分最高的两个选区——亚拉巴马州第

第九章 拆弹

一选区和北卡罗来纳州第九选区——其多数席位的控制权,从一个政党手中转移到了另一个政党手中。究其原因,部分是因为20世纪60年代民主党支持民权法,保障投票权,废除合法的种族隔离,使得美国南方发生了集体脱离民主党的巨变。亚拉巴马州第一选区从1877年至1963年的八十六年间一直支持民主党,但随后的每一次选举都选择了共和党人,直至2008年。北卡罗来纳州第九选区在1963年之前连续二十二年选择民主党,然而自1964年起,该区已连续四十余年选择共和党。

既然我们要讲科学,就应该用怀疑的眼光来审视这项研究。种族偏见得分与政治倾向之间仅仅是存在相关性,还是存在因果关系?如果你看到许多人打伞、穿雨靴,就认为人们之所以打伞是因为他们穿了雨靴的话,那无疑是错的。这两件事是有关系,但不是因果关系。两者都是其他原因所致,这个原因就是下雨了。那么是否存在一个独立的第三种因素,对种族偏见和政治倾向都造成了影响呢?再者,人口统计数据是否能对种族和政治之间的关联给出更好的解释呢?有色人种倾向于投票给民主党,所以人口多样性和一个选区是选择共和党还是民主党之间理应存在相关性。种族**偏见**可以告诉我们哪些选区的种族**构成**所不能告诉我们的事?

究竟是相关关系还是因果关系,我们无法得出肯定的答案。种族偏见和政治保守之间可能只存在一种相关性。证明存在因果关系的唯一方法是进行那种在现实世界中不可能实现的实验:改变一些人的无意识种族态度,看他们的政治倾向是否随之变化。如果有变化,我们就能知道种族态度影响着人们对政治的看法。诺塞克认为这种关系是双向的——种族偏见助长了保守主义,反之亦然——而这两者可能都还受到其他因素的影响。例如，容易感受到威胁的人倾向于秉持保守的观点，也倾向于怀疑其他族群的人。

第二个问题——种族偏见与种族构成之间的交互作用——则有明确的答案。选区的人口构成犹如一个开关，有时会让种族偏见发挥作用，有时又会消除种族偏见的影响。在黑人稀少的选区，反黑人的种族偏见似乎发挥不了太大作用。唯有当一个选区开始呈现出人口多样性时，无意识种族偏见似乎才会影响人们的投票决定。换言之，白人与黑人的日常接触似乎是使偏见变得显著，即令潜藏在表象之下的种族态度发挥作用的必要条件。还记得珍妮弗·埃伯哈特针对量刑差异的研究吗？量刑差异只出现在黑人对白人实施犯罪的案件中，并不会出现在同种族的犯罪案件中。

同样，选区中有黑人居民似乎也使得种族偏见与白人的投票决定之间出现了相关性。但若一个选区有大量黑人聚居，黑人都倾向于投票给民主党，那么黑人多的选区最终势必会是民主党人当选，从而掩盖了种族偏见与白人选民的政治倾向之间的关系。在少数族裔占比超过40%的选区，白人选民无疑倾向于把票投给共和党——少数族裔的存在使得种族与白人的投票决定息息相关——但有色人种一窝蜂把票投给民主党的大浪，令种族偏见变得无足轻重了。

因此，如前所述，当少数族裔很少或者根本没有时，种族偏见似乎不会对政治结果产生太大影响——"开关"是关着的。而当少数族裔人数众多时，种族偏见的影响同样会变得无足轻重，因为白人投票给共和党的倾向被该区域中黑人和其他少数族裔投

第九章 拆弹

票给民主党的倾向所抵消了。只有在白人的偏见得分高且少数族裔的人口数量多到在日常生活中随处可见却又不足以控制选区的选举命运时，种族偏见似乎才会使国会的席位发生倾斜。诺塞克估计，种族偏见对整个国家的政局变化所产生的影响不足10%，也就是说除非竞选双方势均力敌，否则几乎难以产生决定性影响。然而，就算产生的影响相对较小，全国各个选区的种族态度和投票决定之间也都表现出了明显的模式。

许多保守派人士怨愤地追问心理学家，为何不多花点时间分析有色人种的投票行为。例如，在2008年的总统选举中，几乎所有非裔美国选民都把票投给了贝拉克·奥巴马。一般而言，有色人种几乎都会投票给民主党。这难道不是一种偏见吗？当然是。不过，我认为这并不是无意识偏见。许多有色人种热切地支持奥巴马，是因为他们想选出历史上第一位非白人总统。这显然没有无意识偏见和保守主义什么事——而白人选民可是亲口告诉我们，他们的政治观点与种族无关。就算大多数研究集中于白人选民所持有的偏见，那也是因为这类偏见更重要。美国的白人选民多于其他任何族裔的选民，白人持有的偏见可能造成的影响，是少数族裔持有的偏见所无法造成的。历史也会告诉我们应该关注什么。我们从未产生过女性总统，所以如果不去问为什么选民偏向男性，反而去问为什么有些选民偏向女性，岂非愚蠢？

把种族偏见和政治联系起来总会惹恼一些人。但如果你冷静地看看这些数据，你能看出两件事。第一，关于种族偏见的这些数据并未给自由派提供可以痛击保守派的大棒。不错，一般而言，偏见得分高的选区倾向于投票给共和党，偏见得分低的选区倾向于投票给民主党，但事实上，种族偏见普遍存在于任何一种政治倾向之中。大多数美国人，包括绝大多数非裔美国人，会对黑人面孔产生消极联想，对白人面孔产生积极联想。[4]

但不可否认，在这项测验和其他心理测试中，较高的种族偏见得分和保守倾向之间存在稳定的关联。我们不知道是种族偏见让人们在政治上变得保守，还是保守主义促使人们形成了带有种族偏见的态度，又或者是还有第三方因素导致了这两者。但如果你是个爱国的共和党人，热切地相信人人生而平等的美国理想，那么这些结果必定会让你非常不安。

20世纪80年代，民主党民调专家斯坦·格林伯格（Stan Greenberg）在密歇根州马科姆县找到了一群选民。他们是蓝领工人——普遍都加入了工会——数十年来一直坚定地支持民主党。他们投票是为了让自己的荷包鼓起来，而民主党会捍卫他们的经济利益。但自20世纪60年代起，其中很大一部分选民倒向了别的政党。格林伯格发现在20世纪80年代，这些选民支持的是罗纳德·里根，格林伯格便把他们称作"里根民主党人"（Reagan Democrats），这个称呼一直沿用至今。每隔四年，在总统选举前夕，国内国外的大批媒体都会涌入马科姆县，看看里根民主党人是何打算。几年前，一本略显伤感的书《堪萨斯怎么了？》（What's the Matter with Kansas?）发问道，为什么如此多的蓝领工人把票投给了共和党，明明他们的经济利益与民主党休戚与共。作者托马斯·弗兰克（Thomas Frank）作结说，这些选民在很大程度上受到了诸如堕胎、同性恋权利和枪支等热点文化问题的影响。

弗兰克认为里根民主党人应该为他们的荷包投票，支持保障

第九章 拆弹

劳工权利、累进税制、商业监管、医疗改革和其他素来由左派倡导的政策。共和党的政客通常要求选民将价值观——一般是基督教福音派的价值观——置于他们的阶级和荷包之前，尤其是在涉及堕胎和宗教在公共生活中发挥的作用之类的问题时。因为这些理由而产生政治分歧完全合情合理。自由派可以反对那些用堕胎作为总统选举试金石的选民，而保守派也可以反对那些不把宗教价值作为他们的政治信仰核心的选民——但双方都必须承认，这些全都是一个人决定自己的政治选择的正当方式。然而，许多民主党民调专家认为，里根民主党人转变政治立场缺乏正当理由。相反，促成这种转变的是一个我们所有人都觉得政治不正确的因素：种族偏见。

我们先来看看民调和选举数据揭露的情况：如果美国总统选举只有白人可以投票的话，胜利将永远属于共和党候选人。1964年至2008年，民主党从未在哪次总统选举中赢得过大多数白人的选票，包括比尔·克林顿在20世纪90年代的连续胜选和贝拉克·奥巴马在2008年的"压倒性"胜利。成功的民主党总统候选人会设法分散白人的选票或尽量减小差距，然后在有色人种中赢得多数选票。而以白人男性为主的大量选民脱离民主党的这种趋势，比其他任何因素都更决定性地使得共和党在1964年至2008年举行的三分之二的总统大选中胜出。

如果美国现在只允许白人男性投票，那么选举纯粹就是浪费钱。民调专家会告诉你，民主党总统候选人想要赢得乃至平分白人男性的选票都是痴心妄想。成功的民主党候选人之所以能够分散白人的选票，通常是因为他们在白人女性选民中占据了上风，缓解了他们在白人男性选民中蒙受的损失。尽管人们津津乐道地谈论着贝拉克·奥巴马在2008年的总统选举中以"后种族"（post-racial）胜选，但要是投票的只有白人选民的话，他注定惨败而归。奥巴马只赢得了全国43%的白人选票，而在南方的白人中他赢得的选票甚至不到三分之一。[5] 根据民调机构爱迪生公司（Edison）和米托夫斯基公司（Mitofsky）所做的全国选举出口民调，在南方只有28%的白人男性把票投给了奥巴马。这样的数字通常意味着民主党会败选，而奥巴马凭借在年轻选民和有色人种中获得大量支持，扭转了他在白人选民中的颓势。

但单是白人——尤其是白人男性——倾向于投票给共和党的事实，并不足以得出是种族偏见在作祟的结论。如果你跟马科姆县那些脱离民主党的蓝领选民交谈，他们大多会言之凿凿地告诉你，他们倒戈不是出于种族仇恨。对于许多人来说，就算你只是随意问上这么一嘴也是种冒犯。共和党的政客并不会公然宣扬种族偏见。种族问题在宣传资料、竞选演说和政党纲领中往往连提都不会提。况且，大多数总统选举是两名男性白人在相互竞争。那么我们如何确定种族偏见不是民主党人因不满一部分选民脱离他们的阵营而捏造出来的指控呢？

让我们来看看过去四分之一个世纪里，那些蓝领选民在解释他们为何脱离民主党时自己列举的问题。在同性婚姻和堕胎成为热点问题**以前**，这些选民倾向于保守派候选人。从20世纪70年代开始，犯罪、社会福利和平权运动成了他们关注的首要问题，而这些问题——还有近年来备受关注的毒品和非法移民问题——正是共和党候选人最强力的竞选武器。平权运动带有明显的种族色彩，所以我们暂时不予讨论。但社会福利和犯罪并没有固有的种族因素，不是吗？白人家庭和黑人家庭都会领取社会福利，白

第九章 拆弹

人和黑人都会遵纪守法，也都会违法乱纪。谁能不认同我们该减少犯罪，减少人们对公共援助的依赖呢？

在反对社会福利方面，保守派长期以来一直有一个合理（尽管有争议）的论点。他们认为社会福利为不完整的家庭提供了不当的经济激励，还助长了懒散之风。如果带小孩的单身母亲能够领取社会福利，而带小孩的已婚母亲则不能，岂不是在激励母亲在单亲家庭的环境下抚养小孩？如果依据单身母亲所养育的小孩数量来决定发放多少福利金的话，岂不是造成了一种不当激励，让她宁肯一味多生，也不肯好好地抚养小孩？而且由于社会福利项目主要针对的是穷人，政府定期发放福利金岂不是在鼓励穷人不工作？而要是社会福利受领人出去找了份工作，哪怕是份勉强糊口的工作，福利金就会断掉。这些都是反社会福利的常见论点。属于保守派的传统基金会（Heritage Foundation）表示："提高社会福利性支出并不会帮助儿童，只会助长福利依赖和非婚生育，对儿童的成长产生毁灭性的负面影响。正是福利依赖给儿童造成了最负面的影响，而非贫困。"[6]

无论你的政治观点如何，无论你是否认同传统基金会的论点，但凡是明白人都应该关注一个看似高尚的方案可能造成的不良影响。

在这种种讨论中，选民和政客都义正词严地告诉我们，他们对社会福利问题的态度无关种族。但真是这样的吗？这正是社会心理学家研究了几十年的问题。当人们说这与偏见无关时，他们有充分的理由相信，他们对民调专家说的是实话。他们并不是嘴上说着无关偏见，暗地里却心怀偏见，这些选民很可能是真心实意地没觉得有什么种族仇恨。但这并不能告诉我们，他们的隐藏脑是怎么想的。

　　在你和这些选民谈论社会福利或犯罪问题时,他们的脑海中会浮现出怎样的画面?如果不存在种族偏见,那么他们想到社会福利的白人受领人或违法乱纪的白人的概率,应该和想到社会福利的黑人受领人或违法乱纪的黑人的概率一样。

　　研究人员顺着这一思路进行了若干实验。实验的基本理念很简单:将一群白人选民随机分成两组,给他们一些批评社会福利的宣传资料——用的是传统基金会那种种族中立的论调。不过,一组被试看到的宣传案例是一个领取社会福利的白人家庭,而另一组被试看到的宣传案例则是一个领取社会福利的黑人家庭。如果社会福利之争仅仅关乎个人责任、工作尊严和经济公平的话,那么一个小组看到黑人家庭,另一组看到白人家庭,应该不会造成什么不同。既然这个问题和种族无关,那么我们自然会预期每一组都会有同样多的人被宣传资料说服,开始认为社会福利存在——或者不存在——问题。相反,如果种族问题是个从未被摆到明面上却根植于隐藏脑中的因素的话,看到黑人家庭的小组最终应该会比看到白人家庭的小组更反对社会福利。犯罪问题也是如此。如果减少犯罪是个种族中立的问题(表面上理应如此),那么以一个黑人罪犯为例向一组选民宣传减少犯罪的重要性,和以一个白人罪犯为例向另一组选民宣传减少犯罪的重要性,效果应该一样。

　　普林斯顿大学的马丁·吉伦斯(Martin Gilens)曾运用这一思路做了一场实验。他询问了一些美国白人对社会福利的看法。然后给了他们一个例子,说的是一名30多岁的女性,带着一个10岁的孩子,靠社会福利过活。吉伦斯随机告诉一部分志愿者该

第九章 拆弹

女子是黑人,告诉另一部分志愿者该女子是白人。最后询问所有受访者对社会福利的整体看法。吉伦斯发现,志愿者对领取社会福利的白人妈妈和黑人妈妈的负面感受相当——这似乎支持了传统基金会的论点,即反对社会福利是不分种族的。但吉伦斯也发现,相比对领取社会福利的白人妈妈的负面态度,人们对领取社会福利的黑人妈妈的负面态度更能影响他们对社会福利的整体看法。[7] 相比看到白人女性从社会福利中获益,看到黑人女性从社会福利中获益会让志愿者对社会福利表现出更明显的敌意。吉伦斯还发现,向志愿者提及一个领取社会福利的妈妈,但不告知其种族,他们往往会自动联想到一名黑人女性而非白人女性,即便事实上领取社会福利的白人多于黑人。领取社会福利的非裔美国人在黑人总人口数中的占比高于领取社会福利的白人在白人总人口数中的占比,但如果我让一名社会福利受领人坐在屏风后面,然后让你来猜此人的种族,那么你需要考虑的应该是绝对数量,而不是占比。鉴于领取社会福利的白人多于黑人,屏风后面就更可能是白人。那么为什么有那么多人认为屏风后面是黑人呢?

吉伦斯最终作结称,无意识种族态度是决定白人志愿者对社会福利的看法的关键因素。这并不是说他们对自力更生和个人主义的看法一点不重要,这些依旧重要。但如果你找来一群对自力更生、辛勤工作和个人责任持同样看法的人,跟他们谈论社会福利,他们极有可能会在脑海中自动设想出一名黑人,而非白人。而联想到一名黑人会促使更多人决定反对一般性的社会福利,因为相比对领取社会福利的白人妈妈的负面态度,人们对领取社会福利的黑人妈妈的负面态度影响更深远。

如果你是个想利用种族偏见(无论是怀有私心还是下意识的

举动）的政治战略家或政客，上述结论意味着什么呢？意味着你所要做的只是谈论一般性的社会福利，剩下的交给选民的隐藏脑就好。这并不代表每个对"福利皇后"(welfare queens)[①]表示担忧的政客都是出于种族偏见。含混不明之处就在于，我们无从辨别某个政客之所以提出对社会福利的担忧，是出于其个人崇尚自力更生的信念还是想要利用种族偏见——或者两者兼而有之。除非进行实验，否则我们同样无从得知某个选民对社会福利的观点是源于崇尚自力更生的信念，还是源于种族偏见，或者两者皆有。现在你立马就能看出为何这是一个强有力的政治工具了吧。种族诉求可以被嵌入一场表面上看似与种族毫无关系的对话中。

犯罪问题也存在同样的现象。人们普遍认为，乔治·布什之所以能在1988年的总统大选中击败民主党人迈克尔·杜卡基斯，主要得归功于"威利·霍顿"(Willie Horton)那则广告。霍顿在周末暂时离监期间，强奸并刺杀了一名马里兰州的女性，被马萨诸塞州判处谋杀罪名成立。时任马萨诸塞州州长杜卡基斯原本沿用了前任州长提出的暂时离监项目，最终又宣布终止该项目，布什借此抨击他在废除该项目上举措滞后，在打击犯罪方面态度软弱。这则广告引发了很大反响，因为广告中持续出现了霍顿的那张黑脸，布什也因此被指责利用种族偏见。但照片无非是锦上花罢了。对于白人选民来说，根本没必要向他们展示黑人面孔，他们自己就能在脑海中设想出黑人罪犯的形象。你所要做的只是谈论普遍的犯罪问题，他们的隐藏脑自会勾勒出一个暴力的黑人形象。

---

① 指通过欺诈等见不得光的手段获取高额福利金的女性。——译者注

第九章 拆弹

其他许多问题也是如此。我们无不认同毒品交易在摧毁我们的社区，但要是一谈到毒品，人们就无意识地自动联想到黑人吸食可卡因的画面，而不是白人吸食可卡因的画面；或是相较于白人毒贩，人们更害怕黑人或棕色人种的毒贩，那么我们就可以在根本不提及种族的情况下，利用种族偏见。非法移民问题也不例外。如果一说到"非法居留者"人们想到的是拉美移民而非白人移民，或是相较非法白人移民，非法拉美移民更容易让我们联想到具有威胁性和恶意的画面，那么我们就可以利用种族偏见，而无须表明———甚至无须对自己表明——我们认为棕色人种才是非法移民的症结所在。

心理学家罗伯特·利文斯顿（Robert W. Livingston）曾向志愿者讲述了一起犯罪。密尔沃基的一名女性被一名非法移民袭击，身受重伤。[8] 一些志愿者得知罪犯来自加拿大，名叫戴维·埃德蒙兹（David Edmonds）。另一些志愿者则得知罪犯来自墨西哥，名叫胡安·路易斯·马丁内斯（Juan Luis Martinez）。利文斯顿让这些志愿者充当陪审员，裁定合适的刑期。志愿者建议对墨西哥裔的罪犯处以更长的刑期，即便这两名虚构的非法移民犯的罪一模一样。

一旦人们的态度受到偏见的影响，就连他们对事实的基本认知也会发生变化。1982 年，当罗纳德·里根呼吁人们关注社会福利时，哥伦比亚广播公司（CBS）和《纽约时报》做了一项联合调查，他们问了这样一个问题："在全国所有贫困人口中，是黑人居多还是白人居多？"超过半数的美国人认为，美国贫困的黑人多于白人。而依据美国人口普查局对贫困的定义，当时非裔美国人只占美国贫困人口的 28%。

隐藏的大脑

几年前,社会福利改革问题备受瞩目,当时在伊利诺伊州的选民中开展过一项新近调查[9],结果显示超60%的受访者高估了领取社会福利的人数,而且整整高估了一倍。三分之一的志愿者严重高估了领取社会福利的非裔美国人的数量,五分之二的志愿者高估了贫困家庭所领取的福利金金额。90%的受访者极大地高估了联邦政府在社会福利方面的预算开支。误差不小。大多数受访者没有答对任何一道与社会福利相关的实际问题,甚至连边都没沾到。美国人的看法与事实相去甚远,他们认为社会福利受领人的数量更为庞大,拿到的补贴更为丰厚,而且更有可能是黑人。那些错得最离谱、相信的东西与事实相去最远的人,往往对他们的观点的正确性最有自信。当然,这些都是隐藏脑在作祟——而在想要利用这种偏见的政客眼中,这无疑是座金矿。

"我们所有人都认同,这些问题的关键不在于个人好恶,而在于事实如何。"马扎林·贝纳基曾对我说,"这项研究之所以意义重大,是因为它表明我们的大脑不仅会扭曲我们的好恶,还会扭曲事实。"

我认为就像弗朗西丝·阿布德研究的那些学龄前儿童一样,尽管选民自身从未有意心怀偏见,也从未有人故意给他们灌输偏见,而且人人都还竭尽全力地想要避免偏见,但选民依旧会在成年后持有种族偏见。我并不是说政治运动从未借探讨社会福利、犯罪和非法移民之名明目张胆地利用种族恐惧,他们会这么做。但这些运动之所以奏效的原因在于,你在谈论这些问题时,大多数选民的脑海中会自动浮现出少数族裔的形象。

为什么说到犯罪和社会福利时,会有这么多美国人自动联想到黑人罪犯或黑人福利受领人?非裔美国人有不少人**是**贫困人口

第九章 拆弹

以及他们**确实**会触犯法律的事实,并不能解释为什么在谈论犯罪和社会福利时会有这么多人自动联想到黑人。如在伊利诺伊州开展的调查所示,许多人不仅认为领取社会福利的黑人**在黑人总人口中的占比**高于领取社会福利的白人在白人总人口中的占比,他们还高估了领取社会福利的黑人的绝对数量。如果人们对黑人的贫困和犯罪问题的认知与统计证据不符,那么那些认知究竟从何而来?

部分原因已得到了充分的探讨:媒体对罪犯和社会福利受领人的描述往往有所偏颇。媒体报道通常会反映出已有的刻板印象——黑人杀人犯似乎比白人杀人犯更有新闻价值——对特定犯罪的着重报道反过来又加强了刻板印象。

但我认为还有一个解释虽然相当普通,但更为重要。(正如我一开始说过的那样,我们总想为骇人听闻的现象寻求惊心动魄的解释。然而,隐藏脑之所以有这样的威力,大部分在于它产生的影响微妙而平凡。)就算媒体报道不存偏见,领取社会福利和触犯法律的人在所有种族中的占比完全相同,大部分美国人仍旧会在心里高估贫穷或暴力的少数族裔的人数,低估贫穷或暴力的白人的人数。人们之所以极有可能将少数族裔与负面联想联系起来,**无非是因为他们是少数族裔**。

这一点在日常环境下也能有所展现,而日常环境并不像社会福利和犯罪问题那样容易激起强烈的情绪。将 100 个人分作两组,A 组和 B 组,80 人在 A 组,20 人在 B 组。让所有 A 组成员穿红衣服,所有 B 组成员穿蓝衣服——这样每个人属于哪个小组就一目了然,很好辨认。告诉所有人有成员在未经许可的情况下从饼干罐里拿了饼干,并列举 10 个这样的例子,其中 8 个饼干小偷出自 A 组，2 个出自 B 组。如果稍后让 A 组成员来猜测每个组里**总共**有多少人偷过饼干，他们很可能高估 B 组里的饼干小偷的人数，低估 A 组里的饼干小偷的人数。他们甚至可能觉得 B 组里的饼干小偷多于 A 组。当你向 A 组成员提到偷饼干的事时，他们更容易联想到 B 组的人。换言之，A 组成员之所以会极大地高估 B 组中的饼干小偷的人数，无非是因为 B 组的人数少于 A 组——每个人是属于 A 组还是 B 组均一目了然。

高度显眼的少数群体的不当行为会比多数群体的不当行为更深刻地扎根于我们的脑海中。这种现象有一个专业术语叫错觉相关（illusory correlation）。如果你问泰国人，猥亵儿童者是泰国男性居多还是从美国来的白人男性游客居多，他们很容易告诉你，美国来的恋童癖多于本地的。这是因为在泰国，白人男性是高度显眼的少数群体。对于泰国人来说，他们的不当行为会比本地人的不当行为更令人难忘。

我刚才所说的一切都有实验证据支持。[10] 研究人员将志愿者分作两组。两组人都观看了一段 15 分钟的本地电视新闻集锦。新闻播报中会插播一条广告，广告播完后，志愿者看到了一起涉及暴力犯罪的事件。该报道播出了一位嫌犯的照片。在志愿者不知情的情况下，研究人员用数字技术改变了嫌犯的肤色，一些志愿者看到的嫌犯是白人，另一些看到的则是黑人。罪案的其他细节均保持一致。

一如社会福利研究，该实验表明看到黑人嫌犯的志愿者最终比看到白人嫌犯的志愿者更担心犯罪问题。但这还不算完。看到白人嫌犯的志愿者并不会把犯罪和整个白人群体联系起来，但看到黑人嫌犯的志愿者却会将犯罪与整个黑人群体联系起来。（吉

第九章 拆弹

伦斯同样发现，志愿者不会认为领取社会福利的黑人很懒惰，他们会认为**整个黑人群体**都很懒惰。）这就是错觉相关起效的方式：当两个不常见的事件同时发生时，我们的隐藏脑会神鬼不觉地让我们偏向于将两者联系起来，即便二者根本毫不相干。这种偏见可能产生巨大的后果，但实际表现出来的现象却平平无奇，在日常环境中屡见不鲜。如果你连着两个早上都吃坏了东西，胃不舒服，而恰巧这两天你都要赶飞机，你的隐藏脑就会使你偏向于相信坐飞机会让你胃不舒服。倘若这种错误仅局限于使你认为是那两架航班让你胃不舒服，那又是另外一回事了。但这种偏见会导致你认为，**只要坐飞机就会胃不舒服**。

我们如何才能在政治上避免这种偏见呢？麻烦之处在于，大多数选民——或许还有大多数政客——不明白他们的态度、信念和事实材料从何而来。在看得见的层面，人们只会就事论事地谈论和思考问题。他们担心犯罪、非法移民和毒品。这没有任何偏见。想要看到犯罪减少，看到移民法的落实，看到吸毒和毒品交易得到管控完全合情合理。那些反对实施更严厉的移民、毒品和犯罪政策的人，如果认为所有这些担忧完全出自种族偏见的话，那就大错特错了。在没有种族偏见的情况下，人们对犯罪、毒品和非法移民的担忧也不会消失。但种族偏见改变了人们对这些问题的看法，使得每一百人中就有好几个人采取了他们原本不会采取的立场。种族偏见还损害了我们诚实地辩论这些问题的能力，甚至损害了我们就基本事实达成共识的能力。然而因为无意识偏见不必言明，甚至不必有意去思考，这种操控几乎能全然免疫任何驳斥。你要如何驳斥表面上根本不存在的东西呢？

"当有人明确提出种族问题时，我们可以予以反驳；但当我们只是隐晦地将黑人与犯罪、社会福利或吸毒联系在一起时，这样的联系就不太可能受到质疑。"吉伦斯曾如是写道，"由此，在美国社会中出现了一种关于种族的地下话语，这种话语主要基于充满误导性的形象，并旨在通过煽动恐惧或愤怒情绪来影响选民。我们很少听到公众人物明确宣称，不负责任的黑人妈妈是社会福利的'症结'所在，具有暴力倾向的黑人男性是导致我们的街道在晚上不安全的罪魁祸首。但正因为这些话没有说出口，所以才无从反驳。公众只能依据现有的刻板印象和偏颇的媒体报道自行得出结论，而这个结论是什么我们都心知肚明。"[11]

2008年总统选举前几个月，美国劳工联合会-产业工会联合会（AFL-CIO）的财务主管理查德·特拉姆卡（Richard L. Trumka）和同事说起了他之前在家乡宾夕法尼亚州内马科林遇到一位老友的事。[12] 当时民主党参议员希拉里·克林顿和贝拉克·奥巴马之间的初选竞争正处于白热化阶段。

"我遇到了一位相识多年的女士——早在我还在念小学时，早在亚伯拉罕·林肯刚出生时，她就积极投身于民主党的政治活动了。"特拉姆卡在一次工会大会上开玩笑说，紧接着他又变得严肃起来，"我们聊了起来，我问她想没想好要支持谁，她说：'噢，毫无疑问。我要投给希拉里。我绝不可能给奥巴马投票。'我说：'为什么？'她说：'他是穆斯林。'我说：'他其实是基督徒，跟你我一样，但就算他是穆斯林又如何？'她摇摇头说：'他的衣领上都没有别美国国旗的徽章。'我看了看自己的衣领，说：'我也没别，你也没别，而且，他其实别过好多次。再说，不是别个徽章就是爱国人士。'她说：'反正我信不过他。'

第九章 拆弹

我说：'为什么？'她把音量放低了一点，说：'因为他是黑人。'我说：'看看这个镇子。内马科林已经是座鬼城了。这里没有工作机会。我们的孩子都搬走了，因为这里没有未来。现在有一个人，贝拉克·奥巴马，他将为你我这样的人而战，你却跟我说你不会给他投票，就因为他的肤色？你那充满慈爱的脑子是坏掉了吗，女士？'"

特拉姆卡的这席话迅速传了开去。工会的民意调查发现，很多成员都很在意奥巴马的种族。"我认为种族偏见确实很有影响。"AFL-CIO 的调研总监卡伦·阿克曼（Karen Ackerman）在 2008 年大选的一个月前对我说，"我们在工会的选民和某些特定人口中——退休人员、退伍军人和老年选民——都发现了这一点。"

民主党民调专家兼政治顾问塞琳达·莱克（Celinda Lake）对我说，当白人民调专家和黑人民调专家对摇摆州的普通工会成员所做的民调结果相互龃龉时，她不由担心了起来。工会的白人告诉黑人民调专家，他们会投票给奥巴马，然而面对白人民调专家时，他们又说不会投给奥巴马。莱克担心很多人会在黑人民调专家面前隐藏他们的真实感受，以免有种族歧视之嫌，从而只向白人民调专家表达他们的真实想法。其他民调显示，虽然有近四分之三的选民说他们愿意为黑人投票，但只有不到一半的人认为他们的邻居会愿意这么做。

2008 年大选前三周，我驱车前往宾夕法尼亚州西北部。该州已成为本次大选的主战场之一。民调显示，共和党候选人约翰·麦凯恩处境不妙，但民主党和共和党都认为，如果麦凯恩想要背水一战扭转乾坤，就必须赢下宾夕法尼亚州。而这位共和党

隐藏的大脑

人想在宾夕法尼亚州争得一丝赢面的话,就必须赢得郊区、小乡村和蓝领镇的绝大多数选票,比如位于宾州西北部阿巴拉契亚边缘的圣玛丽斯镇。

圣玛丽斯隶属宾夕法尼亚州第五选区,该选区人烟相当稀少,却占据着全州近四分之一的地盘。[13](宾夕法尼亚州有19个选区。)第五选区主要是白人,强烈支持共和党。在布莱恩·诺塞克的全国种族偏见地图上,该区的种族偏见得分很高。该区选民参加内隐种族联想测验时,表现出的种族偏见水平高于全国75%的选区。

当我驶离州际公路,开上通往圣玛丽斯的本地公路时,我敏锐地意识到了我通常不会想到的一件事:我是有色人种。而在短短一个小时之内,我被巡逻的警车拦下了两次,更让我想不注意到这一点都难。第一次,我将车停在路边查看地图。当我抬起头来时,一辆巡逻车在我后面闪着警灯。警察迅速扫视了一圈我的车,便放我走了。

第二次,我行驶在一条双车道的道路上,跟在几辆慢吞吞的老爷车后面。我瞥了一眼车速表,前面几辆车的时速大约是每小时45英里。限速是55英里。在一段允许超车的空旷路段,我猛踩油门,尽快绕过他们,完成了超车。不多会儿,一个警察把我拦在路边,说我超过的那几辆车时速65英里,而他注意到我时,我的时速比那些车还快了10英里——超过限速20英里。我慌了神。

警察查过我的驾驶记录后,回来给我开超速罚单,我辩解道,我开车非常谨慎,上路近二十年从未收到过交通违规的罚单。"坦白说,"他厉声道,"我为此感到吃惊。"事后我想了想。

第九章 拆弹

那个警察认识我还不到一分钟。在这么短的时间内,他是如何对我形成一个大概的印象的呢,而这个印象还让他觉得我积累了近二十载的驾驶记录证据很让人吃惊?假如没有驾驶数据,那个警察只能凭直觉办事的话,又会如何呢?

共和党副总统候选人莎拉·佩林当天在宾夕法尼亚州举行集会。奥巴马的支持者在集会现场外面拍摄的录像显示,数十名共和党人直接对着镜头高喊:"贝拉克·**侯赛因**①·奥巴马""滚回肯尼亚"以及"奥巴马(Obama)和奥萨马(Osama)②之间的唯一区别就是 B.S.③"。这些话可能经过选择性的剪辑被单独拿了出来,被放大了,但它们也确实在全是白人的群体中激起了阵阵哄笑。一名上了年纪的男性牵着一只裹头巾的猴子。"这是小侯赛因。"14 那人笑着介绍道。还有人高呼"奥巴马·本·拉登""滚回非洲"以及"生于肯尼亚的印度尼西亚公民!"。

还有,"我们需要一个穆斯林总统!"

"如果他上了台,内阁里就不会有各式各样的美国人了,而是只有阿尔·夏普顿牧师、杰里迈亚·赖特(Jeremiah Wright)牧师和杰西·杰克逊牧师。"

"这可不是奥普拉脱口秀。"

当记者追问麦凯恩和佩林对他们的支持者在集会上散布的那些言论——包括偶尔会有人建议对奥巴马来硬的——做何感想时,两位候选人都表示这些言论只是少数人的言论,根本不能代表大多数人。

---

① Hussein,伊斯兰国家常见人名。——译者注
② 指奥萨马·本·拉登。——译者注
③ Bullshit(胡说八道)的缩写。——译者注

隐藏的大脑

我抵达的那一天，圣玛丽斯当地美国通信业工人工会（CWA）的成员正游走于各个工会家庭进行拉票。我之前已和一位54岁的组织者罗桑·巴克（Rosann Barker）说好，由她领我在镇上走动走动。她是名身材魁梧的白人妇女，方脸，留着短短的波波头，为人和蔼可亲。巴克在位于富兰克林的宾夕法尼亚西北部劳工联合会工作，家住伊利县郊。那天早上，为赶到圣玛丽斯，她开了两三个小时的车。巴克告诉我，她认为种族在她所在的州算不上什么重要因素。

我还约见了里克·齐默尔曼（Rick Zimmerman），他是圣玛丽斯当地通信业工人工会502支会的主席。他身穿短袖，下身和我遇见过的几乎所有男性工会成员穿的一样，一条蓝色牛仔裤。"我没有见过任何奥巴马的宣传海报——没准一到晚上就被人撕了。"他笑着对我说，"人们总说圣玛丽斯这个地方偏见重。我们这儿没啥有色人种。"

巴克和我出发前往一个社区。她有一张工会成员的住址清单，计划去挨家挨户地敲门，向人们介绍她的工会对诸位候选人的看法。拉票很累人，通常也鲜有回报，只有一长串紧闭的门扉、一张张冷漠的脸，间或冒出几条凶狠的斗牛犬，不时也会遇到有人力挺你望其当选的候选人。拉票工作的实际目标少得可怜，只能是那些尚未拿定主意的人，还有那些虽然反对你支持的候选人却仍愿意听你游说的人。

我逢人便亮明自己的记者身份。琳达·埃默里特（Linda Emerett）一边用一把长扫帚清扫着自家车道，一边告诉我们她认为所有政客都是骗子。"我希望赫克比当选。"她指的是共和党总统候选人迈克·赫克比（Mike Huckabee），他备受福音派选民

第九章 拆弹

的青睐,"感觉他与我们这些自己出门扫车道的人要合得来一些。其他人总用高人一等的口吻跟我们说话。他们的用词让我不时在想:'他们在鬼扯些什么?'我认为奥巴马只是在说些他觉得人们想听到的话罢了。他们都谎话连篇。"

我在街上遇到的马克·弗拉辛斯基(Mark Flacinski)说:"我不认为选奥巴马就能解决问题。我也不认为麦凯恩能行,但我认为他是这两个恶魔中相对较好的那个。"

我遇到的那些不到40岁的人,都说他们支持奥巴马。而几乎所有60岁以上的人都表示,他们还在犹豫要不要支持麦凯恩。

其余的工会拉票小组分散在圣玛丽斯各处进行拉票。有个选民告诉工会的拉票员特里·奥康纳(Terry O'Connor),他认为奥巴马是穆斯林。还有一人告诉奥康纳他不会给奥巴马投票,但在其他职位的竞选中他会清一色地投给民主党人。

"我们这儿是阿巴拉契亚,是圣经地带。"奥康纳对我说,仿佛这个解释非常充分,"有问题的是农村的白人选民,那种超过五六十岁的。我们要争取到他们中的多数人,但他们可不是什么思想开明的主儿。……我不介意人们因为堕胎问题决定投票给麦凯恩,但我无法接受他们认为奥巴马是穆斯林而给麦凯恩投票。"

工会组织者加里·比特纳(Gary Bittner)的工作涉及宾夕法尼亚州西部的28个县,他一根接一根地抽着烟对我说,奥巴马有"文化"问题。"人们害怕他们不了解的东西。我问他们:'想想对你们来说什么最重要——工作、医保、养老金?'"

比特纳说奥巴马的参选往往是谈话中的暗流。我请他给我举个例子。

"人们会提到这件事,但不会有什么好话。"比特纳回答说,

"比方说，人们在传'贝拉克·奥巴马一旦就任总统，不出八分钟就会被枪杀'。有些人拿这些话逗乐。"

当天晚些时候，我在美国退伍军人协会和一位年长的白人男性聊了起来。他名叫唐·乔特（Don Joatt），今年73岁。他一生都是民主党人，从来都是把票清一色地投给民主党。但他说他对奥巴马不放心。

我问他，他在选举中最看重什么问题。乔特说经济和工作是他最担心的问题。他说他不喜欢自由贸易协定，拜其所赐大量廉价的进口商品涌了进来。乔特告诉我，由于从中国进口灯泡，他工作了三十七年的灯泡厂的员工数量从1600人缩减到了350人。

"我真的不知道该怎么做，"乔特说，"我一生都是民主党人，但我现在不知道该如何看待这次选举。税收还有其他那些东西，我都不知道该怎么看了。"

我问他，是否知道有哪个总统候选人比奥巴马更支持他强烈反对的自由贸易。乔特说他认为就连麦凯恩也更赞同贸易保护——事实上麦凯恩曾亲口强调，他比奥巴马更强烈地支持自由贸易。

"我不知道该不该选奥巴马。"乔特说，"我不知道他是否值得信任。……要是希拉里没有退选的话，我会投她。"

齐默尔曼将我带去了他的一个同事家，对方是名68岁的白人女性，在他的支会工作了四十年之久。她光着脚走到院子里来和我说话。我们站在一棵枫树下，她的狗——可卡犬和柯利牧羊犬的杂交品种——在我们周围晃来晃去。她的门廊上悬着两面大旗——一面美国国旗，一面纪念越战期间被俘和失踪军人的旗帜。我们交流时，她同意实名接受采访，但一天后她又急忙给我

第九章 拆弹

打来电话要求匿名。

她说她出生在圣玛丽斯,一直生活在这里。她一生都是民主党人,看不起参加 2008 年选举的共和党候选人。此外,她也认为政府无权告诉女性该如何对待自己的身体——她强烈支持堕胎合法化。她认为希拉里·克林顿无可挑剔。但奥巴马却赢得了民主党候选人的提名,她说她无法支持他。

"在我看来,黑人现在已经可以上大学了,也能获得免息贷款——拉美裔也是。"她说,"我反对平权运动。"

她对我说她担心奥巴马当选后,会将白人的权益抛诸脑后:"我担心到时候我搭公交只能站在车尾。"她承认奥巴马的种族是个问题。

但后来,她告诉我,她和她那支持奥巴马的姊妹聊了聊。她姊妹劝她说,奥巴马才不会把白人都赶到车尾去。她说她很是勉强地决定投票给奥巴马了。

我问她,她姊妹具体说了什么话,让她改了主意。

"我姊妹说:'你没弄明白——他也是白人。他妈和他祖父母都是白人。'这话对我产生了很大影响。"

从这些对话中不难看出,种族偏见从来都不是完全隐形或完全显形的。有时它隐藏在表象之下,细思起来你觉得它就在那里,但你无法确定。还有些时候,你甚至都犯不着细想。

大选前几天,我又和拉票员罗桑·巴克聊了一次。她听起来很苦恼,因为她所在的社区一夜之间突然竖起了很多标牌。那些标牌上贴有一张窄小的纸,上面仅有八个字:投给右翼,投给白人。她告诉我,还有些标牌意在反驳奥巴马的竞选口号"我们相信变革"(Change You Can Believe In),上面写着"所谓变革就是把一个黑鬼推上台"。巴克哽咽了。她说她来来回回地在附近跑了一圈,把牌子都拆掉了。

"我以前从不觉得种族问题如此普遍,但天呐,那些广告牌和传单都表明,即便是在我所在的这种乡下地区,种族问题也无处不在。"她说,"就在我的社区,就在我生活的地方,我拆掉了一百多块牌子。我从没想过有人不惜做到这个地步。我知道人们会有偏见,但我没想到竟然这么深。"

芝加哥奥黑尔的希尔顿酒店位于美国最繁忙的机场内。从机场航站楼出发,走过一段短步道就可以到达十层楼高的酒店下面,酒店外墙由黑色金属和有色玻璃搭建而成。2008年9月27日——参议员约翰·麦凯恩和贝拉克·奥巴马的第一场总统辩论的翌日——一小群来自全美各地的人飞往芝加哥,在希尔顿机场酒店举行秘密会议。

希尔顿酒店西侧的2020房当天已被人预定。门外贴着一小块牌子,上面写着"社会包容中心"(Center for Social Inclusion)。房间里摆放着一张长方形的大会议桌和十几张黑皮椅。透过房间的窗户,你可以看到万豪酒店的接驳车和全国汽车租赁公司的豪华轿车正驶离机场的旅客到达区,扬长而去。不时有往返于各个航站楼之间的红白两色的列车,在高架上向着相反的方向隆隆驶过。这次会议召集得非常匆忙——一周半之前,才通过非正式的邮件和电话会议联系上所有成员。与会者全是国内在偏见和政治问题上最有分量的思想家。当奥巴马成为首个被主要政党正式提名的非裔美国候选人时,这些专家便决定要运用学者对偏见的研究成果来对抗选举中的偏见。从华盛顿过来的托德·罗杰

第九章　拆弹

斯（Todd Rogers）和塞琳达·莱克是民主党的民意调查专家和咨询顾问。从洛杉矶过来的是加利福尼亚大学的杰里·康（Jerry Kang）。从新泽西过来的是西顿霍尔大学法学院的蕾切尔·戈德西尔（Rachel Godsil）。从亚特兰大过来的德鲁·韦斯滕（Drew Westen）是名政治心理学家，也是民主党的咨询顾问。从费城过来的是宾夕法尼亚大学的社会学家卡米尔·查尔斯（Camille Charles）。还有其他几位社会活动家、政治组织者和学者。其他未能赶往芝加哥的专家则通过免提电话参与会议。

俄亥俄州立大学的法律学者约翰·鲍威尔（John Powell）召集了这批人。如果谈论社会福利、非法移民和犯罪都会隐晦地涉及种族，那么鲍威尔希望找到消除这些偏见的方法。第一种方法——传统方法——便是揭露偏见。换句话说，这种对抗方式就是要把原本藏在地下的偏见拽到地面上来。然而奥巴马的竞选团队选择了一条不同的路：他们鲜少明确提及种族，也从未对种族主义做出过度反应。就算面对明显的种族歧视——成千上万的人公开宣称他们绝不会给一个黑人投票——奥巴马也坚持表现出积极的态度。当人们在集会上用带有种族色彩的污言秽语辱骂奥巴马时，当一些共和党领导人公然质疑这位混血候选人的宗教信仰、背景和爱国精神时[15]，当希拉里·克林顿公开宣称"辛勤工作的美国人和美国白人对奥巴马的支持率正在下降"[16]时……竞选团队的回应始终积极向上、宣扬团结，这正是奥巴马自2004年在民主党全国代表大会上发表那席著名的演说后一直在传达的信息。他的竞选团队没有指责任何人有种族歧视，而是选择唤起人们心中的善意，提醒美国人他们可以超越种族。

奥巴马的策略成功了。他赢得了民主党的提名。但鲍威尔担

隐藏的大脑

心这种策略会有失效的一天。鲍威尔的团队听说,共和党计划在秋末针对奥巴马自传中的一些片段发起猛攻。奥巴马在书中谈到他年少时曾染过毒,醉心于阅读马克思主义和女性主义的文学作品。鲍威尔向奥巴马的竞选团队发出改变策略的呼吁,但遭到了对方的拒绝。"最初我想让竞选团队做出改变,但他们认为没那个必要。"鲍威尔告诉我,"我回应说:'如果你们是对的,那当然好,但万一你们要是错了呢?你们应该有所准备。如果你们用不上,那也没关系,但要是等到要用时却毫无准备,那就惨了。'……他们完全没有利用这三十年来的研究成果。他们认为[谈论种族]必然会引起分裂。他们没有认识到人是很矛盾的。"

身在芝加哥的马扎林·贝纳基通过电话参加了会议。这位心理学家长期以来始终支持将无意识偏见公之于众,让隐形的偏见显形,以此对抗无意识偏见。但这一次,她认同奥巴马的做法。她告诉我,所有政客都必须强调他们与选民之间的联结,所以奥巴马对种族问题避而不谈是有道理的。身为少数族群的一员,他不可能通过标榜自己是少数族裔而与大多数选民建立联结。

与会者探讨了各种竞选广告对种族偏见的利用。在 2006 年田纳西州的参议院选举中,有一条广告利用人们对异族通婚的恐惧,打击非裔美国候选人哈罗德·福特(Harold Ford)。广告的主角是名年轻的白人女性,她声称在花花公子派对上结识了福特,广告最后她用魅惑地声线低声说:"哈罗德,打给我。"在一条反奥巴马的广告中,奥巴马咧嘴微笑的表情被改成了一头饿狼的模样。一个保守派组织将奥巴马与底特律声名狼藉的黑人市长夸梅·基尔帕特里克(Kwame Kilpatrick)扯上了关系,后者近期刚因刑事指控被免职。广告中列出了基尔帕特里克被控的种

第九章 拆弹

种罪行,然后播放了奥巴马与基尔帕特里克站在一起称赞他的画面。这则广告意在告诉选民奥巴马都与什么人为伍。(宾夕法尼亚大学的社会学家卡米尔·查尔斯表示,基尔帕特里克的肤色原本就比奥巴马深很多,而那条广告更是刻意加深了基尔帕特里克的肤色,为的就是利用白人选民对肤色较深的黑人的无意识偏见。)

会议快接近尾声时,我询问在座的各位,奥巴马容易受到怎样的无意识偏见的影响。留着花白胡子的鲍威尔说,奥巴马不会受到非裔美国领袖通常所受到的那种偏见。他们不会把奥巴马形容得很有威胁性。但奥巴马容易被认为是异邦人、外国人,他的中间名是侯赛因,而且小时候长期居住在其他国家。"他不是我们自己人。"鲍威尔担心的正是这样的信息。

"这些信息主要是为了给里根民主党人看的。"鲍威尔告诉我,"他们隶属工会,在俄亥俄州的选举中投给了〔民主党领导人〕泰德·斯特里克兰(Ted Strickland)。斯特里克兰大获全胜。与他竞争的共和党人是个黑人,这对他非常有利。你都不需要用工会制的好处、政府的作用,或是有医保岂不美哉等理由说服这些选民。"

鲍威尔对奥巴马的结论是,他要是败选,一定是因为那些认同奥巴马理念的人,不愿意给黑人投票。"问题将会出在民主党人身上。"

与会者希望能给选民打"预防针",以免他们受到那些煽动分裂的言论的影响。他们计划制作一系列广告,让人们思考种族在选举中扮演的角色。其中一条广告将一头货真价实的大象塞进一家餐厅里,食客们一边吃饭,一边紧张兮兮地盯着这头庞然大

229

物。大象扇了扇自己的耳朵,一条字幕浮现出来:"让我们来谈谈房间里的大象吧。"

奥巴马的竞选团队所采取的种族问题中立化策略,在2008年的大选中只有一次被毁得一塌糊涂。在民主党初选期间,奥巴马的牧师芝加哥三一联合基督教会的杰里迈亚·赖特的言论曾在全国媒体上疯传。赖特经常在布道中抨击美国白人行种族不平等之举,奥巴马的对手便揪住这些言论不放,例如赖特说过:"上帝不会保佑美国,上帝诅咒美国!"奥巴马一发现他与赖特的过激言论扯上了关系,便当即暂停了他的竞选活动。

记者随后挖出约翰·麦凯恩推戴的牧师约翰·哈吉(John C. Hagee),曾说大屠杀是上帝有意要将犹太人驱赶至巴勒斯坦。[17]共和党副总统提名人莎拉·佩林的牧师拉里·克鲁恩(Larry Kroon),曾说过上帝会"打压……美利坚合众国"[18]。针对当天的首场总统辩论,《华盛顿邮报》指出:"按照美国优良的新传统,总统竞选总是会出现'牧师灾难',共和党副总统提名人莎拉·佩林也难逃此劫。"[19]一般想来,如果奥巴马会因他的牧师的观点招灾惹祸,那么麦凯恩和佩林也不能幸免才是。但事实却并非如此,聚在奥黑尔希尔顿酒店2020房的这群人可以告诉你原因。真正的问题不在于赖特的言论有多么煽动和过激,而在于奥巴马与赖特之间的关系会让很多白人选民无意识地将奥巴马与一个让他们深为厌恶的形象联系起来——一个满腔怒火的黑人,一心想要让白人对种族主义感到愧疚。哈吉和克鲁恩则无法唤起类似的身份原型——毫无疑问,没有什么能比一个满腔怒火的黑人更能引发人们的深层恐惧和焦虑了。于是也就不难理解为

第九章 拆弹

何有关麦凯恩和佩林的牧师的争论会石沉大海。

我发现了一个有趣的现象：纵然全国媒体都在大肆渲染赖特的言论，但许多有色人种丝毫不把这当回事。在与赖特割袍断义之前，奥巴马自己也曾说过，他觉得他的教派没有什么值得争论之处。赖特无疑喜欢煽风点火，言辞过激，但这在一定程度上是因为布道本身就带有戏剧性成分，尤其是在黑人教堂。奥巴马曾说赖特"就像一个老叔父，他说的话我也不是百分百认同"[20]。

但就算赖特说话喜欢夸大其词，他所表达的情感却是真实的，大多数黑人也能感同身受：非裔美国人受到监禁的可能性比美国白人高出447%，被谋杀的可能性也比美国白人高出521%。白人和黑人出生时就存在5∶1的贫富差距，黑人的平均寿命比白人少5岁，黑人婴儿的死亡率几乎是白人婴儿的1.5倍。[21] **不愤怒岂不是反而很奇怪？** 但赖特的言论一出现在全国媒体上，他布道的部分内容便开始没完没了地在有线电视上滚动播放，奥巴马的竞选团队再也无法继续宣扬"我们都是美国人"的口号了。赖特所描述的美国在许多白人听来宛如一幅残酷的漫画。奥巴马的反对者质问道：候选人奥巴马认同的现实到底是哪一种？希拉里·克林顿在接受福克斯新闻比尔·奥莱利（Bill O'Reilly）的长时访谈时，表示同意这位保守派评论员的观点，认为奥巴马需要做出解释。原本在国民看来，奥巴马只是一个文质彬彬、能说会道、哈佛毕业的律师，而赖特事件引发了一个问题，那就是奥巴马在暗地里是不是许多白人所憎恶的那种激进的黑人活动家。

奥巴马的第一反应是息事宁人，但赖特——要说他是奥巴马的朋友也非常勉强——在华盛顿的全国新闻俱乐部召开了一场电视会议，反驳了对他的种种批评，争辩说那些人就是怀有种族歧视，并指斥对他的攻击实际上是对整个黑人群体的攻击。赖特面向一群他的支持者发表了以上言论，他们纷纷起立为他鼓掌。这场新闻发布会让奥巴马陷入了更为艰难的处境，很快，奥巴马宣布与赖特断绝往来，然后做了一件他在2008年选举前后几乎从未做过的事：明确谈论种族问题。

在于费城发表的这场著名的演说中，奥巴马描绘的种族关系图景与他的前牧师所描绘的图景截然不同。他扮演了调解人的角色，向白人解释为何黑人总是满腔怒火，也向黑人解释为何白人不满黑人无休止地提及奴隶制遗留问题。奥巴马提醒黑人听众，自种族隔离时代以来，这个国家已经有了长足的进步，不过今后也还有很长的路要走。

这场演讲从心理学的角度来看可谓切中肯綮——一定会受到研究隐藏脑的心理学家的大力推崇。研究人员理查德·艾巴赫（Richard P. Eibach）和乔伊丝·埃尔林格（Joyce Ehrlinger）已经证明，美国的白人和黑人对国内种族问题的改善持有截然不同的印象的核心原因是，白人会无意识地将国内的种族关系与过去做比较。比起奴隶制时代，这个国家在种族关系上**已经**有了巨大的进步，许多白人对黑人经常不承认这种进步感到非常不可理喻。艾巴赫和埃尔林格发现，而与此同时，黑人则无意识地将现状与一个不存在任何歧视的理想未来做比较。对于年轻一代的黑人男女来说，他们在职场中受到的歧视是隐晦的，就算跟他们说相较两百年前，现在已是今非昔比，也算不上什么安慰。[22]因此，许多黑人不理解为何白人总将他们的日常经历看得如此轻描淡写。奥巴马卓有成效地告诉他的听众，每一方都有自己的理由，

第九章　拆弹

而双方之间的共同点远比他们认为的多。

虽然没有明说，但奥巴马还含蓄地提醒白人选民，他也是半个白人。"我无法与他断绝关系，就像我无法与我的白人祖母断绝关系一样。"奥巴马提到他的前牧师时如是说。这场演讲发表于国家宪法中心，奥巴马旨在以此让全国民众想起那份将整个国家团结起来的文件。奥巴马的发言并不代表任何一个群体，而是代表所有人。

费城的演讲在政治上取得了巨大的成功，重振了奥巴马的竞选活动。自此奥巴马再未严肃地谈论过种族问题，事实上，他花了很大的劲来回避这个话题。尽管一个非裔美国人竞选总统具有极其重大的历史意义，但讽刺的一点是奥巴马的竞选团队在遇到种族问题时几乎都缄口不言。时值著名的1963年华盛顿大游行45周年纪念日，民主党曾于丹佛召开全国代表大会，那次会议上有史以来第一次有一位非裔美国人出现在了主要政党的总统候选人名单上。约翰·鲍威尔有些辛酸地告诉我，奥巴马在提名演讲中丝毫没有提到"种族""马丁·路德·金"或"民权运动"等词。鲍威尔还说，介绍他生平的文件也"更倾向于白人"。比起他父亲那边的血统，该文件大幅强调的是他母亲那边的血统——他身为白人的一面，尽管奥巴马在《我父亲的梦想》（*Dreams from My Father*）一书中强调为了成为一名领袖，认识到自己的黑人身份对他来说有多重要。

鲍威尔告诉我——请别忘了他为了让奥巴马当选每天甘心工作18～19个小时——他发现费城的演讲在政治上很精明，但从历史的角度来看是有问题的。奥巴马谈论的不是美国的种族，他谈论的是美国的**怒火**。白人对黑人感到愤怒，黑人也对白人感到愤怒。如果每个人都平息自己的怒火，我们会过得更好。但鲍威尔无法认可黑人的愤怒和白人的愤怒是对等的，而且在某种意义上可以相互抵消。如果说让黑人愤怒的是奴隶制、种族隔离、歧视和缺少机会，那么白人的愤怒就是他们认为这些小题大做的黑人想在制度上占便宜。

"金博士在他最著名的演讲中，讲到了义愤的重要性。"鲍威尔告诉我，"奥巴马明白他的表演是给白人看的。他认为如果他可以成为老虎伍兹，成为一个不具有威胁性的黑人，那么他就可以获得白人的支持。"

在芝加哥的秘密会议上，有两股不安的暗流在桌面下涌动。其中一股是反抗偏见和赢得选举这两项挑战之间的冲突。与会者深知如果他们要反抗偏见，也就得反抗选民认为麦凯恩"太老了"的年龄歧视和莎拉·佩林"不过又是一个无能的女人"的性别歧视。会议最后，鲍威尔说他们的目标不是重在让奥巴马当选，而是重在消除偏见。只要选民拒绝给候选人投票的理由不是因为偏见，那么他们投票支持或反对任何人都完全合法。

但除此之外，还有一股更深层的暗流。当你意识到无意识偏见时，你能做的有两件事。你可以在暗地里与之抗争，就像奥巴马的竞选团队所做的那样。不对种族主义做出过度反应，你就能传达反刻板主义的信息，散发出平静和泰然自若的气魄。另一种方法就是摆到明面上来——向那些在许多问题上认同你的候选人的主张，却碍于种族主义不愿给他投票的选民发出呼吁。这就是马丁·路德·金的办法，是"义愤"之路。而问题在于针对种族主义向人们发出呼吁会让他们产生防御心理。即便你辩赢了，也

第九章 拆弹

可能失去他们的选票。奥巴马的方法在政治上要精明得多,但也不乏令人担忧的成分。如果一个黑人政治家能为白人所接受的唯一方法,就是塑造一个不具备威胁性的黑人形象——"一个超出常规的特例"——这岂不是在隐晦地拥护刻板印象?

与会者设计了一系列广告,并以此随机测试了一些摇摆州的白人选民,结果更加深了他们的这种担忧。塞琳达·莱克让500名蓝领男性和500名蓝领女性观看了广告,这些人在民意调查中面对白人调查员是一套说辞,面对黑人调查员则是另一套说辞。莱克询问了这些选民对每条广告的看法和感受。心理学家德鲁·韦斯滕衡量了这些广告如何改变了选民对奥巴马的无意识态度。

房间里的大象那条广告展现的是如何在明面上对抗偏见。而另一条广告针对的则是隐藏脑。广告中一名蓝领工人直接面向镜头讲话。(其中一个版本说话人是名男性,还有一个版本则是名女性。)说话人明确表达了对奥巴马的顾虑,例如奥巴马可能会偏向黑人以及他是个不爱国的外邦人,这些顾虑普遍存在于白人工薪阶层中。韦斯滕说,这么做意在公开承认人们的感受。但这条广告并没有像工会领袖理查德·特拉姆卡在宾州内马科林对他的老友所做的那样,让人觉得这些顾虑是种族主义、是错误的,相反这条广告让人们得以换种方式思考自己的感受。

广告的主角是名50岁左右的白人女性。她来自俄亥俄州的曾斯维尔,名叫苏·伯顿(Sue Burton):"很多人对贝拉克·奥巴马不太放心得下。他看起来很沉稳。他谈到的事我也很看重——油价、物价,还有我们可以指望的医保。但有时我就是有那种不安的感觉,你明白吧?我真的不确定他是怎样的人。他真的爱这个国家吗？没准他当选后，会将黑人的利益置于我们其他人的利益之上。我和我妈说过这事。在肯尼迪当选之前，她和我爸也对肯尼迪产生过同样的疑虑。他们也感到不安。他没准会把他的天主教信仰置于国家利益之上。我没有偏见。我只是想确定奥巴马看重的东西和我一样，在乎像我这样的人。我认为他也确实如此。我想他对他那两个小女儿的爱，丝毫不逊于我对自己孩子的爱。我想他像我一样热爱我们的国家。这对我来说并不容易。但我打算给他一个机会。我是美国人——他也是。"

对付谎言的传统方法是直接与之对峙。事实上，如果你认同重要的只是人们的意识脑的话，那这正是你**应当**做的。你应该用正面信息驱逐传播中的负面信息。唯有当用隐藏脑来思考政治问题时，你才会明白为何在2008年总统大选之前，数不清的事实核查网站和媒体报道都毫不作为，放任数百万美国人去相信那些关于奥巴马的明摆着的谎言。"我是美国人"这条广告则采取了不同的策略。它完全不理会意识脑，只全力瞄准隐藏脑。

这条广告并未表示人们对奥巴马的种种指控是莫须有的，而是站在那些感到不安的人的立场上说话。这是心理治疗教科书上一贯的训诲：无论感受是否合理，它们都是真实的。否认感受的正当性并不会消除感受，事实上，否认通常还会加剧那些感受。"我是美国人"这条广告没有驳斥那位女士的信念，也没有试图证明她的感受不合理，是错误的。相反，是那位女士自己克服了恐惧，依据自己的感情做出了决定。她没有受到**纠正**，是她自己鼓起了**勇气**。

这条广告在目标群体中的测试结果良好，但韦斯滕告诉我，一些投资人对此感到不放心，因为这条广告没有明确反驳那些含

第九章 拆弹

沙射影地攻击奥巴马的不实信息。完全不理会意识脑，只全力瞄准隐藏脑的想法很难令人接受。

"但要是你进行反驳，就会变味。"韦斯滕说，"我对反驳的担忧是那么做会显得很假。听起来就不像是一个为此纠结不安的人会说的话，更像是出自奥巴马的竞选团队之口。"

众专家还测试了其他一些方法。有一条名为"美国队"（Team USA）的广告，展现的是一场正在进行的女子足球比赛，背景音乐是《美丽的亚美利加》。场外一群相亲相爱的黑人和白人小孩玩作一团，津津有味地观看比赛，脸上洋溢着微笑和友爱。然后是激流皮划艇项目的奥运金牌得主，白人乔·雅各比（Joe Jacobi）的一个特写镜头，接着出现的是四次摘得奥运篮球比赛金牌的黑人女性特雷萨·爱德华兹（Teresa Edwards）的特写。随后镜头切换到了一场业余男子篮球比赛，各个种族的队员都为了球队奋力拼搏。球嗖地穿过篮筐，镜头聚焦在一只黑色和一只白色的手上，它们两相击掌，以庆祝双方合作无间。这时屏幕上打出一行字："我们都属于同一个队伍。美国队。"

韦斯滕告诉我，"餐厅里的大象"意在引发人们的思考，可能会让他们感到不舒服，而"美国队"遵循了奥巴马竞选的一贯模式——瞄准人们哽在喉头的情感。人们希望维持良好的自我感觉，说他们本性善良便正中下怀，就像说他们有种族主义就会引发他们的愤怒和防御一样。"美国队"强化了选民心中的种族包容感。

在另一条广告中，镜头在一个白人家庭和一个黑人家庭之间无缝切换。这两个家庭都用同样的姿势坐在沙发上，一个孩子坐在母亲的膝头，还有一个小女孩坐在父亲的膝头。两位父亲都为孩子读着童书《小火车头做到了》(*The Little Engine That Could*)。

> **白人爸爸**：小火车头抬头看见布娃娃眼里满含泪水。她想起了山另一头那群可爱的小男孩和小女孩，
>
> **黑人爸爸**：没有她的帮助，他们谁都拿不到玩具和好吃的。然后她说："我想我能做到。
>
> **白人爸爸**：我想我能做到。我想我能做到。"
>
> **黑人爸爸**：她将自己套在了小火车上，当她喷着烟平稳地往山下驶去时，
>
> **白人爸爸**：蓝色的小火车头不由微笑了起来，她仿佛在说：
>
> **黑人爸爸**："我想我能做到，我想我能做到，
>
> **白人爸爸**：我想我能做到，我想我能做到，
>
> **黑人爸爸**：我想我能做到——"

"只有读书的声音和家庭有所区别，但他们的坐姿都一模一样，做的事也一模一样。"韦斯滕监制完黑人家庭拍摄的那部分广告后对我说，"背景音乐打算用一段轻柔的钢琴曲或是一个女声哼唱的《奇异恩典》(*Amazing Grace*)，屏幕上出现的唯一一句话是'我们都是上帝的孩子'。我们意在唤醒人们心中善良的一面，唤醒他们所遵从的信仰的教诲。"

韦斯滕认为这条广告特别奏效的原因是，研究表明黑人父母给孩子读书的画面很能打动白人——这条信息与他们设想中的四分五裂的黑人家庭和不负责任的黑人父亲截然两样。"当你把'辛勤工作'与'黑人'联系起来时，你就打破了那些让人觉得这个种族具有危害性的刻板印象，而当你把父亲的责任套在黑人爸爸

第九章 拆弹

身上时,也能起到同样的效果。"韦斯滕告诉我,"这就是为何科斯比(Cosby)和奥巴马在谈到他们对孩子的责任和内城区父亲的缺位所引发的灾难时,人们会如此地感同身受。你扼制住了隐秘的种族主义的一种表达。"

这些广告测试的选民是没有大学学历的年逾三十的男性和年逾五十的女性。结果显示出了无意识态度与有意识态度的差异。

在此就以黑人和白人爸爸给孩子读书的那条"我们都是上帝的孩子"的广告为例。韦斯滕拍摄并测试了两个版本的广告——其中一版出镜的就是方才的黑人和白人爸爸,另一版出镜的是一个白人家庭和两个不同的黑人家庭,其中一位黑人爸爸肤色更深。在第二个版本中,所有爸爸依旧朗读了《小火车头做到了》那本书,镜头也依旧在各个家庭间无缝切换。这条包含两个黑人家庭和一个白人家庭的广告,在选民所给出的有意识的反响中得分很高。两位黑人爸爸和一位白人爸爸在各自的家中为孩子朗读同一本童书的构想,确实激起了人们有意识的反应。但韦斯滕发现这条广告丝毫未能影响人们对奥巴马的无意识态度。那条仅有一个白人家庭和一个黑人家庭的广告——出镜的黑人爸爸肤色较浅——在意识层面并未获得太多选民的积极认可,但在无意识层面却更有效地改变了人们的意愿,使得他们更愿意支持奥巴马了。在选民毫无自觉的情况下,肤色较深的黑人爸爸的某些特质使他们感到不快。他们的意识心理知道我们都是上帝的孩子,但他们的无意识心理却并不认同。

在"我是美国人"的那条广告中,蓝领工人面对镜头,直言不讳地说出了自己的顾虑,认为奥巴马是外邦人,可能损害白人的利益。这条广告在意识层面反应平平,但在无意识层面却非常有效。在韦斯滕及其团队制作的所有广告中，那条由一位女性工人出镜，明确道出她的顾虑，并最终跟随自己的心得出结论的广告最为成功。

实际上，在芝加哥希尔顿酒店开会的那群人想出了不少办法。诚然，这些办法还很粗糙，但却是在白热化的竞选活动中首次真正尝试扼制种族偏见的声音。结果，所有这些广告都未能在2008年大选前播出，因为大选前几周的金融危机让潜在的投资人都仓皇撤退了。（鲍威尔的团队也发现，许多意在打压奥巴马的广告也因为同样的原因未能播出。）

不过研究表明，孩子们相亲相爱地玩作一团以及黑人和白人家庭的广告也同样能够对抗有意识的、旗帜鲜明的偏见——也就是那些在集会上叫嚣着种族主义、高举"投给右翼，投给白人"的标牌的人。为了对抗赤裸裸的仇视，你要做的是唤起人们的善意，希望哽在他们喉头的感情能战胜他们心中的愤怒。

但无意识偏见是大多数选民心中具有的藏在表象之下的灰色怪物，面对它，你需要另辟蹊径。"我是美国人"承认了许多选民对奥巴马的感受。这条广告没有告诉人们他们是错的，而是建议他们用另一种途径来疏导自己的感受。

"我们正在回到弗洛伊德所说的那种未来。"韦斯滕告诉我，"现在确实存在他说的意识和无意识之间的分离，但我们有办法检测它们。你当如何消除选举中的种族问题，使得'哈罗德，打给我'、夸梅·基尔帕特里克和威利·霍顿之流的广告再不能当众播出？如果你容易受到这类攻击，你就得检测有意识和无意识的态度，建立起应对二者的策略。"

我觉得这些广告非常有吸引力，但也令人不安，因为有时它

第九章　拆弹

们的政治意义会与道德意义相违背。如果你是政治咨询顾问，你会选择哪一个版本的"我们都是上帝的孩子"？你肯定不会选择那条有肤色较深的黑人爸爸出镜的广告，因为韦斯滕的数据证明，在劝说白人选民的效果上，这条广告不如另一条只让肤色较浅的黑人爸爸出镜的广告。为了达到政治收效，为了让选民支持你的候选人，你不得不选择**符合**人们对肤色较深的黑人的无意识偏见的广告。

"我是美国人"也是如此。当人们散播有关黑人候选人的种族主义谎言时，最理所当然的反应其实是义愤，但显而易见，更有政治收效的反应是采取迂回战术——告诉选民他们的感受是可以理解的，但还请他们给候选人"一个机会"。换言之，如果你想劝说某人为你的候选人投票，最好的办法是不要去质疑别人的种族主义信念。我开始理解为何奥巴马的方法成功了，而其他许许多多的黑人政治家却一败涂地。他的竞选团队清醒地认识到不喊冤叫屈，不表达他完全有权表达的义愤，是获胜的唯一方法。

选举结束后，我问过塞琳达·莱克这个问题。她承认对抗刻板印象和让候选人当选之间确实存在冲突。但她指出就算让奥巴马入主白宫需要做出一些妥协，奥巴马的当选也比其他任何事都更能减少美国的种族歧视。隐藏脑靠一味地重复进行学习，而奥巴马的当选意味着这个国家和世界在接下来的数年间都会受到一系列反刻板印象信息的轰炸，这些信息来源于一个聪明绝顶、能说会道、充满号召力的黑人——而且他还可能是这个星球上最有权力的人。

"我在为数不少的非裔美国候选人手下工作过。"莱克说，"就算要靠塑造一个例外的形象来让某人当选，我也并不在乎。"（为黑人候选人塑造一个超出常规的特例形象，这种方法可能会加深刻板印象。)"我很想消除种族歧视，但我[首先]要让巴拉克·奥巴马当选。"

莱克告诉我，奥巴马竞选团队背后的政治策划人戴维·阿克塞尔罗德（David Axelrod）曾成功让许多非裔美国人上位，他的办法就是绝不试图改变人们对种族和性别的基本看法。譬如，协助卡罗尔·莫斯利·布劳恩（Carol Moseley Braun）竞选参议员时，民调专家发现布劳恩在广告中站立着面对镜头讲话，会让选民觉得她咄咄逼人——而让一名男性白人来说同样的台词，却不会让人们产生这种感觉。这显然是性别歧视和种族歧视，如果走义愤那条路，或许我们应该说："去他妈的偏见——就让布劳恩直接对着镜头讲话。"但阿克塞尔罗德的任务是要让布劳恩当选，他建议她坐在桌子后面讲话。选民立马感觉像这样传达信息他们更能接受一些。

无论是义愤还是让候选人当选都有其必要性，我不知道该如何调和二者。如果说政治顾问的手段有时令人不齿，但相对地也可以说义愤之路从未让一个黑人当选总统。正是阿克塞尔罗德和奥巴马找到了一条路实现了马丁·路德·金的梦想——虽然这条路是搁置争议，降低种族问题的热度。不公似乎已经写进了政治的基因里，因为选民总会有意无意地关注许多候选人无法掌控的因素。政治顾问总是要用他们手中的牌想方设法地取胜——这就意味着既要利用合法的强项，也要利用不公的优势。奥巴马确实是个有天赋的候选人。他那沉稳平和的气度是刻在骨子里的，而他对一双女儿的爱无疑也发自肺腑。为人沉稳并不等于他能当一个好总统，但这种特质对奥巴马很有帮助，因为脾气暴躁的人可能会让人联想到那种怨气满腹的黑人。奥巴马对孩子毫无掩饰的爱也有助于消除人们无意识地将黑人男性与不负责的父亲联系起来的刻板印象。奥巴马还恰好是混血，他将他与白人之间的联系当成了他的优势。

"贝拉克·奥巴马肤色较浅，这点起到了很大的作用。"选举结束后，德鲁·韦斯滕在一场电话会议上平静地说，这次会议召集了参与过芝加哥会议的所有人，意在告诉他们研究结果，"如果他长得像夸梅·基尔帕特里克，他能否成功，我心里根本没底。"

第十章
望远镜效应

失踪的小狗和种族灭绝

本书的理念犹如同心圆般层层相套,从非常微观的问题到非常宏观的问题逐章递进地阐述了隐藏脑如何影响着我们的生活。我们已经考察了隐藏脑对儿童、亲密关系、灾难、自杀式恐怖主义、刑事司法系统和政治的影响。我决定将最后一章的主旨对准……数字。乍听起来似乎很深奥,其实不然。我们对数字的思考方式有意无意地影响着我们人类所做出的最重要的决定。

爱德华·辛尼克(Edward Shinnick)是泽西市警察局内务部的负责人。他已婚,育有两个孩子,在新泽西北部社区颇有人望。辛尼克喜欢当警察,但对内务部的工作略有不满——几乎没有警察愿意监督自己的同事。但辛尼克很健谈,能说会道,工作上的压力他会回家讲给妻子米歇尔(Michele)和其他朋友听。他是警察中的警察,和许多同事都是知己。同事们遇到了情绪波

第十章 望远镜效应

动或婚姻问题都找他开解。他认为自己一周七天全天候肩负着警察的职责。他去哪儿都随身带着枪。他从不饮酒，他觉得持枪之人不该受到酒精的影响。

2008年5月，辛尼克提交了辞呈，就此退休，时年52岁。5月28日星期三，辛尼克去疗养院看望他母亲。离开时，他将自己的新手机号留给了护士。然后和他的一位老友，一名退休的警督一起吃了午餐。

辛尼克当天下午及至晚上都没有回家。他从不会像这样不打招呼就晚归，但妻子米歇尔觉得他可能回警局去会朋友了。她打了一圈电话，谁也没见过辛尼克。晚上九点，在警方的敦促下，米歇尔提交了一份失踪人口报告。她上网查了一下，发现辛尼克在怀科夫的一台ATM机上取过钱，那个地方位于他家西北方，距离很近。

辛尼克去过威科夫后，又开车上路了。他一路开到了宾夕法尼亚州，去了他和米歇尔经常入住的那家凯富旅社。米歇尔的堂兄就住在波科诺，夫妇俩每次去拜访他后就会在这家汽车旅馆歇脚。凯富旅社允许带狗入住，而辛尼克夫妇很喜欢狗。艾德[①]·辛尼克上路之前拔掉了他车上的快易通卡，他知道米歇尔和他的警察同僚会靠那张通行卡来追踪他的车，而他不想被人发现行踪。他在汽车旅馆开了间房。

艾德·辛尼克身上有两把枪，其中一把正是他的警用左轮手枪。在旅馆的客房里，他用一把枪对准了自己的心脏，另一把对准了自己的脑袋。他同时扣下了两个扳机。

---

① 爱德华的昵称。——译者注

一名清洁女工发现了他的尸体。

米歇尔·辛尼克觉得不可思议。她查清了艾德·辛尼克最后一天干的所有事。一个打算自杀的人为何还要将自己的新手机号留给母亲所在的疗养院？和辛尼克共进午餐的那名退休警督，曾负责教导警察应对压力和自杀危机。米歇尔和他谈过了，他告诉她，辛尼克没有流露出想自杀的迹象。

"如果将世上最不可能自杀的人列一个名单，"米歇尔·辛尼克告诉我，"我丈夫的名字会排在第一个。"

每当有人自杀，我们的第一反应就是询问他们的生活发生了什么。自尽似乎非常不理智，所以我们总是想寻找心理障碍、压力、婚姻不幸或身败名裂之类的证据。辛尼克当然也有自己的烦恼。他对内务部的工作并非百分百满意，但他不久前已经退休了。当警察当然压力很大——"9·11"袭击发生时，辛尼克正身处自由州立公园的港口。他目睹了第二架飞机撞上世贸中心南塔，之后数日他也一直在帮忙清点死亡人数。辛尼克的车曾被卡在火车轨道上，导致他一度被确诊患有创伤后应激障碍（PTSD）。一辆火车撞上了他的车，第二年他一直在养伤，工作时断时续。但那是1993年的事，距离他自杀已有十五年之久。2008年他去世时，人们早已淡忘了他曾患过创伤后应激障碍。从好的方面来看，辛尼克在社区备受尊重，是位成功的警察。他有美满的婚姻和家庭，还有很深的宗教信仰。许多人根本就没有这些东西，还忍受着更艰巨的挑战，却从未想过自杀。

米歇尔·辛尼克告诉我，就在她丈夫自杀后的那几个月里，当地另有四名警察也先后结束了自己的生命。"这真的就是一种

第十章 望远镜效应

传染病。"

米歇尔此言毫不夸张。警察自杀的事鲜少被报道，报纸和地方电视台不会像缅怀殉职的警察那样，对自杀的警察进行铺天盖地的报道。他杀和自杀所引发的不同的关注度掩盖了一个事实，即美国警察自杀的人数是遭遇他杀的人数的两倍多。纽约州立大学布法罗分校公共卫生学院的研究教授约翰·维奥兰蒂（John Violanti），多年来一直致力于研究警察的自杀行为。维奥兰蒂等人发现，有悖于人们对警察的工作风险的普遍认识，警察自杀的风险远远大于他们在任务中牺牲的风险。缉毒战、枪战、偷袭、抢劫、攻击、杀人犯、强奸犯和连环杀手对普通警察的威胁全部加起来，也远没有他用他的配枪抵着自己的脑袋自杀的风险大。[1]

科学家研究传染病时，并不研究个体。传染病确实会先攻击弱势群体，艾滋病人比普通人更容易感染流感。但要是想遏制一种传染病，你不会去关注个别患者或是令某些人容易患病的特殊因素。你要寻找的是传染病背后的普遍因素，研究治疗方法或疫苗，还有阻止传染病蔓延的预防之法。譬如疟疾，就可以通过阻止蚊子繁衍来阻断它的传播。蚊子是疟疾传播的中介，也就是病媒。你无法控制蚊子以消灭蚊子身上的疟原虫，但你可以消灭病媒以防止疟原虫感染人类。相比用奎宁逐一治疗每一位患者，消灭蚊子更能阻止疟疾肆虐。这两种方法——一种是个体化的，一种是大范围的——之间的区别是应对传染病的公共卫生的方法和普通的医疗方法之间的核心区别。

当我们在探究一个自杀者的心理和情感前因时，我们实际上是在追求一种普通的医疗方法。为个体量身定制干预措施——为身处压力中的人提供咨询,询问他们的生活发生了什么——是在寻求一种医疗方法,是在逐一解决导致自杀的各个问题。每个人都是独特的,因为每个人的症状、风险和环境都有所不同。但能不能从另一个角度来思考自杀,能不能将自杀看作公共卫生问题?可以用"消灭蚊子以阻止疟疾的方法"来应对自杀吗?

约翰·维奥兰蒂和其他公共卫生专家问了他们自己一个问题:究竟是工作中的什么东西导致警察的自杀风险很高?传统解释是警察的工作压力很大。你无从知晓巡逻中会有谁潜伏在哪个角落里,也无从知晓你在一个天清气朗的日子里,拦下的一辆超速的车的驾驶员是不是一个携带枪支的毒贩。但维奥兰蒂和所有优秀的科学家一样,决定测试这些直觉:他比较了三种压力很大、面临自杀风险的职业。他研究了28个州的850万份死亡证明,以找出警察、消防员和军人自杀的相对风险。[2] 这三种工作都要面临人身危险,给人以巨大的压力,而且工作时间的不可预测性和长时性还会影响家庭生活。

维奥兰蒂发现,军人和警察的自杀风险远高于消防员。警察的自杀风险大约是消防员的4倍。美国黑人警察的自杀风险大约是黑人消防员的5倍。白人女性警察的自杀率是白人女性消防员的12倍。

维奥兰蒂作结称,警察、军人和消防员的核心区别是警察和军人持有枪支。几乎所有自杀的警察都是用枪自尽的——而且绝大部分用的就是自己的配枪。枪本身不会让人自杀,但它为自杀冲动提供了一个媒介——就像蚊子为疟疾的传播提供了媒介一样。维奥兰蒂发现,如果警察在下班时需要将配枪交回警局,那么自杀的警察将大幅减少。

第十章 望远镜效应

还有许多警察——及其家属——死于由配枪引发的意外枪击事故。如果将死于枪击意外的警察及其家属的数量和自杀的警察家属的数量相加,这个受害者群体的人数甚至比自杀的警察还多。没有人确切地知道这些死亡有多少是由配枪造成的,但可以肯定的是,配枪经常牵扯其中。如果警察下班就交还配枪,这也可以减少这类死亡。

维奥兰蒂以前做过警察,他了解警察的想法。他知道他这个提议是行不通的。像艾德·辛尼克这类的警察,他们认为自己随时都在待命。他们就算不当班,身着便装,也希望能准备万全,以便随时介入紧急事件。报纸上随处可见警察因携带配枪而成功阻止有人抢劫便利店的报道。有些警局实际上明确要求警察随时带枪。在泽西市,艾德·辛尼克是按照要求买下了自己的配枪。退休后,枪自然也归他。

警察认为他们面临的最大危险是命丧街头歹徒之手。数不清的书籍、电影和报纸关注的都是警察和歹徒这对最普遍的组合。你什么时候看到过讲述警察自尽的书或电影?就算有这样一部电影,我敢打赌也绝不会成为下一部《虎胆龙威》。我们直觉地认为,当警察的主要风险就是在任务中殉职。一般说来,很少有人乐意观看有悖于我们的直觉的电影——即便有证据显示这些直觉是错误的。

他杀与自杀的相对风险数据对比非常明显。警察只是个最极端的例子,表明了人们随时可以拿到手枪会发生什么。美国对枪支管控的争论由来已久,但焦点一直集中在两种相互冲突的想法上,一种想法认为枪支能保护人们不受犯罪分子的侵害,另一种想法则认为枪支唾手可得会让犯罪分子有机可乘。禁枪支持者认为，枪支唾手可得使得枪支暴力在美国无可避免。反对禁枪的人则说："呸，歹徒早就手握武器了，就算收紧枪支法，他们也不会老老实实上交。只有在家中备把枪自保才是明智之举。"

双方都没怎么关注有**证据**表明，那些家中备有枪支的人比没有枪的人更有可能被枪杀。而这种风险并非来自杀人狂、抢劫犯或强奸犯，而是来自**人们会用自己的枪自尽或杀害家人**。美国关于枪支问题的争论不该局限在那些认为个体有权自保和认为应该以社会利益为重的人之间。真正的问题在于：家中备有枪支的人是否因为持枪而变得更安全了？答案显而易见是否定的。死于陌生人之手的风险，在意外、自杀和家庭暴力这一众风险面前只是小巫见大巫。在美国，每年自杀的人数几乎是遭遇他杀的人数的两倍。

美国每年有 40 万人企图自杀，用枪自杀的人只占其中很小一部分，但因为用枪自杀通常都不会失手，因此开枪自杀的人数占到了**成功**自杀的人数的一半以上。[3]

1976 年，华盛顿哥伦比亚特区禁掉手枪后，有效地禁止了普通民众购买、销售、转让和持有武器，特区的自杀率下降了 23%。效果立竿见影，这完全是因为用枪自杀的人数减少了。[4] 做这项研究的学者测量了禁枪令颁布前后的自杀率。他们发现自杀率下降的地方仅限禁枪的华盛顿特区，没有修改枪支法的郊区则没有出现这种情况。换言之，华盛顿自杀率下降，并不是因为大城市的自杀风险总体有所下降。而且，禁枪令颁布后，在华盛顿特区用其他方式自杀的人数也并未减少。整体自杀率的下降纯粹就是因为用枪自杀的人数减少了。如果我们以二十年为期（在此期间颁布了禁枪令），禁令颁布前华盛顿每年有超过 31 人自

第十章 望远镜效应

杀,禁令颁布后每年仅有 24 人自杀。研究人员还发现,和反对禁枪的人的直觉相反的是,禁令的颁布还与谋杀率的急剧下滑有关。谋杀率的下滑也完全是因为遭遇枪杀的人数减少了,这种下滑同样仅限于华盛顿,没有出现在郊区。顺便一提,哥伦比亚特区是全国自杀率最低的地方之一。像亚拉巴马、阿拉斯加、科罗拉多、蒙大拿、内达华和新墨西哥这些地方的自杀率远比华盛顿特区高得多,人数也远超华盛顿,所以如果能将这些地方的自杀率削去四分之一,那就可以大大缩减美国自杀者的规模。

如果你是一名公共卫生官员,有人告诉你有一种方法可以将疟疾的患病率削减 23%,你一定欣喜若狂。但立法者的想法通常和公共卫生官员不一样。他们相信自己的直觉,而他们的直觉告诉他们,持枪会让人更安全。2008 年,在最高法院大法官安东宁·斯卡利亚的带领下,美国最高法院推翻了华盛顿的禁枪令,理由是该禁令违宪:"我们裁定,特区禁止居民在家中持有手枪的做法违反了第二修正案,禁止居民在家中持有任何合法武器用以在紧急情况下自卫的规定也同样如此。"[5] 斯卡利亚补充说,第二修正案保障了居民携带武器的权利,"将守法、负责的居民携带武器守卫家园的权利置于其他权利之上"。《华盛顿邮报》发表的一项民调显示,76% 的民众认同最高法院的裁定。

枪可以自保的想法就是具有如此直观的感染力。强盗闯进你家,你抓起床头柜里的枪,击毙他。我们在电影里无数次地见过那些勇敢的人手持来复枪在自家门外站岗。反对禁枪的人只是在听从他们的直觉。而第二修正案事实上是将我们对枪支和自卫的集体直觉写入了《宪法》。我们相信,持有自卫的武器会让我们更安全。第二修正案的起草者没有预见到的是,18 世纪的长管滑

251

膛枪——难以用于自杀——有朝一日会被手枪所替代,美国人的性命所面临的最大威胁不再来自陌生人的谋杀或政府的专制,而是来自自杀、意外走火和自家人用手枪相互残杀。

当我们手上有枪时,我们无疑会感觉更有**控制感**,而这种控制感很容易和安全感相混淆。事实上,这是隐藏脑中的一种无意识偏见。几千年来,进化促使包括人类在内的各种动物会在缺乏控制的情境中产生焦虑——因为这类情境比动物能够控制的情境更危险。然而,在现代生活中,这种把控制与安全联系起来的无意识的经验法则已经失效。人们觉得不系安全带以每小时70英里的速度飞驰在高速公路上,比坐在客机里穿越大气乱流更安全。我们对汽车的掌控给了我们安全的错觉,即便所有经验证据都表明搭飞机更安全。

持枪率高的州的自杀率远高于持枪率低的州。[6] 亚拉巴马州、艾奥瓦州、科罗拉多州、犹他州、蒙大拿州、怀俄明州和新墨西哥州的自杀率是罗得岛州、马萨诸塞州、新泽西州、康涅狄格州、夏威夷州和纽约州的自杀率的两倍。与其他工业化国家相比,美国总体自杀率非常高。联邦政府雇佣的研究人员曾调查过美国和其他25个工业化国家的儿童在一年内的自杀率。美国儿童的自杀率比其余25国的儿童的自杀率高出2倍多。美国儿童的杀人率更是高出其他国家5倍之多。这在很大程度上要归咎于枪支。如果只测量与枪支有关的他杀和自杀,美国儿童用枪自杀的概率是其他25国的儿童的11倍,美国儿童因枪支意外走火而丧命的概率是其他25国的儿童的9倍,美国儿童被枪杀的概率则是其他25国儿童的16倍。所有国家合计有1107名儿童被枪杀,其中957名受害者——占比86%——是美国儿童。[7]

第十章 望远镜效应

研究人员阿瑟·凯勒曼（Arthur Kellermann）和唐纳德·雷伊（Donald Reay）调查了在很长一段时间内华盛顿州金县发生的所有与枪支有关的死亡。他们想要找到证据支持人们的普遍直觉，即认为持枪更安全，要是有人闯入家里的话，可以用枪保护自己和家人。研究期间，凯勒曼和雷伊找到了 9 起人们持枪击毙了闯入者的死亡案例。反对禁枪的人总是将这些事件挂在嘴边。而在此期间，人们备在家中的私枪还造成了 12 起意外走火导致的死亡和 41 起枪杀案——通常是家人间自相残杀。至于自杀的人数？333 人。[8]

反禁枪的游说组织经常质疑这些研究和报告的准确性。然而，他们不仅没有去寻找更准确的答案，反而依靠国会和历届政府的力量，削减研究枪支暴力的经费。疾病控制与预防中心（CDC）发表的研究表明，美国儿童的自杀与杀人行为绝大多数与枪支有关。该研究发表后，国会削减了 CDC 研究枪支伤害的经费。[9] 如今，很多自杀与他杀的数据都是多年前的老数据了，就是因为这类研究从源头上被扼杀了。

埃默里大学的研究人员凯勒曼说："枪支不会导致暴力。"他本人就是个在枪支泛滥的环境中成长起来的南方人，他理解也欣赏枪支文化。"扳机并不能拽动我们的手指。……但是，枪放大了暴力的后果，而且放大到了一种不可逆转的程度。我们可以挽救吞药自杀的患者，挽救拿刀自戕流血不止的患者，而用枪自杀的成功率最高。这才是令人痛心之处。"[10]

登录美国全国步枪协会（NRA），你会发现他们宣传的理念是，人们有权保护自己不受犯罪分子的侵害。但他们从未提到枪支对持枪者**自身**的威胁。当我们凭直觉思考时，也就是让隐藏脑

隐藏的大脑

替我们思考时，我们会觉得在遭遇他杀的风险面前，自杀、意外和家庭暴力的风险似乎不值一提。只要我们是聪明人，是负责任的持枪者，没有精神失常或精神缺陷，那么那些自杀数据自然就和我们扯不上关系了吧？美国每年自杀的 3 万人里的大多数人也是这么想的。停下来好好想一想这个数字——在美国，**每年**自杀的人数是"9·11"恐怖袭击遇害者的 10 倍多。我写这一章时，已是 2009 年初了。自 2001 年 9 月 11 日算来，死于自尽的美国人至少比死于恐怖袭击的美国人多 20 万。你认为对于普通美国老百姓来说，这两者的威胁哪一个比较大？如果你读一页书需要 90 秒，那么**自你开始阅读本章到现在**，就很可能已经有一个美国人自杀了。[11]

哈佛大学流行病学家马修·米勒（Matthew Miller）曾对我说："如果你今天买把枪回家，我可以告诉你在接下来的二十年里，你和你家人的自杀风险将增长 2～10 倍。能让你的死亡风险增长 10 倍的事情可不多见。"

我询问米歇尔·辛尼克她怎么看约翰·维奥兰蒂的研究，以及他认为警察应该在下班时交还配枪的想法。她沉默良久。然后她说她怀疑这么做可能也没有什么效果。艾德·辛尼克很懂枪，也很爱枪，他自己有五把枪。他还买下了自己的配枪。米歇尔·辛尼克说，如果警察在下班时需要将配枪交回警局，那么为了保护自己，他们会另外购买私人枪支。

"他没有枪就好了吗？"她问，"没有当然好，但我认为他要是打定了主意，无论如何还是会这么做。"

然而，针对自杀的实证研究却对这种认为想自杀的人无论如何都会自杀的常见直觉提出了质疑。数据说明一切。美国每年大

第十章 望远镜效应

约有 40 万人试图自杀。活下来的绝大多数人不会再继续自杀。自杀主要是一时冲动,这就是为何华盛顿特区限制人们持有手枪后,该区的自杀率下降了四分之一。寻短见的冲动很少能够持续数月乃至数年。通常也就是几个小时,一天两天,最多不过一个星期。在这个短暂的窗口期内,手边持有致命武器的人比缺乏自毁"病媒"的人面临着高得多的自杀风险。艾德·辛尼克就是一个沉稳、负责、训练有素的持枪者的典范。他家里所有武器都上了保险,枪也全都被锁在一个保险箱里。他从不饮酒。他正直,有宗教信仰,顾家。枪能带给艾德·辛尼克安全感。他已准备好对付所有刺客——除了镜子里的那一个。

写到这里本章关注的重点一直是风险,涉及的也都是些小数目。我们无法凭感觉区分千分之一的概率和两千分之一的概率,这就是为何我们在思考他杀与自杀时总存在误解。二者都很罕见——涉及的数字都很小。二者之间的差别很抽象:我们凭直觉感受不到。在美国,自杀的概率是遭遇他杀的概率的两倍,但感觉上并非如此。他杀让我们害怕,自杀则不然,因为在无法确凿地把握千分之一和两千分之一的风险的差别时,我们只能再度依靠隐藏脑来替我们思考。

我们的无意识心理对突如其来的袭击异常敏锐。我们无时无刻不在留意着那些异乎寻常的外来威胁。就我们的进化史来看,这是有意义的。如果出现了一种新的捕食者,或是以前的捕食者突然想出了一种新的伏击方式,我们只需经历一次这种新威胁就能够调整自己的行为。我们的大脑是在过去那种充满暴力的严酷环境中设计出来的,彼时,我们的祖先面对的最大威胁是捕食者、受伤和陷阱。这或许就是我们都拥有原始恐惧的原因。午夜楼梯发出的吱嘎声、飞机失事,还有在街上游荡的精神变态,它们所带来的恐惧可能有着深层次的进化原因;千年以前,我们完全有理由对无法控制的情境和遭遇恶意攻击的情境心怀恐惧。

然而,在现代社会,我们真正应该感到害怕的往往是我们自己的所作所为。不走楼梯、不锻炼的死亡概率,远大于在楼梯间被杀人犯所害的概率。你自杀的风险远比被恐怖分子所害的风险高得多。[12] 如果严格从数字上来看,比起遇到食人魔汉尼拔·莱克特,你手中的香烟更应该吓得你惊声尖叫。但我们不会依据数字来判断,因为我们不擅长思考这些小数目的相对大小。我们的无意识心理依赖的是直觉,使我们偏向于害怕我们的祖先所面临的威胁——暴力、外在危险。这可能就是为何恐怖主义、谋杀和飞机失事,比心脏病、自杀和肺癌更让我们害怕。

隐藏脑中的无意识偏见可以解释,为何我们害怕那些不太可能发生的事,而真正可能对我们造成伤害的东西,我们却无动于衷。我自己就有切身体会。我做记者时写的第一篇头版文章,讲的是骑摩托车不戴头盔的危害。我有一些近亲就命丧于交通事故。那篇文章发表八年后,我和一些朋友在印度进行公路旅行。骑摩托车。没戴头盔。你要是问我为何那么做,我的答案和成千上万每天做蠢事的人一样:我也不知道。看起来似乎没什么风险。我所有朋友都没戴头盔。而且我觉得自己车技还不错。我们有无数种方法将无意识偏见合理化。

我以大约每小时40英里的速度过了一个弯道,路上突然出现了一块碎石。我知道我有麻烦了。时间仿佛放缓了。我打滑了。我永远无法忘记那种侧翻滑行的感觉是何等恐怖,车轮犹如

第十章 望远镜效应

溜冰鞋般在我脚下转动。那种感觉现在还鲜活如昨。紧接着,一切很快结束了。车轮重新获得了抓地力,我松开刹车,仿佛什么事都没发生过。

当面对我们自身制造的危险时,隐藏脑那套愚蠢的算法并不会触发我们的恐慌,这就是为何我不戴头盔骑摩托车却没有怕得六神无主,为何数百万人将上了膛的手枪放在床头柜里却觉得安全。无意识偏见解释了为何我们那么多的恐惧——和国策——都完全脱离了现实。"9·11"袭击发生两年后,一项研究发现,那些认为自己可能为恐怖分子所害的人,他们的这种想法如要真的应验的话,美国**每天**都得发生规模和"9·11"不相上下的恐怖袭击才行。美国人对恐怖袭击的风险持有误解,并不是因为他们喜欢自己吓自己。不是这样的,是隐藏脑使我们偏向于过分关注恐怖主义,因为隐藏脑天生就对新的、可怕的、恶意的威胁格外警惕。我们把石器时代的大脑带到了互联网时代。正是这种石器时代的思维方式,促使我们在打击恐怖主义方面挥霍了大笔财政预算,而拨给夺去了许许多多美国人性命的常见病和日常威胁的预算却少得可怜——这些问题未来毫无疑问还会继续夺走千千万万的美国人的性命。

大脑不擅长处理的并不是只有小数目而已。大数目我们也不怎么应付得来,而且也会在道德判断上带来非比寻常的后果。

"永昌号"(Insiko 1907)是艘漫游在太平洋上的不定期油轮。"永昌号"装载着数万加仑①的柴油,船上有12名中国台湾船员,

---

① 1加仑约合3.8升。——译者注

他们在海上搜寻需要补给燃料的渔船。这本是艘印尼油轮,却没在印尼注册,因为船主住在中国,想要避税。依据国际法,"永昌号"油轮不属于任何国家,只是地球上最大海域中的一个长260英尺的微小斑点而已。2002年3月13日,"永昌号"的轮机舱起火。事故造成一名船员死亡,轮机长烧伤。火势蔓延得很快,燎燃了舱底的一些储油。大火迅速变得一发不可收拾,船员们根本来不及用无线电呼救。11名幸存者和跟随他们一起旅行的船长的小狗,拖着水和食物,一起撤到了油轮的前甲板上。他们据守在那儿,看着大火整整燃烧了20个昼夜。油轮在距夏威夷大岛800英里开外的地方,随水漂荡。船员无法向任何人求助,能够提供帮助的人也根本不知道"永昌号"的存在,遑论它的境遇。[13]

在风向和洋流的作用下,"永昌号"最终漂到了距夏威夷不到220英里的地方,4月2日,一艘名为"挪威之星号"(Norwegian Star)的游轮发现了它。这艘游轮改变了航线,救出了那些船员,然后用无线电联络了美国海岸警卫队。但当"挪威之星号"正准备驶离"永昌号"、朝夏威夷前进时,游轮上的几名乘客听到了犬吠声。船长的小狗被落在了油轮上。

我们不甚清楚为什么游轮没有营救那只杂交的杰克罗素梗,为什么船员没有要求带上它。有个说法是游轮上的长官不肯带走这条狗,因为他们担心这么做会触犯夏威夷严格的动物检疫法,而那名船长刚刚遭逢大难,也没有坚持要带走狗。他们之间可能存在沟通问题。

不管出于何种原因,这艘燃烧的油轮和上面孤独的旅者就这样被遗弃在了广袤得令人生畏的太平洋上。"挪威之星号"曾在

第十章 望远镜效应

毛伊岛稍做停留。一名听到了犬吠的乘客,给檀香山夏威夷人道协会打去了电话。这个动物福利组织通常都会救助被遗弃的动物——去年他们救助了 675 只动物——但他们还从未救助过一只在太平洋上随着油轮漂流的狗。

夏威夷人道协会主席帕梅拉·伯恩斯(Pamela Burns)当时身处佛罗里达州,她接到电话,听说了这只狗的情况。她认为协会应该施以援手。美国海岸警卫队表示,他们不能用纳税人的钱去救一只狗,而且油轮位于公海水域,不在美国的领海之内。政府官员告诉人道协会,营救这只狗可能要花费 6000~8000 美元。"永昌号"的中国船主并不打算回收这艘船,遑论那只狗。人道协会向渔船发出倡议,希望他们注意一下这艘漂在海上的油轮。媒体纷纷开始报道这条名叫福吉的小猎犬。

太平洋上一艘废弃的船只上,有只孤苦伶仃的小狗,这引发了人们的遐想。为了支援营救行动,大量资金汇入了人道协会的账户,其中还有一张 5000 美元的支票。远在纽约,甚至英国的人都与协会取得了联络。最终,有 39 个州、哥伦比亚特区和四个海外国家的人参与了捐款。

"所有这一切都是为了一只狗。"伯恩斯告诉我,"这个绝好的例子说明了它们是我们最好的朋友,值得被善待。营救这只狗给了人们一个行善的机会,他们纷纷倾囊相助。也有少数人愤慨不已,他们说:'你们应该资助那些无家可归的人。'"

但伯恩斯认为,美国的伟大之处就在于人们可以自由地为他们所关心的任何事捐款,人们关心福吉。

救援面临的问题是,没人知道"永昌号"现在的确切位置。海岸警卫队估计方圆 36 万平方英里范围内都有可能。人道协会花了4.8万美元请了一家名叫美国海运公司（AMC）的私营企业来搜寻"永昌号"。人道协会的两名工作人员登上了一艘名为"美国探索号"（American Quest）的打捞拖船，驶入太平洋。

人们动用了空中和海上的一切高科技监察设备。时间一天天流逝，源自世界各地的呼声越来越高：找到福吉了吗？人道协会的工作人员和拖船上的船员每隔六小时换一次班，轮流盯着雷达显示屏，希望能发现油轮的踪影。美国官员受到的压力越来越大，人们要求他们采取行动。打着演习的幌子，美国海军开始秘密搜寻"永昌号"——他们将这艘不定期油轮作为了此次维护和训练任务的搜索目标。

4月7日，这场花销不菲的搜索最终一无所获。"永昌号"不是沉入海底了，就是漂出了海岸警卫队的搜索圈。信函与支票还在源源不断地寄来。

"这张支票是为了缅怀消失在海上的小狗。"

"谢谢你们拨动了我的心弦，告诉我这个世上还有希望存在。"

"这个故事也有助于教育我们的孩子，学会敬畏生命。"

4月9日，开启了一扇希望之窗。一艘名为"维多利亚城"（Victoria City）的日本渔船，告诉海岸警卫队他们似乎发现了"永昌号"。海岸警卫队将这一消息转告给了人道协会，协会又向该地区的渔船发出倡议，希望他们密切注意这艘油轮。"永昌号"已经远远漂出了海岸警卫队预测的范围。它虽还在公海里，却远比救援人员搜寻的范围偏西得多。"永昌号"似是大致朝着约翰斯顿环礁那一片驶去了，那是美国渺无人烟的无建制领土——海岸警卫队最终认定，这个理由足够他们出手干预了。海岸警卫队

第十章 望远镜效应

派出了一架装载有高科技前视雷达的 C-130。在又一次搜索了方圆 5 万英里的海域后,海岸警卫队终于找到了"永昌号"。一张用远摄镜头拍下的照片显示,一个棕白色的模糊物体正在油轮的甲板上跑动——福吉还活着。C-130 并不具备救援装备,飞行员遂将自己的午餐——比萨、燕麦卷和橘子——空投到了油轮上。媒体对这只小猎犬的兴趣激增。"永昌号"的船长表示,他很希望能找回他的狗。他说他是在印度尼西亚捡到它的,并给它起了个中文名,取意"福气"。

最终,两艘渔船航抵了"永昌号"所在的位置。渔民们花了两天时间来营救小狗。小狗一看到他们,就逃到甲板下的轮机舱去了。救援人员试图用花生酱引诱它,尝试用多种语言呼唤它,他们无法追着福吉进入轮机舱。[14] 大火让"永昌号"处处危机四伏——船上仍装载着数千加仑的燃料,没人清楚船只的受损情况。渔民最终放弃了,任由"永昌号"继续漫无目的地漂流海上。

美国海运公司与人道协会签下了营救福吉的合约,该公司的副总裁拉斯蒂·纳尔(Rusty Nall)一直与海岸警卫队的长官和各路渔船保持着联络。当听说小狗跑到甲板下面就再未出来后,他心里一沉。轮机舱有 10 英尺高的落差。福吉不慎受伤了吗?还是摔死了?这么长时间的守望会是一场徒劳吗?纳尔想要放弃了,但每晚他一回家,9 岁的女儿摩根就会问他:"爸爸,你找到小狗狗了吗?"第二天,纳尔又会继续投入工作,再加一把劲。

有传言称,美国要派遣海军去击沉"永昌号",以确保船上搭载的所有危险品都葬身在数百英里之遥的地方,远离本土海岸线。此举无疑会杀死小狗——假如它还活着的话。顶着拯救福吉的巨大公共压力，政府官员仍决定要求美国海军击沉这艘可能给美国带来不可接受的环境风险的油轮。这艘油轮现距离夏威夷750英里，距美国本土更是有2500英里之遥，而且还在不断漂远。海岸警卫队则决定用美国纳税人的钱去回收"永昌号"。这并不是正式的动物救援行动。这次救援是在石油泄漏责任信托基金（OSLTF）授权下进行的，理由是如果"永昌号"再向西随波逐流250英里，有可能搁浅于约翰斯顿环礁，累及海洋生物。打着环保的旗号这么做实在非常可笑，毕竟20世纪时期，美国曾在很长一段时间里将约翰斯顿环礁作为核武器试验场和诸多战役中的化学武器销毁地。神经毒剂、糜烂性毒剂、沙林、钚污染都在约翰斯顿环礁的环境中挥之不去，而现在却认为柴油有害至极。

"美国探索号"打捞拖船再次迎帆起航——这次是由纳税人出钱——前去营救福吉，并将"永昌号"拖回檀香山。

前几周闹得沸沸扬扬时，人道协会以为那只狗叫"Forgea"，因为他们得知那只狗的名字在普通话里叫"Forgay"。渔民用花生酱引诱小狗时，叫的就是这个名字。如今人道协会才知道油轮船长说的是闽南方言，那只狗名字的正确发音实际上是"Hokget"。带着这些新信息和捕狗器，"美国探索号"出发了。为避免小猎犬不肯乖乖就范，救援人员还携带了一些零食和带骨火腿。

4月26日，在这只小狗受尽磨难的一个半月后，"美国探索号"终于找到了"永昌号"，并登上了油轮。这只重约40磅的雌性幼犬还活着，藏身在一堆轮胎里。那天天气炎热，"美国探索号"的打捞主管布莱恩·默里（Brian Murray）直接上前，一把

第十章 望远镜效应

抓住了这只小猎犬的后颈。小狗害怕极了,颤抖了两个小时。救援人员给它喂了食,洗了澡,还给它晒伤的鼻子涂了乳液。

5月2日,福吉抵达檀香山(为回收油轮上的柴油,"永昌号"也被拖了回来),迎接它的是大批群众的欢迎、一场新闻发布会、无数欢迎她来美国的横幅,还有一个漂亮的红色夏威夷花环。当地广播电台播放着《是谁把狗放出来了?》(Who Let the Dogs Out?)这首歌。美国国内乃至海外的媒体一个不落,全都在最显眼的位置等候着。经过一段时间的隔离后,檀香山的迈克尔·郭(Michael Kuo)一家收养了福吉。它长胖了,还报名参加了狗狗训练营。

营救福吉的故事很滑稽,但也很动人。来自五湖四海的人,齐心协力救助一只狗。绝大多数寄钱给人道协会的人知道,他们永远不会亲眼见到福吉,永远不会有机会让它感激地舔舔他们的手。正如帕梅拉·伯恩斯对我说的那样,营救这只狗是种纯粹的利他行为,标志着人类具有对他人的困苦感同身受的非凡能力。

但,这里面还是存在一些令人不安的问题。这个对营救一只狗展现出了无与伦比的同情心的世界,早在营救福吉的八年前,面对卢旺达100万人被杀时却选择了袖手旁观。[15]

20世纪发生了一系列骇人听闻的恐怖事件,但这些事件发生时却乏人问津:1915年有200万亚美尼亚人丧生,更有600万犹太人在大屠杀中丧命。"够了"(Enough)是一个致力于终结种族灭绝的倡导组织,该组织的约翰·普伦德加斯特(John Prendergast)告诉我,过去十年间,刚果有500万人死于战争、饥荒和疾病。为何历代美国人——一个有着非比寻常的同情心的民族——面对如此大规模的苦难，却几乎什么都没做？为何历任美国总统将种族灭绝看得如此无足轻重？他们并不是没有注意到这些事。2001年1月乔治·布什总统宣誓就职，他上任后听说的第一件事就是南苏丹的种族冲突正愈演愈烈，而这场冲突最终导致了200万人丧生。布什就职典礼上的领祷牧师富兰克林·葛培理当时曾低声说："总统先生，我希望您能为南苏丹做点什么。"

有许多说法可以解释我们对待福吉和对待种族灭绝之间的反应差异。一些人认为美国人对外国人的生死漠不关心——那么，我们要如何解释他们愿意花费数千美元去营救一只狗呢？一只在公海里随一艘无国籍的船漂流的异国犬？兴许美国人就是比起人更关心宠物呢？这也经不起推敲。营救福吉确是非凡之举，但每天仍有许多类似的充满同情和慷慨的故事在人与人之间上演。问题出在种族灭绝上，尤其是大规模死亡，似乎引发了人们的不作为。

我相信，我们的大脑无法理解庞大的数字才是我们对大规模的苦难无动于衷的原因。我们在道德判断上的无意识偏见，和我们在考虑风险时的无意识偏见如出一辙。就像我们对心脏病和自杀无动于衷，却害怕精神变态和恐怖分子一样，我们在考虑道德问题时也会犯同样的错误——尤其当涉及的人数很多时。

哲学家彼得·辛格曾设想过一个困境，凸显出了我们的道德推理中的一个核心矛盾。[16] 如果你看到有个小孩在池塘里快淹死了，你知道你可以在不危及自身性命的前提下救出这个小孩——但要是你跳进水里，你脚上那双价值200美元的鞋就废了——你是要救小孩还是保住自己的鞋？大多数人觉得这个问题很不可思议，一个孩子的性命显然比一双鞋重要得多。辛格问道，既然如

第十章 望远镜效应

此,为何还有那么多人犹豫不决,不愿开一张 200 美元的支票给一个信得过的慈善机构,以拯救地球另一端的某个小孩的性命呢?而且像这样需要我们伸出援手的小孩明明多达百万之众。即便人们非常确定他们的钱不会打水漂,一定会用来拯救一个小孩的性命,愿意开支票的人也比愿意跳进池塘的人少。

尽管辛格说得完全正确,这两件事是程度相当的挑战,但在这两种情况下,我们的道德责任感是不同的,一种感觉紧迫而发自肺腑,另一种感觉遥远而抽象。我们觉得自己对这一个小孩负有责任,而另一个小孩只是数百万需要帮助的小孩之一而已。就远在他乡的小孩而言,我们的责任感是分散的——世上还有许多人可以为他们捐款。但距离和责任分散效应并不足以解释为什么我们在某些情况下还是会伸出援手——为什么这么多人愿意营救福吉?他们为什么愿意给一只永远见不到面的狗捐款?他们为什么觉得自己**有责任**救助一只漂流在无国籍船只上的弃犬?

我想提出一个令人不安的观点。人们之所以似乎对大规模的苦难和死亡漠不关心,正是**因为**受害者为数众多。大脑就是无法很好地理解大规模苦难的意义。如果只有少数人受难,乃至只有一个人受难,美国人会更有可能伸出援手。福吉之所以获得了我们的同情,不是因为我们关心狗胜过人,而是因为**她形单影只地**漂流在地球上最广袤的海域里。如果说隐藏脑使得我们倾向于感知外在威胁,那么它还将我们的同情心塑造成了一架望远镜。当我们盯着单一受害者时,我们最容易做出反应。

相比仅有一人在灾难中丧生的情况,得知有二十人在灾难中丧生,并不会让我们的悲伤加深二十倍,即便悲剧的惨烈程度**确实被放大了二十倍**。我们会愤恨杀害他人的凶手,但即便这个凶手是个连环杀手，我们也不会感到十倍的愤恨。同理，即便他是个杀了上百人的变态，我们无疑也不会感到百倍的愤恨。我们无法发自内心地认为，害死了数百万人的希特勒比杀害了一个人的杀人犯恶劣数百万倍。我们当然可以在抽象层面得出这样的结论，也就是通过我们的意识脑得出结论，但我们无法**发自内心地产生这样的感受**，因为那是隐藏脑的领地，而隐藏脑根本无法精准区分一人之死和数百万人之死的差别。

但这个悖论还不止于此。就算死十个人不会让我们感到十倍的悲伤，但我们难道也不会感到五倍乃至两倍的悲伤吗？有令人不安的证据表明，在很多情况下，十人之死不仅没有让我们感到两倍于一人之死的悲伤，我们甚至还可能反而变得**不在意**。我强烈怀疑，要是"永昌号"上有一百只狗，许多人就不会像关心福吉那样关心这些狗的命运了。一百只狗无法凝聚出一个单一的模样、一个单一的名字和一个单一的生活故事，好让我们发挥我们的想象力——和同情心。

有件事我觉得很讽刺，夏威夷人道协会的帕梅拉·伯恩斯对我说，她无法理解为何人们会花五万美金为自己的猫做肾脏移植手术，却放任数百只健康的动物在全国各地的收容所里接受安乐死。但只要想想大数目的问题，就不难理解了。我们花钱挽救一条生命，而不是十条或一百条，是因为我们内心的望远镜使我们无意识地倾向于关心一条生命胜过一百条生命。

我所说的这种望远镜效应，有一系列实验为证。俄勒冈大学的心理学家保罗·斯洛维奇（Paul Slovic）在卢旺达大屠杀发生后不久，要求志愿者设想自己是负责人道主义救援工作的官员。他们可以用他们手中的钱拯救难民营中的4500条生命，但也还

第十章 望远镜效应

有许多其他急需用钱的地方。斯洛维奇在志愿者不知情的情况下，将他们分作两组。两组志愿者都得知这笔钱足以营救4500条生命，但其中一组得知难民营中共计有1.1万人，而另一组得知难民营中有10万人。斯洛维奇发现，相比大营地，人们更愿意为小营地花钱。

在好奇心的驱使下，斯洛维奇做了进一步的探索。他要求各组志愿者想象他们运营着一家慈善基金会。他们是愿意花1000万美元从每年造成1.5万人死亡的一种疾病中拯救1万人的性命，还是愿意花1000万美元从每年造成29万人死亡的一种疾病中拯救2万人的性命？绝大多数志愿者宁愿花钱拯救1万人的性命，而不是2万人的性命。相比捐款拯救最大数量的人，人们更倾向于在不同受害者群体间进行比较，以拯救最大**比例**的人。为疾病A捐款可以拯救三分之二的受害者，而为疾病B捐款"只能"拯救百分之七的受害者。

我们对大规模苦难的反应和我们对生活中很多事的反应一致。我们依赖于经验、感觉和直觉。选择花钱挽救1万人而非2万人性命的人并不是坏人。相反，就像那些花费数千美元去拯救一只狗，而不愿花同样的价钱去拯救数十只狗的人一样，他们也不过是在跟随隐藏脑的指引罢了。

我常常在想，为何在同情心上隐藏脑会表现出这种望远镜效应。进化心理学通常有纸上谈兵之嫌，所以请将我对这一悖论的解释看作一个可能的备选答案就好。之所以存在望远镜效应，是因为进化在我们体内建立起了一种强大的偏见，好让我们优先爱护我们的亲友。我们明明可以拿两百美金出来捐给慈善机构，拯救世界另一头的某个小孩的性命，但我们却把这笔钱用来给自己的儿子或女儿办生日派对了，这是多么荒唐。一个小孩的生日派对怎可与一个小孩的性命相提并论？这么一说，我们的做法好像很糟糕。但正如营救福吉一样，矛盾之处在于我们的这种冲动是源于爱，而非冷漠。进化已经在我们心灵最深处建立起了忠于自己的小孩的强烈情感。如果没有无意识中的这种不假思索的望远镜效应，父母不会为抚养小孩投入如此巨大的时间和精力，我们的祖先不会冒着危险、严寒、捕食者和饥饿来保护幼儿。你我的存在证明了大脑中这架望远镜的作用，这架望远镜使得我们的祖先比起大多数人的利益更关心少数人的利益。

当我们单单听到一声呼救时——掉入池塘的小孩、被遗弃海上的小狗——这架望远镜就启动了。当我们想到大规模的天灾人祸时，这架望远镜则不会启动，因为它不是为应对这种情况而设计的。

有进化意义的东西鲜少具有道德意义。（无情的自然选择催生了一个反感自然选择之无情的物种，这是进化的一大悖论。）人类是第一个也是唯一一个能意识到远方正在发生大规模苦难的物种，而我们大脑中的道德望远镜却还没有机会进化，跟上我们的技术发展。当我们得知远方在发生种族灭绝事件时，我们只能用我们的意识脑去应对。我们可以理智地思考，但我们无法从心底里感受到那种有小孩在我们眼前溺水时油然而生的同情。我们的意识脑能让我们知道，如果同样一大笔钱可以挽救十条生命，那么仅用这笔钱去挽救一条生命是荒谬的——一如意识脑能让我们知道，比起自杀，更担心他杀也很荒谬。但道德决策就和生活的许多其他领域一样，我们意识不到无意识偏见对我们的影响，我们通常都是跟着隐藏脑在生活。

第十章　望远镜效应

斯洛维奇曾告诉志愿者，马里有个7岁的小女孩食不果腹，急需帮助。参与实验的志愿者都拿到了一定数额的钱，研究人员询问他们愿意给这个小女孩捐多少钱。平均而言，人们都愿意拿出一半的钱。然后斯洛维奇又问了另一组志愿者同样的问题，只是这一次他说的不是小女孩，而是非洲在闹饥荒，有数百万人急需帮助。这组志愿者愿意捐出的钱是第一组的一半。在以色列的另一项研究中，斯洛维奇及其同事发现，比起帮助患癌的8名儿童，人们更愿意捐款救助一个患癌的小孩。

斯洛维奇进一步研究了那个非洲小女孩的实验。他跟另一组志愿者讲述了一个马里小男孩的情况。一组志愿者被问及是否愿意给小女孩捐款，另一组被问及是否愿意给小男孩捐款。第三组志愿者则听闻了男孩和女孩两个人的情况，并被问及他们愿意分别为这两个孩子捐多少钱。只听到男孩或女孩的遭遇的人，愿意捐出的数额是一样的。但听闻了两个孩子的情况的志愿者，愿意捐出的钱却变少了。

记者们时不时会提到同情疲劳，也就是当苦难的规模和长度超过某个天文数字后，人们无法再对苦难做出反应。但斯洛维奇的研究表明，需要帮助的受害者的人数仅仅是从一个变成两个，同情疲劳就开始作祟了。

斯洛维奇在说到那些得知有两个孩子需要帮助的志愿者时表示："悲伤的感觉减弱了。"他接着说："你无法像关注一个人那样密切地关注两个需要帮助的人。你不可能像对一个人那样，对两个人产生强烈的情感联结。如果共情就是将心比心，试想你要如何同时比照两颗心呢？比照不了。会崩溃的。"

当我们依靠隐藏脑来做道德决策时，我们不惜花费数百万美元夸张地挽救极少数生命，而几乎不肯拿出一丁点钱来挽救数百万生命。怨恨隐藏脑或是希望它消失皆属徒劳。道德判断中的望远镜效应是我们的天性。我们对此无能为力。但我们可以掌控自己的**行为**。我们可以选择依据理智而不是直觉行动，选择建立及时干预人道主义危机的国内和国际机构，而不是坐等个体悲剧来拨动我们的心弦。如果我们仅仰仗我们的道德望远镜，那么百年后必定会有后人发问，为何21世纪发生了如此多的种族灭绝事件，人们却坐视不理。

要意识到我们的无意识是很困难的，因为最大的障碍就是我们自身。但将理性置于本能和直觉之上，也是我们与其他物种的区别所在。理解隐藏脑，建立起防御机制免受隐藏脑那些不可捉摸的影响，可以让我们生活得更游刃有余。这么做能让我们抵抗威胁感，帮我们把钱花在刀刃上。但更为重要的是：这么做能让我们自身变得更好。

尽管本书从方方面面展示了在隐藏脑的诡计面前，理性思维是何等不堪一击，但本书也认为理性是我们对抗偏见的唯一墙垒。我们的隐藏脑永远会使我们觉得某些犯罪似乎更危险，某些总统候选人因肤色之故似乎不怎么值得信任。在我们看来，恐怖主义、精神变态、他杀似乎永远比肥胖、吸烟和自杀更可怕。一只漂流海上、孤苦伶仃的小狗的悲惨遭遇，比100万儿童死于疟疾这样干巴巴的报道更招我们的眼泪。在所有这些情境中，理性是我们抵御无意识偏见的浪潮的唯一磐石，是我们的灯塔，也是我们的救生衣。理性是——或者说应该是——我们的良知之声。

致 谢

　　本书中的很多理念不是我自己的：我借鉴了数以百计的研究人员、科学研究、书籍和报告的成果和见解。我要感谢美国和世界各地的科学家，他们的实验数据和研究是本书的支柱。很多时候我会将科学理念带入实验室无法研究的日常问题中。许多人为我提供了协助，跟我分享了他们或悲或喜的亲身经历。非常感谢他们。

　　我无法逐一列出为我的报道提供信息的每一位研究人员和每一处消息来源，但我特别想对哈佛大学的心理学家马扎林·贝纳基致以深切的感谢，是她率先启发我研究无意识偏见对日常生活的影响。我想感谢的还有许多人，如：布莱恩·诺塞克、安东尼·格林沃尔德、弗朗西丝·阿布德和约翰·巴奇；亚伯拉罕·特塞尔、约翰·特罗扬诺夫斯基和李文渝；本·巴瑞斯和琼·拉夫加登；麦克纳马拉夫妇和伊芙琳·索莫斯、蒂芙尼·亚历山大、威尔·德里索和贝宁戈·阿吉雷；珍妮弗·埃伯哈特、罗伯特·邓纳姆、欧内斯特·波特；罗桑·巴克、约翰·鲍威尔、德鲁·韦斯滕、杰里·康、卡米尔·查尔斯、托德·罗杰斯和塞琳达·莱克；阿里尔·梅拉里、高桥正巴、斯科特·阿特兰、丽贝卡·穆尔、菲尔丁·麦吉、维恩·戈斯尼、黛博拉·莱顿和拉里·莱顿夫妇；爱德华·辛尼克、阿瑟·凯勒曼、马修·米勒、约翰·维奥兰蒂、帕梅拉·伯恩斯和保罗·斯洛维奇。还有一些人和机构也为我的报道做出了贡献，但在书里多数没有提及，如：埃里克·费雷罗（Eric Ferrero）、尼克·布鲁斯汀（Nick Brustin）、黛比·康沃尔（Debi Cornwall）和山姆·米尔萨普（Sam Millsap）；巴巴·希夫（Baba Shiv）和德布·普罗希特（Debu Purohit）；凯利·康纳利（Kelly Connelly）和贝克雷斯特老人护理中心；埃里克·芬齐（Eric Finzi）和伊丽莎白·谢尔登（Elizabeth Sheldon）；凯文·西莫夫斯基、安德鲁·卡伦和约翰·达菲；斯科特·普劳斯（Scott Plous）、卢多维奇·布莱恩（Ludovic Blain）、伊斯梅尔·怀特（Ismail White）和马蒂·马克斯（Marty Marks）；桑德拉·卡斯特罗（Sandra Castro）和比利·诺拉斯（Billy Nolas）、帕姆·威伦兹（Pam Willenz）、谢丽·卡斯特拉诺（Cherie Castellano）和加州历史学会（California Historical Society）。特别感谢斯科特·法皮亚诺（Scott Fappiano）、约翰·塞凯拉（John D. Cerqueir）和伟大的吉他大师莱斯·保罗。

我的经纪人——斯特林·洛德文学代理公司（Stering Lord Literistic）的劳丽·利斯（Laurie Liss）鼓励我写了这本书的出版提案，并指导我进行了无数次的改稿，最终成就了《隐藏的大脑》。没有她，就没有这本书。在撰写本书的过程中，劳丽花了很多时间给我提供文字上和个人上的建议，在此深表感谢。

我很荣幸本书的编辑是施皮格尔－格劳出版社（Spiegel & Grau）的克里斯·杰克逊（Chris Jackson）。和克里斯的每一次谈话都能补充我的好奇心和精力，这可是推动所有写作者前进的

致　谢

两大引擎。我感谢他——也感谢朱莉·格劳（Julie Grau）和辛迪·施皮格尔（Cindy Spiegel）——对本书及其思想理念的坚定支持。

还有许多同事教会了我如何成为一名优秀的记者，并在我需要时给予我喘息之机。我无比感谢阿琳·摩根（Arlene Morgan）和唐纳德·德雷克（Donald Drake）多年来对我的指引和给予我的友谊，也感谢小莱纳德·唐尼（Leonard Downie Jr）、菲尔·本内特（Phil Bennett）、多萝西·布朗（Dorothy Brown）、马克·鲍登（Mark Bowden）、特德·格拉瑟（Ted Glasser）、玛丽昂·卢恩斯坦（Marion Lewenstein）、戴尔·马哈里奇（Dale Maharidge）、朱迪·塞林（Judy Serrin）、雷吉·斯图尔特（Reggie Stuart）和朱莉娅·维图洛-马丁（Julia Vitullo-Martin）。哈佛大学尼曼奖学金和彼得·詹宁斯记者与宪法计划（Peter Jennings Project for Journalists and the Constitution）所提供的资金对本书帮助很大。衷心感谢鲍勃·贾尔斯（Bob Giles）、简·艾斯纳（Jane Eisner）和凯茜·弗里德·詹宁斯（Kayce Freed Jennings）。许多新闻机构都给我带来了志同道合的战友和认可——其中我最想感谢的是亚裔记者协会（Asian American Journalists Association）和南亚记者协会（South Asian Journalists Association）。

我在开篇头一句中就提到的《华盛顿邮报》对本书影响深远，贯穿始终。唐纳德·格雷厄姆（Donald Graham）、凯瑟琳·韦茅斯（Katharine Weymouth）以及格雷厄姆家族的其他成员创立了这样一个正直而极具深度的机构，编辑马库斯·布劳克利（Marcus Brauchli）、利兹·斯帕伊德（Liz Spayd）和拉

273

朱·纳里塞蒂(Raju Narisetti)则继承了这里令人骄傲的优秀传统。多年来《邮报》的一众编辑一直在指引我。我特别要感谢史蒂夫·科尔(Steve Coll)、苏珊·格拉瑟(Susan Glasser)、史蒂夫·霍尔姆斯(Steve Holmes)、尼尔斯·布鲁塞柳斯(Nils Bruzelius)、马拉莉·施瓦茨(Maralee Schwartz)、汤姆·施罗德(Tom Shroder)、凯文·梅里达(Kevin Merida)和彼得·珀尔(Peter Perl)。在此还尤其要向罗布·斯坦(Rob Stein)和西德尼·特伦特(Sydney Trent)致谢,你们在我身上发现了连我自己都不知道的才能。

我写这本书还得到了无数朋友的帮助,如:布莱恩·洛普(Brian Lopp)、萨拉·博里克(Sara Borwick)、桑德拉·马夸特(Sandra Marquardt)、汉斯·克里斯滕森(Hans Kristensen)、保罗·约瑟夫(Paul Joseph)和卡伦·威廉姆斯(Karen Williams);阿莉莎·特罗茨(Alissa Trotz)、阿帕尔娜·德瓦雷(Aparna Devare)、萨利尔·乔希(Salil Joshi)、莫莉·欣德曼(Molly Hindman)、卡兰·辛格(Karan Singh)、玛雅·布拉尔(Maya Bhullar)、雅尔·英特拉托尔(Yael Intrator)和桑贾伊·德索萨(Sanjay D'Souza)。我要特别感谢凯·英特拉托尔(Kay Intrator)、阿什温·乔希(Ashwin Joshi)、基兰·米尔昌达尼(Kiran Mirchandani)和埃娜·杜瓦(Ena Dua),他们给了我无尽的爱和包容。

本书的大部分功劳要归功于我的父母瓦特萨拉·韦丹塔姆(Vatsala Vedantam)和韦丹塔姆·萨斯特里,他们对如何反抗偏见和不平等颇有心得。伽娅特丽·韦丹塔姆(Gayatri Vedantam)可能是世上最好的姊妹。我由衷感谢苏迪尔·塔姆贝(Sudheer

Tambe）、阿比吉特·塔姆贝（Abhijeet Tambe）和维斯瓦纳坦（V. K. Viswanathan），他们不似姻亲，更似至亲。

在撰写这本书的漫漫时日中，我的女儿安雅让我的世界洒满阳光，让我看到了自己的力量与善良。我的妻子阿什维尼·塔姆贝（Ashwini Tambe）耐心地包容我无休止的焦虑和长时间的疯狂工作，并在我最需要的时候给我重要的建议。我永远感激她们。

注 释

第一章

1. Michelle R. Hebl and Laura M. Mannix, "The Weight of Obesity in Evaluating Others: A Mere Proximity Effect," *Personality and Social Psychology Bulletin,* Vol. 29 (2003), p. 28.
2. Shankar Vedantam, "Look and Act Like a Winner, and You Just Might Be One," *Department of Human Behavior, The Washington Post,* November 6, 2006, p. 2.

第二章

1. Melissa Bateson, Daniel Nettle, and Gilbert Roberts, "Cues of Being Watched Enhance Cooperation in a Real-world Setting," *Biology Letters,* Published Online, doi:10.1098/rsbl.2006.0509.
2. 同上。
3. David Hirshleifer and Tyler Shumway, "Good Day Sunshine: Stock Returns and the Weather," *The Journal of Finance,* Vol. 58, No. 3 (June 2003), pp. 1009–1032.
4. Adam L. Alter and Daniel M. Oppenheimer, "Predicting Short-term Stock Fluctuations by Using Processing Fluency," *Proceedings of the*

National Academy of Sciences, Vol. 103, No. 24 (June 13, 2006), pp. 9369–9372.

5. Rick B. van Baaren, Rob W. Holland, Bregje Steenaert, and Ad van Knippenberg, "Mimicry for Money: Behavioral Consequences of Imitation," *Journal of Experimental Social Psychology*, Vol. 39 (2003), pp. 393–398.

6. Tanya L. Chartrand and John. A. Bargh, "The Chameleon Effect: The Perception-Behavior Link and Social Interaction," *Journal of Personality and Social Psychology,* Vol. 76, No. 6 (1999), pp. 893–910.

7. Shankar Vedantam, "For Political Candidates, Saying Can Become Believing," *Department of Human Behavior, The Washington Post,* February 25, 2008, p. A03.

8. Shankar Vedantam, "Scientific Couple Devoted to Each Other and Alzheimer's Work," *The Philadelphia Inquirer,* October 26, 1998.

9. Abraham Tesser and Jonathan Smith, "Some Effects of Task Relevance and Friendship on Helping: You Don't Always Help the One You Like," *Journal of Experimental Social Psychology,* Vol. 16 (1980), pp. 582–590.

10. Abraham Tesser, "Self-esteem Maintenance in Family Dynamics," *Journal of Personality and Social Psychology,* Vol. 39, No. 1 (1980), pp. 77–91.

第三章

1. Mario F. Mendez, Andrew K. Chen, Jill S. Shapira, and Bruce L. Miller, "Acquired Sociopathy and Frontotemporal Dementia," *Dementia and Geriatric Cognitive Disorders,* Vol. 20 (2005), pp. 99–104.

2. Michael Koenigs, Liane Young, Ralph Adolphs, Daniel Tranel, Fiery Cushman, Marc Hauser, and Antonio Damasio, "Damage to the Prefron-

tal Cortex Increases Utilitarian Moral Judgements," *Nature,* Vol. 446 (2007), pp. 908–911.
3. Shankar Vedantam, "If It Feels Good to Be Good, It Might Be Only Natural," *The Washington Post,* May 28, 2007, p. A01.
4. Jason Tregellas, "Connecting Brain Structure and Function in Schizophrenia," *The American Journal of Psychiatry,* Vol. 166 (February 2009), pp. 134–136.
5. Jeremy Hall, Jonathan M. Harris, Reiner Sprengelmeyer, Anke Sprengelmeyer, Andrew W. Young, Isabel M. Santos, Eve C. Johnstone, and Stephen M. Lawrie, "Social Cognition and Face Processing in Schizophrenia," *The British Journal of Psychiatry,* Vol. 185 (2004), pp. 169–170.

第四章

1. Carlo Umilta, Francesca Simion, and Eloisa Valenza, "Newborn's Preference for Faces," *European Psychologist,* Vol. 1, No. 3 (September 1996), pp. 200–205.
2. I.W.R. Bushnell, "Mother's Face Recognition in Newborn Infants: Learning and Memory," *Infant and Child Development,* Vol. 10 (2001), pp. 67–74.
3. Nancy Kanwisher, Damian Stanley, and Alison Harris, "The Fusiform Face Area Is Selective for Faces, Not Animals," *NeuroReport,* Vol. 10, No. 1 (January 18, 1999), pp. 183–87.
4. "Iraqi Bloggers React to Execution," BBC News, http://news.bbc.co.uk/2/hi/talking_point/6228785.stm, January 11, 2007.
5. Pankaj Aggarwal and Ann L. McGill, "Is That Car Smiling at Me? Schema Congruity As a Basis for Evaluating Anthropomorphized Products," *Journal of Consumer Research,* Vol. 34 (December 2007), pp. 468–479.

6. Gerald J. Gorn, Yuwei Jiang, and Gita Venkataramani Johar, "Babyfaces, Trait Inferences, and Company Evaluations in a Public Relations Crisis," *Journal of Consumer Research,* Vol. 35, No. 1 (June 2008), pp. 36–49.
7. "McKinney Decries 'Inappropriate Touching' by Capitol Police," FOX News, www.foxnews.com/story/0,2933,189940,00.html, April 1, 2006.
8. Christian A. Meissner and John C. Brigham, "Thirty Years of Investigating the Own-Race Bias in Memory for Faces: A Meta-Analytic Review," *Psychology, Public Policy, and Law,* Vol. 7, No. 1 (2001), pp. 3–35.
9. Frances E. Aboud, "The Formation of In-Group Favoritism and Out-Group Prejudice in Young Children: Are They Distinct Attitudes?" *Developmental Psychology,* Vol. 39, No. 1 (2003), pp. 48–60.
10. Frances E. Aboud, Morton J. Mendelson, and Kelly T. Purdy, "Cross-Race Peer Relations and Friendship Quality," *International Journal of Behavioral Development,* Vol. 27, No. 2 (2003), pp. 165–173.
11. Frances Aboud and Anna-Beth Doyle, "Parental and Peer Influences on Children's Racial Attitudes," *International Journal of Intercultural Relations,* Vol. 20, No. 3–4 (1996), pp. 371–383. 阿布德的研究顺序并非如本章所述。和所有科学探索之旅一样，阿布德的研究之路是曲折的，并时有折返。譬如，为研究某个特定问题，她有时会回到自己在研究生涯早期做过的某项研究。为清楚地解析她的理念，我才以相对线性的方式逐一讲述了她的实验。我想说的是，这是写作者所具有的自由，而科学发现的过程却总是混沌的，面临许多障碍和死胡同。
12. 同上。
13. 这个故事改编自蒂莫西·布什（Timothy Bush）的童书《海上三人行》(*Three at Sea*)。
14. 心理学家肯尼思·克拉克（Kenneth Clark）和玛米·克拉克（Mamie Clark）夫妇在20世纪40年代所做的一项开创性的实验表明，黑人小孩认为白人玩偶可爱，黑人玩偶不可爱。2005年有项引人注目的重现实验，参见 http://mediathatmattersfest.org/films/a_girl_like_me。

15. Shankar Vedantam, "See No Bias," *The Washington Post Magazine,* January 23, 2005, p. 12.
16. Maureen T. Hallinan and Ruy A. Teixeira, "Students' Interracial Friendships: Individual Characteristics, Structural Effects, and Racial Differences," *American Journal of Education,* Vol. 95, No. 4 (1987), pp. 563–583.
17. Frances E. Aboud and Janani Sankar, "Friendship and Identity in a Language-Integrated School," *International Journal of Behavioral Development,* Vol. 31, No. 5 (2007), pp. 445–453.
18. Aboud, Mendelson, and Purdy, "Cross-Race Peer Relations and Friendship Quality."
19. Frances Aboud and Anna-Beth Doyle, "Does Talk of Race Foster Prejudice or Tolerance in Children?" Unpublished Manuscript, 1996.
20. Andrew Scott Baron and Mahzarin Banaji, "The Development of Implicit Attitudes," *Psychological Science,* Vo. 17, No. 1 (2006), pp. 53–58.
21. *Meet the Press,* September 17, 1006.
22. William von Hippel, "Aging, Executive Functioning, and Social Control," *Current Directions in Psychological Science,* Vol. 16, No. 5 (2007), pp. 240–244.
23. Matthew T. Gailliot, B. Michelle Peruche, E. Ashby Plant, and Roy F. Baumeister, "Stereotypes and Prejudice in the Blood: Sucrose Drinks Reduce Prejudice and Stereotyping," *Journal of Experimental Social Psychology,* Vol. 45 (2009), pp. 288–290.

第五章

1. Shankar Vedantam, "The Myth of the Iron Lady," *Department of Human Behavior, The Washington Post,* November 12, 2007, p. A03.
2. Madeline E. Heilman and Tyler G. Okimoto, "Why Are Women Penalized for Success at Male Tasks? The Implied Communality Deficit," *Journal of Applied Psychology,* Vol. 92, No. 1 (2007), pp. 81–92.
3. Katharine Q. Seelye and Julie Bosman, "Media Charged with Sexism in Clinton Coverage," *The New York Times,* June 13, 2008.
4. 同上。
5. Shankar Vedantam, "Salary, Gender and the Social Cost of Haggling," *The Washington Post,* July 30, 2007, p. A07.
6. 同上。
7. Kristen Schilt, "Just One of the Guys? How Transmen Make Gender Visible at Work," *Gender & Society,* Vol. 20, No. 4 (August 2006), pp. 465–489.
8. 同上。
9. 同上。
10. 同上。
11. Kristen Schilt and Matthew Wiswall, "Before and After: Gender Transitions, Human Capital, and Workplace Experiences," *The B. E. Journal of Economic Analysis & Policy*, Vol. 8, No. 1 (2008), Article 39, pp. 1–26.
12. 同上。
13. Ben A. Barres, "Does Gender Matter?" *Nature*, Vol. 442, July 13, 2006, pp. 133–136.
14. Joan Roughgarden, Meeko Oishi, and Erol Akcay, "Reproductive Social Behavior: Cooperative Games to Replace Sexual Selection," *Science*,

Vol. 311, February 17, 2006, pp. 965–969.

15. 琼·拉夫加登在 2009 年 4 月出版了一本书,详细阐述了她的社会选择理论,书名是《亲切的基因:解构达尔文式的自私》(*The Genial Gene: Deconstructing Darwinian Selfishness*)。

第六章

1. 文中部分信息源自我对凯文·西莫夫斯基(Kevin Simowski)的采访,他是将马特尔·韦尔奇定罪的公诉小组的成员,还有部分信息源自我对百丽岛大桥上的目击者蒂芙尼·亚历山大的采访。

2. 我依据个人采访和一些新闻报道拼凑出了德莱莎·沃德死亡的始末。我参考的文章包括 "Belle Isle Attack Witness Recalls No Cheering," *Detroit Free Press*, August 24, 1995; "Witnesses Recall Beaten Woman's Final Leap," *The New York Times*, September 2, 1995; "Death in a Crowded Place," *Time*, September 11, 1995。

3. John Duffy and Mary S. Schaeffer, *Triumph Over Tragedy: September 11 and the Rebirth of a Business,* Hoboken, N.J.: Wiley, 2002.

4. 想要了解世贸中心"9·11"事件的详情,不妨读一读《102 分钟:双子塔内不为人知的求生故事》(Jim Dwyer and Kevin Flynn, *102 Minutes: The Untold Story of the Fight to Survive Inside the Twin Towers*, New York: Times Books, 2004),该书从分散在双子塔各个楼层的受害者的角度讲述了整起事件。这本书起源于以下这篇报道:Dwyer, Flynn, Eric Lipton, James Glanz, and Ford Fessenden, Alain Delaqueriere and Tom Torok, "102 MINUTES: Last Words at the Trade Center; Fighting to Live as the Towers Died,*" The New York Times,* May 26, 2002。

5. B. E. Aguirre, Dennis Wenger, and Gabriela Vigo, "A Test of the Emergent Norm Theory of Collective Behavior," *Sociological Forum,* Vol. 13,

No. 2 (1998), pp. 301–320.

6. Bibb Latané and James M. Dabbs, Jr., "Sex, Group-Size and Helping in Three Cities," *Sociometry,* Vol. 38, No. 2 (1975), pp. 180–194.

第七章

1. 阿里尔·梅拉里在采访中向我解释了他的研究，还分享了他的一些论文草稿和其他资料。梅拉里的部分研究成果见 Tore Bjørgo (Ed.), *Root Causes of Terrorism: Myths, Reality and Ways Forward,* New York: Routledge, 2005。
2. Min S. Yee and Thomas N. Layton, *In My Father's House: The Story of the Layton Family and the Reverend Jim Jones,* New York: Holt, Rinehart, and Winston, 1981.
3. Eli Berman and David D. Laitin, "Religion, Terrorism and Public Goods: Testing the Club Model," *Journal of Public Economics*, Vol. 92 (2008), pp. 1942–1967.

第八章

1. Henry Goldman, "Jury Rules That Killer Should Die," *The Philadelphia Inquirer,* February 28, 1986, p. B03.
2. *Commonwealth v. Ernest Porter,* Court of Common Pleas, First Judicial District of Pennsylvania, Trial Transcripts, February 20–27, 1986.
3. *Commonwealth v. Arthur Hawthorne,* Court of Common Pleas, First Judicial District of Pennsylvania, Trial Transcripts, Docket No. CP-51-CR-0104701-1993.
4. 同上。
5. 同上。

注　释

6. 同上。
7. 同上。
8. Jennifer L. Eberhardt, Paul G. Davies, Valerie J. Purdie-Vaughns, and Sheri Lynn Johnson, "Looking Deathworthy: Perceived Stereotypicality of Black Defendants Predicts Capital-Sentencing Outcomes," *Psychological Science,* Vol. 17, No. 5 (2006), pp. 383–386.
9. Kurt Heine, "You Deserve the Electric Chair, Justices Tell 3 Murderers," *Philadelphia Daily News,* February 9, 1990, p. 8.
10. Charles S. Lanier and James R. Acker, "Capital Punishment, the Moratorium Movement, and Empirical Questions," *Psychology, Public Policy, and Law,* Vol. 10, No. 4 (2004), pp. 577–617.
11. Eugene Robinson, "(White) Women We Love," *The Washington Post*, June 10, 2005, p. A23.
12. Richard Willing, "'King of Death Row' Forced from Bench: Pa. Jurist Who Has Sentenced 31 to Die Is Ordered to Retire," *USA Today*, December 31, 1997, p. 3A.
13. *Commonwealth v. Ernest Porter.*
14. *Commonwealth of Pennsylvania (Respondent) v. Ernest Porter (Petitioner)*, Court of Common Pleas, Philadelphia County, Petitioner's Response to Commonwealth's Letter Brief, March 22, 2007.

第九章

1. Vedantam, "See No Bias."
2. Thierry Devos and Mahzarin Banaji, "America = White?" *Journal of Personality and Social Psychology,* Vol. 88, No. 3 (2005), pp. 447–466.
3. Thierry Devos, Debbie S. Ma, and Travis Gaffud, "Is Barack Obama American Enough to Be the Next President? The Role of Ethnicity and

National Identity in American Politics," http://www.rohan.sdsu.edu/~tdevos/thd/Devos_spsp2008.pdf.

4. Vedantam, "See No Bias."

5. Adam Nossiter, "For South, a Waning Hold on National Politics," *The New York Times,* November 10, 2008.

6. www.heritage.org/Research/welfare/BG1063.cfm.

7. Martin Gilens, "Race Coding and White Opposition to Welfare," *American Political Science Review,* Vol. 90, No. 3 (1996), pp. 593–604.

8. Vedantam, "See No Bias."

9. James H. Kuklinski, Paul J. Quirk, Jennifer Jerit, David Schwieder, and Robert F. Rich, "Misinformation and the Currency of Democratic Citizenship," *The Journal of Politics,* Vol. 62, No. 3 (Aug. 2000), pp. 790–816.

10. Franklin D. Gilliam, Jr., Shanto Iyengar, Adam Simon, and Oliver Wright, "Crime in Black and White: The Violent, Scary World of Local News," *The Harvard International Journal of Press/Politics*, Vol. 1, No. 6 (1996), pp. 6–23.

11. Gilens, "Race Coding and White Opposition to Welfare."

12. 特拉姆卡这席话的文稿，参见 www.aflcio.org/mediacenter/prsptm/sp07012008.cfm，但他后来发表的演说略有不同，参见 www.youtube.com/watch?v=7QIGJTHdH50。

13. Pennsylvania Congressional Districts, www.dos.state.pa.us/bcel/LIB/bcel/20/9/2000_stw_congress.pdf, 2002.

14. 在YouTube上搜索关键词"Palin rally"（佩林集会）、"Johnstown"（约翰斯敦）和"Oct 11"（10月11日），可以搜到大量视频。

15. Peter Wallsten, "Frank Talk of Obama and Race in Virginia," *Los Angeles Times*, October 5, 2008, p. A01.

16. Kathy Kiely and Jill Lawrence, "Clinton Makes Case for Wide Appeal," *USA Today,* www.usatoday.com/news/politics/election2008/2008-05-

07-clintoninterview_N.htm, May 7, 2008.
17. Michael Luo, "McCain Rejects Hagee Backing as Nazi Remarks Surface," *The New York Times*, http://thecaucus.blogs.nytimes.com/2008/05/22/mccain-reject-hagee-backing-as-nazi-remarks-surface/?scp=2&sq=mccain%20and%20pastor&st=cse, May 22, 2008.
18. Pastor Larry Kroon, "Sin Is Personal to God," Wasilla Bible Church, www.wasillabible.org/sermon_files/2008_ Transcripts/Sin%20is%20Personal%20to%20God.doc, July 20, 2008.
19. David Waters, "Palin's Pastor Problem," *On Faith, The Washington Post*, http://newsweek.washingtonpost.com/onfaith/undergod/2008/09/palins_new_pastor_problem.html, September 26, 2008.
20. Brian Ross and Rehab El-Buri, "Obama's Pastor: God Damn America, U.S. to Blame for 9/11," http://abcnews.go.com/blotter/story?id=4443788, March 13, 2008.
21. Philip J. Mazzocco, Timothy C. Brock, Gregory J. Brock, Kristina R. Olson, and Mahzarin R. Banaji, "The Cost of Being Black: White Americans' Perceptions and the Question of Reparations," *Du Bois Review*, Vol. 3, No. 2 (2006), pp. 261–297.
22. Richard P. Eibach and Joyce Ehrlinger, "'Keep Your Eyes on the Prize': Reference Points and Racial Differences in Assessing Progress Toward Equality," *Personality and Social Psychology Bulletin*, Vol. 32 (2006), p. 66.

第十章

1. John Violanti, "Analysis of Risk Factors for Police Suicides and Homicides," Research in Progress, 2008.
2. 同上。维奥兰蒂查看了阿拉斯加州、科罗拉多州、佐治亚州、夏威夷州、艾奥瓦州、印第安纳州、堪萨斯州、肯塔基州、缅因州、密苏里州、内布拉斯加州、内华达州、新罕布什尔州、新泽西州、新墨西哥州、纽约州、北卡罗来纳州、俄亥俄州、俄克拉何马州、宾夕法尼亚州、罗得岛州、南卡罗来纳州、田纳西州、犹他州、佛蒙特州、华盛顿州、西弗吉尼亚州和威斯康星州的死亡证明。

3. Shankar Vedantam, "Packing Protection or Packing Suicide Risk?" *Department of Human Behavior, The Washington Post,* July 7, 2008, p. A02.

4. Colin Loftin, David McDowall, Brian Wiersema, and Talbert J. Cottey, "Effects of Restrictive Licensing of Handguns on Homicide and Suicide in the District of Columbia," *The New England Journal of Medicine,* Vol. 325 (December 5, 1991), pp. 1615–1620.

5. Robert Barnes, "Justices Reject D. C. Ban on Handgun Ownership," *The Washington Post,* June 27, 2008, p. A01.

6. National Center for Health Statistics, Centers for Disease Control and Prevention, http://www.cdc.gov/nchs/. 信息是从各种表格和报告中收集的。

7. "Rates of Homicide, Suicide, and Firearm-Related Death Among Children—26 Industrialized Countries," www.cdc.gov/MMWR/preview/mmwrhtml/00046149.htm, February 7, 1997.

8. Arthur L. Kellermann and Philip J. Cook, "Armed and Dangerous, Guns in American Homes," in *Lethal Imagination: Violence and Brutality in American History,* ed. Michael Bellesiles, New York: New York University Press, 1999, pp. 425–439.

9. William Kistner, "Firearm Injuries: The Gun Battle over Science," Frontline, www.pbs.org/wgbh/pages/frontline/shows/guns/procon/injuries.html, May 1997.

10. Shankar Vedantam, "The Assassin in the Mirror," *Department of Human*

Behavior, The Washington Post, July 7, 2008, p. A02.

11. www.cdc.gov/ncipc/dvp/suicide/SuicideDataSheet.pdf. 在美国，平均16分钟就有一人自杀。
12. Jennifer S. Lerner, Roxana M. Gonzalez, Deborah A. Small, and Baruch Fischhoff, "Effects of Fear and Anger on Perceived Risks of Terrorism: A National Field Experiment," *Psychological Science*, Vol. 14, No. 2 (2003), pp. 144–150.
13. Chris Lee and George Butler, "Complex Response to Tankship *Insiko 1907*," *Proceedings of the Marine Safety Council*, Vol. 60, No. 1 (January–March 2003), pp. 49–51.
14. "Costly Effort to Rescue Dog Gives Some Pause," *Los Angeles Times*, April 26, 2002, p. A34.
15. Paul Slovic, "'If I Look at the Mass, I Will Never Act': Psychic Numbing and Genocide," *Judgment and Decision Making*, Vol. 2, No. 2 (April 2007), pp. 79–95.
16. 彼得·辛格多次在发表的文章中提到过溺水儿童的故事，包括他在2009年出版的一本书——《我们能救之命》(*The Life You Can Save*, Random House, Inc.)。

The Hidden Brain: How Our Unconscious Minds Elect Presidents, Control Markets, Wage Wars, and Save Our Lives by Shankar Vedantam

Copyright © 2010 by Shankar Vedantam

Simplified Chinese language edition published in agreement with Sterling Lord Literistic, through The Grayhawk Agency Ltd.

Simplified Chinese language edition © 2023 China Renmin University Press Co., Ltd

All Rights Reserved.

图书在版编目（CIP）数据

隐藏的大脑：潜意识如何操控我们的行为 /（美）尚卡尔·韦丹塔姆（Shankar Vedantam）著；李倩译. -- 北京：中国人民大学出版社，2023.4
书名原文：The Hidden Brain: How Our Unconscious Minds Elect Presidents, Control Markets, Wage Wars, and Save Our Lives
ISBN 978-7-300-31486-0

Ⅰ.①隐… Ⅱ.①尚…②李… Ⅲ.①下意识—研究 Ⅳ.① B842.7

中国国家版本馆 CIP 数据核字（2023）第 030702 号

隐藏的大脑
潜意识如何操控我们的行为
［美］尚卡尔·韦丹塔姆　著
李倩　译
Yincang de Danao

出版发行	中国人民大学出版社		
社　　址	北京中关村大街31号	邮政编码	100080
电　　话	010-62511242（总编室）	010-62511770（质管部）	
	010-82501766（邮购部）	010-62514148（门市部）	
	010-62515195（发行公司）	010-62515275（盗版举报）	
网　　址	http://www.crup.com.cn		
经　　销	新华书店		
印　　刷	北京昌联印刷有限公司		
开　　本	890 mm×1240 mm　1/32	版　次	2023年4月第1版
印　　张	9.5 插页2	印　次	2023年4月第1次印刷
字　　数	213 000	定　价	58.00元

版权所有　　侵权必究　　印装差错　　负责调换